大模型浪潮
从ChatGPT到DeepSeek

肖仰华◎著

电子工业出版社
Publishing House of Electronics Industry
北京·BEIJING

内 容 简 介

本书聚焦生成式人工智能的崛起与发展，全面剖析大模型的技术原理、产业影响和社会意义。全书分为四篇：背景篇解读大模型发展历程中的里程碑事件；技术篇探讨大模型训练与应用技术中的关键挑战及应对策略；产业篇关注大模型为千行百业的数字化转型与高质量发展带来的积极作用，并指明潜在问题；社会篇则从跨学科视角及人类命运的高度，反思大模型及人工智能技术对人类社会发展的长期影响。本书旨在呈现大模型时代的多维图景，启发读者深度思考。

本书既适合人工智能及相关行业的技术人员和管理者阅读，也适合政府机关及企事业单位的工作人员和研究者参考，还可以作为对大模型感兴趣的普通人群的通识读本。

未经许可，不得以任何方式复制或抄袭本书之部分或全部内容。
版权所有，侵权必究。

图书在版编目（CIP）数据

大模型浪潮：从 ChatGPT 到 DeepSeek / 肖仰华著. 北京：电子工业出版社，2025.4. -- ISBN 978-7-121-50032-9

Ⅰ．TP18-49

中国国家版本馆 CIP 数据核字第 20250XS992 号

责任编辑：张　爽
印　　刷：河北鑫兆源印刷有限公司
装　　订：河北鑫兆源印刷有限公司
出版发行：电子工业出版社
　　　　　北京市海淀区万寿路 173 信箱　邮编：100036
开　　本：720×1000　1/16　印张：18.5　字数：296 千字
版　　次：2025 年 4 月第 1 版
印　　次：2025 年 4 月第 1 次印刷
定　　价：89.00 元

凡所购买电子工业出版社图书有缺损问题，请向购买书店调换。若书店售缺，请与本社发行部联系，联系及邮购电话：（010）88254888，88258888。

质量投诉请发邮件至 zlts@phei.com.cn，盗版侵权举报请发邮件至 dbqq@phei.com.cn。

本书咨询联系方式：faq@phei.com.cn。

致敬伟大的 AI 时代！

序

能够为我的挚友肖仰华教授的新作《大模型浪潮：从 ChatGPT 到 DeepSeek》作序，我深感荣幸。2010 年，肖教授曾到微软亚洲研究院进行为期一年的学术访问，我们有幸共同开展了一系列前瞻性研究，并且其中一篇论文获得了 ICDE 2024 十年最具影响力论文奖。这段珍贵的合作经历让我见证了他在学术领域的深厚造诣与独到见解。

本书的出版恰逢其时。自 2022 年年底 ChatGPT 问世以来，生成式人工智能技术以前所未有的速度推动着社会变革。肖教授敏锐地洞察到这一变革时刻的历史意义，在本书中全方位、系统性地梳理了大模型从技术到应用、从理论到实践的发展脉络，为我们勾勒出一幅充满想象力的大模型时代图景。

肖教授的学术素养与思想深度令人敬佩。他不仅是一位杰出的计算机科学家，更是一位具有广博人文视野的思想者。正是这种跨学科的思维方式和对人类命运的深切关怀，使他能够从技术本身跳脱出来，深入思考大模型对人类社会的长远影响。在本书中，他既讨论了技术细节，又探讨了伦理挑战；既分析了商业潜力，又反思了社会变革；既关注了机遇，又提出了风险。这种平衡的视角和深邃的洞察力，赋予了本书独特的价值。

本书共分为四篇。第 1 篇梳理了从 ChatGPT 问世到各种大模型不断涌现的技术背景；第 2 篇深入探讨了大模型的核心技术原理与挑战；第 3 篇分析了大模型在各行各业的应用前景；第 4 篇则从哲学、伦理、社会等更宏观的视角，思考大模型对人类未来的深远影响。这样的结构安排既有技术的深度，又有思想的高度，使读者能够全面理解大模型时代的多维面貌。

值得一提的是，肖教授不仅关注国际领先的大模型（如ChatGPT、GPT-4），也对国内新兴的大模型（如DeepSeek）等给予了充分关注，这体现了他对全球AI发展格局的深刻把握。他既理性分析了大模型带来的重大机遇，也警醒我们要防范其可能导致的社会问题；既热情拥抱技术进步，又保持着科学家应有的冷静与谨慎。

在大模型快速迭代、技术日新月异的当下，肖教授的这本著作无疑将为大众理解AI发展趋势提供重要参考。无论是专业研究者、产业从业者，还是关心技术与人文交融的普通读者，都能从本书中获得启发与思考。

大模型时代已经来临，我们每个人都将成为这场技术革命的见证者、参与者和塑造者。愿本书能成为读者开启未来之门的钥匙，让我们携手迎接充满挑战与希望的AI新纪元！

王海勋

ACM Fellow，IEEE Fellow

前　言

　　时光如梭，两年多的光阴转瞬即逝。我至今犹记得 2022 年年底 ChatGPT 横空出世的那一刻，犹如惊雷划破长空，震撼了整个世界。这两年多以来，大模型的发展浪潮裹挟着每个人，在激荡中前行，在变革中思索。

　　技术理想主义者怀揣着对未来的无限憧憬，在无数个不眠之夜追逐着科技制高点。他们坚守着关于通用人工智能的技术信仰，用一行行代码敲开通往新世界的大门，然而，在执着与坚持的背后也潜藏着对未知的敬畏。实业者则随着技术迭代的狂澜跌宕起伏，时而乘风破浪，享受着产品创新与流行带来的喜悦；时而陷入低潮，品尝着因被竞争者超越而带来的阵阵痛楚。他们在喜悦与焦虑交织的情绪中，见证着大模型产业的疯狂成长。研究者却站在学问的十字路口，面对着传统知识与价值体系的不断崩塌与重塑，心中充满了对现状的不安与对前途的迷茫。昨日的成就或将沦为平庸，曾经的真理或将被颠覆。他们或埋头于历史文献中寻求古人的智慧，或将眼光投射到其他领域寻求跨学科的灵感，一边寻求突破，一边又难掩困窘。转型者则勇敢地踏上了未知的征程，告别往日的安逸，迈向陌生的前方，时而激动于大模型的赋能，时而感叹于传统路径的退场。资本巨鳄则将其视为一场豪赌，既笃信，又焦虑，既豪掷千金押注大模型的未来，又在高度的不确定性竞争中时刻警惕着风险的降临。对普罗大众而言，则是好奇与担忧并存，既惊叹于大模型的神奇之处，又担心自己赶不上滚滚向前的时代列车……可以说，技术的每一次进步都会使人们喜忧参半，喜的是生产力得到大幅提升，忧的是不知该如何与技术共处。

这场由大模型引发的时代变革如同一面多棱镜，折射出人类在面对未知时最本真的情感光谱——从狂热到冷静，从欢欣到忧虑，从迷惑到顿悟……我们或许正行走在历史的转折点上，每一点微小的进步或许都可能为人类的未来开启别样的图景。这场由大模型引发的时代变革也如同一部壮丽的史诗，在每个人心中激起涟漪，并开启了人类与智能共舞的序章。

这个激荡人心的时代值得铭记与深思，本书中的一篇篇文章就如同在大模型浪潮中我内心被激起的朵朵思想浪花，于是我将它们汇聚成书，作为智能时代大幕开启的序曲，以表达我对这个伟大时代的敬意。全书分为四篇，分别从背景、技术、产业、社会等方面回应了大模型发展的时代之问。背景篇解读大模型发展历程中的一系列里程碑事件；技术篇深度剖析大模型及其应用技术所面临的挑战及应对之法；产业篇剖析大模型产业的生态要素、发展战略与路径等问题；社会篇则从更宏大的人类命运视角，解读大模型为人类社会发展带来的新机遇、新问题。在每篇的篇首，概述了本篇所摘录的文章，以便于读者纵览全局。各篇内的文章基本按照写作时间顺序，回应了当时大模型所引发的技术、产业与社会热点问题。读者可以有选择性地阅读自己感兴趣的文章，不必拘泥于现有的顺序安排。

本书适合技术从业者、决策者、企业管理者，以及所有对大模型感兴趣的普通读者参考阅读。本书旨在帮助读者认清大模型浪潮背后的技术本质、产业脉络及社会影响，适应人工智能技术所带来的时代变革。

希望广大读者能借助本书更好地认识自己、认识世界！

肖仰华

2025 年 3 月 5 日，写于复旦大学江湾湖畔

目 录

第 1 篇　背景篇　/ 1

　　生成式语言模型与通用人工智能：内涵、路径与启示　/ 3
　　关于 ChatGPT 代码解释器的解读　/ 17
　　全球范围迎来人工智能新一轮快速成长期　/ 22
　　关于 OpenAI GPT-4 Turbo 的解读　/ 25
　　关于 Sora 是否理解物理世界的解读　/ 30
　　人工智能大模型发展的新形势及其省思　/ 33
　　数理能力达到博士生水平的 o1 模型将带来哪些影响　/ 49

第 2 篇　技术篇　/ 53

　　大模型与知识图谱的深度融合　/ 55
　　大模型时代的数据管理　/ 58
　　数据智能成为数据价值变现新引擎　/ 67
　　面向领域应用的大模型关键技术　/ 75
　　大模型的数据"水分"　/ 82

大规模生成式语言模型在医疗领域的应用　/ 93

第 3 篇　产业篇　/113

不要让大模型变成一场华丽的烟花秀　/ 115

大模型产业发展：机遇、挑战与未来展望　/ 127

走向千行百业的大模型　/ 132

大模型竞争下半场　/ 143

大模型行业落地的问题与对策　/ 149

推动大模型与实体产业深度融合发展　/ 154

大模型赋能工业智能化的机遇与挑战　/ 159

ChatGPT 能够代替医生看病吗　/ 167

知识图谱与大模型在教育智能化中的探索、实践与思考　/ 177

人工智能技术的进展及其在海洋碳汇中的应用初探　/ 186

生成式人工智能给传媒行业带来的机遇与挑战　/ 192

大语言模型赋能数字人文建设　/ 198

人工智能变革下的人力资源新变局　/ 203

大模型的发展趋势及展望　/ 207

第 4 篇　社会篇　/217

关于人工智能的跨学科之思　/ 219

像天使也似魔鬼：关于通用人工智能时代科学研究的若干问题　/ 225

AI 爆发，为人类探索未知之境按下加速键　/ 235

AI 时代的验证码难题　/ 240

AI 发展的终极意义是倒逼人类重新认识自己　/ 245

Sora 打开的未来：人类必须成为，也终将成为 AI 的尺度　/ 252

人机共舞大幕已开启，等等！再思考"何以为人"　/ 261

当思考变得廉价　/ 269

迈向"智能的寒武纪"　/ 277

后记　/ 283

第1篇
背景篇

　　回望过去几年人工智能的发展，毫无疑问，大模型时代的开启以 ChatGPT 的横空出世为标志性事件。2022 年 11 月 30 日，这个注定载入人工智能发展史，乃至人类社会发展历史的伟大日期，宣告了一场由大规模生成式语言模型所引领的人工智能技术革命的加速到来。ChatGPT 时刻不仅标志着通用人工智能登上人类舞台，更预示着人类社会发展迈入由人工智能推动的快速发展期。若干年后回头望，ChatGPT 时刻或许就是人类社会发展的奇点时刻。

　　即便距离 ChatGPT 发布仅过去 2 年多，整个人工智能的发展也是惊心动魄的。其中，OpenAI 是最为鲜亮的角色之一。OpenAI 引领了生成式大模型的发展，自 2022 年年底 ChatGPT 上线，先后经历了代码解释器功能上线、GPT4-Turbo 版本发布、Sora 视频模型发布、o1 发布等一系列重大产品更新，以及 DeepSeek 技术突破引发全球关注。大模型的每一次产品迭代与更新都将生成式人工智能的天花板抬高，引起业界广泛的讨论。眼见为实，再多的理性预测也比不上亲眼见证生成式人工智能的一项又一项成果时，所引起的心灵震动。本篇基于作者亲身经历这一系列重要事件的见证与反思，呈现大模型发展的基本脉络，勾勒出大模型时代的基本轮廓。

生成式语言模型与通用人工智能：
内涵、路径与启示[①]

以 ChatGPT 为代表的大规模生成式语言模型，正引领通用人工智能（Artificial General Intelligence，AGI）技术的迅速发展。AGI 已经掀起新一轮信息技术革命，成为一种先进的生产力形式，深入理解 AGI 的本质显得尤为迫切。以大规模生成式语言模型为代表的 AGI 技术，以生成式人工智能为主要形态，具备情境化生成能力，并形成了"知识—能力—价值"三阶段的智能演进路径。随着相关技术的发展，机器的智能水平快速提升，将带来人机边界模糊及其衍生的一系列社会问题。AGI 的发展路径具有"填鸭灌输"式学习与"先通后专"等特点，在一定程度上颠覆了人类对机器智能实现路径的传统认识，并促使人类在创造能力、知识获取、自我认知等层面进行反思。人类需高度警醒 AGI 所带来的挑战，同时积极抓住其带来的机遇，推动构建新型的人机协同关系。

引言

自 ChatGPT 发布以来，大规模生成式语言模型（Generative Language Model）在学术界与工业界引起轩然大波，推动了一系列 AGI 技术的快速发展。其中不仅包括如 Midjourney 等高精度、高仿真度的图文生成模型，还有具身多模态语言模型，比如谷歌公司连续推出的 PaLM-E[②]以及 PaLM 2[③]等。

[①] 2023 年 8 月，ChatGPT 带来的影响持续发酵，各类自媒体充斥着大量的不严肃的报道与宣传。笔者应《人民论坛·学术前沿》邀请，对生成式大模型及 AGI 的核心概念、内涵、路径及影响做一定的澄清与解释，本文发表于该期刊 2023 年第 14 期。
[②] 参见论文"PaLM-E: An Embodied Multimodal Language Model"，发表于 2023 年。
[③] 参见论文"PaLM 2 Technical Report"，发表于 2023 年。

AGI 已经从模拟人类大脑的思维能力（以语言模型为代表）快速演进至"操控身体"的具身模型（以具身大模型为代表）。

AGI 正全面渗入从艺术创作到代码生成、从问题求解到科学发现、从问答聊天到辅助决策等人类智能的各个领地，几乎无处不在。一场由 AGI 带动的新一轮信息技术革命已然席卷而至，标志着人类正迎来一场关于"智能"本身的深刻变革。

作为一种先进的生产力形式，AGI 既给全社会带来了令人兴奋的机遇，也引发了担忧。这种兴奋与担忧，归根结底源于我们对 AGI 的理解还远远跟不上其发展速度。具体而言，人类对于 AGI 技术原理、智能形态、能力上限的思考，以及其对社会与个人影响的评估，都明显滞后于 AGI 发展的速度。可以说，快速发展的 AGI 与人类对其认知的显著滞后构成了一对鲜明的矛盾。理解这一矛盾是理解当前 AGI 发展规律及其社会影响的关键。正是基于对这一矛盾的认识，不少科学家与 AI 企业领袖纷纷呼吁暂停巨型大模型的实验，并加快安全可证明的 AI 系统的研发。

诚然，理解 AGI 十分困难。AGI 这一名称中的三个单词，分别从不同角度表达了 AGI 的复杂性。首先，其核心词"智能"（Intelligence）本身就有争议。传统计算机科学认为，"获取并应用知识与技能"的能力是智能，但这个定义是否仍然适用于以大规模生成式语言模型为代表的现代 AGI，值得深入思考。其次，"通用"（General）一词加剧了理解 AGI 的难度。相比于传统的面向特定（Specific）功能的 AI，AGI 旨在模拟人类智能，其独特之处在于能够针对不同环境作出适应性调整，并且能完成不同类型甚至人类从未见过的任务。专用人工智能与通用人工智能存在怎样的联系与区别？是先实现通用人工智能，还是先实现专用人工智能？"General"一词将会引发很多诸如此类的思考。最后，"人工的"（Artificial）一词道出了 AGI 是人工创造物的本质，而非自然进化而成的智能。这自然就引出了工具智能与自然智能的异同等一系列问题。

尽管挑战重重，本文仍然尝试针对 AGI 的某些方面展开分析。本文聚焦于生成式人工智能，特别是以大规模生成式语言模型为代表的 AGI 技术。文中谈及的"智能"，不局限于人类智能，也包括机器智能，并对二者进行对比分析。同时，本文将对由生成式语言模型引发的"智能"的内涵和演进路径等问题进行详细分析，并在此基础上反思人类智能的诸多方面，包括创造能力、知识获取、自我认知等。

笔者相信，本文的思考一方面可以消除人们对于机器智能快速发展的担忧；另一方面能为机器智能的进一步发展扫除障碍，有助于建立新型的人机协同关系。在此需要说明的是，本文的部分观点与结论超越了当前工程实践的可验证范围，其合理性与可行性仍需要进行进一步严格论证与实践检验。

一、什么是智能？ChatGPT 何以成功

生成式 vs 判别式。ChatGPT 是生成式人工智能的代表，在文本生成、文图生成、图像生成等领域取得了较好的效果。传统的人工智能多属于判别式人工智能。为何是生成式人工智能，而非判别式人工智能成为 AGI 的主要形态？这是一个值得深思的问题。判别式人工智能通过标注数据的训练，引导模型习得正确给出问题答案的能力。而生成式人工智能往往针对无标注数据，设计基于遮蔽内容还原的自监督学习任务，训练模型生成符合上下文语境的内容。生成式模型不仅具备生成结果的能力，也能够生成过程与解释，这使生成任务相较于判别任务更具智力挑战，能够更有效地引导模型习得高水平智能。

具体而言，对于判断题，判别式人工智能只需给出"对"或"错"的答案，即便随机猜测也有 50% 蒙对的概率。但是，生成式人工智能不仅需要生成答案，还需要同时给出解题过程，这就很难蒙混过关。所以，相较于判别任务，生成任务更接近智能的本质。

智能与情境化生成能力。智能的本质是什么？大模型的发展给人类对这一问题的思考带来了很多新的启发。大模型的智能本质上是情境化生成

（Contextualized Generation）能力，也就是根据上下文提示（Prompt）生成相关文本的能力。因此，大模型的应用效果在一定程度上取决于提示的有效性。一个有效且合理的提示往往能够引导 ChatGPT 等大模型生成令人满意的答案。

这种"提示+生成"的情境化生成能力不仅适用于文本，也广泛适用于图像、语音、蛋白质序列等各种不同类型的复杂数据。不同类型的数据的上下文不同，例如，图像的上下文是其周边像素。大模型的情境化生成能力是通过训练阶段的上下文学习（In-context learning）而形成的[1]。从数学层面来讲，大模型在训练阶段习得了 token 或者语料基本单元之间的联合概率分布。情境化生成可以被视作条件概率估算，即给定上下文或提示（证据），模型根据联合概率分布推断出现剩余文本的概率。

传统的对于智能的理解往往与"知识"或"人类"有关（如把智能定义为"知识的发现和应用能力"，或"像人一样思考和行动的能力"），其本质还是以人类为中心，从认识论视角来理解智能。大模型呈现的这种情境化生成能力，则无关乎"知识"。"知识"说到底是人类为了理解世界所做出的人为发明。实际上，世界的存在不依赖"知识"或"人类"。

情境化生成能力摆脱了人类所定义的"知识"，回归世界本身——只要能合理生成这个世界，这便是智能的体现。智能被还原为一种纯粹的生成能力，它可以不以人类为中心，也可以不依赖人类的文明。这正是 AGI 带给我们的重要启示。

智能的分析与还原。大模型的训练与优化过程能够为我们深入理解智能的形成过程提供有益启发。通用大模型的"出炉"基本上要经历三个阶段[2]：第一阶段是底座大模型的训练；第二阶段是面向任务的指令学习（指令微调）；第三阶段是价值对齐。第一阶段，底座大模型的训练旨在让大模型习得语料或者数据所蕴含的知识。但是这里的知识是一种参数化、概

---

[1] 参见论文 "A Survey on In-Context Learning"，发表于 2023 年。
[2] 参见论文 "A Survey of Large Language Models"，发表于 2023 年。

率化的知识表征，本质上是对语料中词汇间联合概率分布的建模，使情境化生成成为可能。因此，第一阶段的本质是知识获取或知识习得。第二阶段，指令学习旨在让大模型习得完成任务的能力。第三阶段则是价值观念的习得。

大模型的智能被分解为知识、能力与价值三个阶段，这是值得关注的。知识是能力与价值的基础，所以底座大模型的"炼制"（训练）尤为关键。ChatGPT 经历了 2018 年初版 GPT-1 到 2022 年 GPT-3.5 近四年的训练与优化。大模型的知识底座越深厚、越广博，后续能够习得的技能就越复杂多样，价值判断就越准确，价值对齐就越敏捷。大模型将智能的三个核心要素相互剥离，而人类的知识、能力与价值习得，往往是交织在一起的。例如，通常很难界定小学课本中的某篇文章是在传授知识、训练技能，抑或在塑造价值。大模型的这种分离式的智能发展模式，可以类比于人类社会的高等教育体系。人类社会的本科教育旨在培养学习能力以获取知识，硕士生教育旨在培养解题能力以解决问题，博士生教育则旨在培养价值判断能力以发现问题。

知识、能力和价值的剥离对未来智能系统架构的设计、新型的人机协作关系的建立，以及人机混合的智能系统的构建均有着积极的启发意义。随着机器智能的逐步发展，人类相对于机器而言所擅长的事物将会逐渐减少。但是，在某些特定场景中仍存在一些人类介入的空间。未来人机混合系统发展的关键仍是回答什么工作最值得由人类来完成。看似完整的任务只有经过分解，才能拆解出人机各自擅长的子任务。例如，将知识和能力剥离对保护私域知识极具价值：大模型负责语言理解等核心任务，而机密的数据与知识仍然交由传统的数据库或者知识库来管理。这样的系统架构既充分利用了大模型的核心能力，又充分兼顾了知识的私密性。

智能测试与人机区分。AGI 技术的发展显著提升了机器的智能水平，特别是语言理解水平，机器在文本处理、语言理解等相关任务中已达到普通人类甚至语言专家的水平。然而，随之而来的一个十分关键的问题是：人机边界日益模糊。现在很难仅仅通过几轮对话去判断窗口背后与你交流的是人还是机器。换言之，传统的图灵测试已经难以胜任人机区分的使命。使用过 ChatGPT 的人都深有体会，ChatGPT 最擅长的就是聊天，即便与其长时间聊天，我们可能也不会觉得无趣。

人机边界的模糊会带来很多社会问题。首先，普通民众，尤其是青少年，可能出于对技术的信任而沉溺于 ChatGPT 等对话模型中。随着 ChatGPT 日益智能化，人们已经习惯了向其提问并接受它的答案。久而久之，人类赖以发展的质疑精神就会逐步丧失。在日益强大的 AGI 面前，如何避免人类精神本质的退化？这一问题需要深入思考并回答。

其次，当人机真假难辨时，虚假信息将泛滥，欺诈行为也会层出不穷。近年来，越来越多的犯罪分子通过 AI 换脸、AI 视频生成等，成功实施了多起诈骗案。如何治理由人机边界模糊带来的社会性欺骗，将成为一个十分重要的 AI 治理问题。

最后，在日常生活中广泛使用的验证码，很快会变成有问题的应用。验证码原本是我们进行人机区分的利器，但是随着 AGI 对各类工具操控能力的增强，验证码所具备的人机区分功能将会面临严峻的挑战。随着人形机器人技术的成熟，未来如何证明"你是人而非机器"，或者反之，如何证明"机器是机器而不是人"，将成为日益复杂的问题。

人机边界的模糊本质上归结于人机智能测试问题。要解决这一问题，就需要刻画出人类智能独有的、机器智能难以企及的领地。从机器智能的发展历史来看，这个领地将会越来越小。过去，人们认为在围棋这类智力密集的活动中，机器难以超越人类；在高质量对话这类知识密集的活动中，机器亦难以超越人类；在蛋白质结构预测等人类尚无法掌握全貌的科学发现领域，机器更是难以超越人类……曾经，这张"机器难以超越人类"的任务清单冗长无比，而今，它已日渐缩短。

对于当下的 AI 来说，传统的图灵测试已然失效，人类还来不及提出新的、有效的替代性测试方案。有人提出，犯错与行为的不确定性是人类独有的。这样的观点不值一驳，因为机器很容易植入一些错误与不确定性以掩饰自己的能力。未来，如何证明机器试图"越狱"，以及机器是否正在掩饰自己的能力，将是 AI 安全需要高度关注的问题。

二、智能的演进路线，通用人工智能如何发展与进步

"反馈进化"与"填鸭灌输"。人类的智能是一种典型的生物智能，是经过漫长的进化过程逐渐形成的。人类在自然与社会环境中不断地实践、接收反馈、持续尝试，形成了高度的智能。各类动物的智能都可以归类到进化智能中。进化智能的演进需要漫长的时间，换言之，只要给予足够的时间，自然环境或将能塑造任何水平的智能。即使是低等动物，经过漫长的进化，也有可能发展出先进的智能。

当前，机器智能走的是一条填鸭灌输式的路径，是一条实现先进智能的捷径。将人类社会已经积累的所有语料、书籍、文献"灌输"给大模型，并经过精心"炼制"，大模型就能习得人类积累数千年的文明成果。虽然大模型"炼制"也需要耗费数天、数月，但相对于人类智能的漫长进化历程，几乎就是转瞬之间。机器能够在如此短暂的时间内习得人类数千年积累的知识，这本身已是奇迹。

人类社会多将"填鸭灌输"视作一种机械、低效的知识传授方式，而这恰恰成为人类向机器传授知识的高效方式。如果单纯以考分评价学生，那么简单粗暴的填鸭灌输式教育十分高效。但这种教育培养出的学生往往"高分低能"，难以灵活应用知识解决实际问题。因此，现在学生还需要接受大量的实践教育，从反馈中学习，最终将知识融会贯通，成为行家里手。人类专家的养成过程对理解大模型的发展过程极具启发。当前，大模型的填鸭灌输式学习阶段已经基本完成，很快大模型将操控各类工具、开展实践式学习，从而进入从实践中习得知识的新阶段。

"先通再专"还是"先专再通"。AGI 的发展带给我们的启示在于机器智能走出了一条"先通再专"的发展路径。从大语言模型的应用方式来看，首

先要"炼制"通用的大语言模型，一般来讲，训练语料越广泛而多样，通用大模型的能力越强。但是这样的通用大模型在完成特定任务时，效果仍然差强人意。因而，还要通过领域数据微调与任务指令学习，使其理解领域文本并胜任特定任务。由此可见，大模型的智能发展路径是"先通用，再专业"。在通用智能阶段，模型侧重于通识学习，习得语言理解、推理能力及广泛的通用知识；在专业智能阶段，大模型能理解各种任务指令，胜任各类特定任务。这种智能演进路径与人类的学习过程相似。人类的基础教育聚焦通识学习，而高等教育侧重专识学习；武侠小说中的功夫高手往往先练内力再习招式。这些都与大模型"先通再专"的发展路径不谋而合。

大模型"先通再专"的发展路径颠覆了传统人工智能的主流发展路径。ChatGPT 发布之前，AI 研究的主阵地是专用 AI 或者功能性 AI，其主旨在于让机器具备胜任特定场景与任务的能力，比如下棋、计算、语音识别、图像识别等。传统观念认为，若干专用智能堆积在一起，才能接近通用智能；或者说，如果连专用智能都不能实现，则更不可能实现通用智能。因此，"先专再通"是传统人工智能发展的基本共识。但是，以 ChatGPT 为代表的大规模生成式语言模型颠覆了这一传统认知，并证明机器智能与人类智能一样，需要先具备通识能力，才能发展专业认知。

在新认识下，我们需要重新理解领域人工智能（Domain-Specific AI），也被称为"专用人工智能"。领域与通用是相对而言的，但事实上，没有通用认知能力，就没有领域认知能力。举个例子，医疗是个典型的垂直领域，传统观念认为可以以较低代价搭建专门诊断某类疾病的智能系统。比如，针对耳鸣这一细分病种，传统方法一般将与之相关的专业知识、文本、数据灌输给机器，以期实现智能诊断。但在实践过程中，这一想法从未真正成功。究其根源，医生要理解疾病，就需要先理解健康，而健康不属于疾病的范畴。一个耳科医生接诊的大部分时间是在排查无须治疗的健康情况。也就是说，要真正理解某个领域，恰恰需要掌握领域之外的概念。由此可见，领域认知是建立在通识能力基础之上的。这些新认识为领域认知智能发展带来新的启发，可以说，在 ChatGPT 等通用大模型的支撑下，各领域认知智能将迎来全新的发展机遇。

先符号再体验，先形式再内容。大规模语言模型通过使用由文本或符号表达的语料进行训练，而人类的自然语言是一种符号化的表达方式。语言模型是对语言符号之间的统计关联的建模。然而，符号只是形式，单纯基于符号的统计学习不足以让机器理解符号或者语言的内涵。纯形式符号的智能系统势必会遭遇类似约翰·塞尔"中文屋"思想实验的责难。所以，AGI 不能停留在单纯的语言模型阶段，而是需要积极融合多模态数据进行混合训练。各类多模态数据，比如图像、语音、视频，能够表达人类对世界的丰富体验[①]。举个例子，人们对"马"这个符号的理解，不仅依赖于文字描述，还在一定程度上取决于人们对马这一动物的经验和认识，比如高亢的嘶鸣（语音）、健壮的形象（图像）、奔腾的动作（视频）。这些丰富感官体验支撑了人们对"马"这个概念的理解，正如人们对"万马齐喑"的悲凉体会是建立在对马的健康、积极形象的体验基础之上的。所以 AGI 走出了一条"先符号再体验、先形式再内容"的发展路径。这与人类智能的发展过程恰好相反，人类先有了丰富经验或体验，再将其抽象成符号、文字与概念。

"先大脑再身体"与"先身体再大脑"。目前，AGI 的发展路径是先发展语言模型，以模拟人脑的认知能力，再基于机器大脑的认知能力驱动各种工具与身体部件。当身体与工具在现实世界中的交互时，大脑的复杂规划与推理能力是不可或缺的。AGI 走出了一条"先实现大脑的认知能力，再实现身体与物理世界的交互能力"的发展路径。显然，AGI 的这条发展路径与人类智能的进化有显著的差异。人类在一定程度上是先具备身体能力，再在身体与世界的持续交互过程中逐步塑造和发展大脑的认知能力的。传统的人工智能发展路径也倾向于先实现身体各器官或部件的基本功能，再实现大脑的复杂认知能力。这种观点认为，身体与现实世界的交互能力比大脑的复杂认知能力更易实现。然而，目前的人工智能发展路径在一定程度上颠覆了这一传

---

① 参见论文 "Multi-Modal Knowledge Graph Construction and Application: A Survey"，发表于 2022 年。

统观点。

三、由通用人工智能引发的人类自我审视及启示

虽然组合泛化被视为一种基础的创造形式，但它在人工智能领域的重要性不容忽视。AGI 之所以得到了业界的高度关注，一个很重要的原因在于它展现出了一定的创造能力。ChatGPT 或者 GPT-4 等大模型已经拥有了比较强大的组合泛化能力。具体来说，大模型经过足量的常见任务指令学习，学会了完成 a、b 两类任务的技能，就能一定程度上完成 a+b 这类新任务。比如，GPT-4 能够运用莎士比亚诗词风格撰写数学定理的证明过程。实际上，这是由于 GPT-4 分别习得了数学定理证明与莎士比亚风格诗词创作两种能力后，组合泛化出的新能力。

第一，我们必须认可大模型的这种组合创新能力。人类社会的大多数创新，本质上也是组合式的。比如，在工程技术领域，研究人员常把适用于 A 场景的 B 方法应用到 X 场景，从而取得不错的效果；在电影创作中，许多爆米花电影的剧情大多通过借用 a 故事的框架、b 故事的人物、c 故事的情节，以及 d 故事的桥段等来创作。

第二，AGI 的组合创新能力远超人类认知水平。AGI 可以对任意两个学科的能力进行组合，其中很多组合可能是人类从未想象过的，比如，利用李清照诗词的风格来编写代码注释。这种新颖的组合方式有可能是 AGI 给我们带来的宝贵财富，将极大地拓展我们的想象力。

第三，AGI 的组合创新能力将彻底改变人类社会的内容创新模式。由于 AGI 能够组合创新的素材，且其生成的效率远超人类，所以曾经引以为傲的集成创新也将逐渐失去其光环。原始创新在 AGI 面前显得更加难能可贵。

第四，AGI 的组合创新将迫使人类重新思考创新的本质。人类所能做的而 AGI 无法实现的创新将更有价值。AGI 将促使人类不再沉迷于随机拼接或简单组装式的内容创造，而是更加注重富有内涵、视角独特、观点新颖的内

容创造。

自监督学习是构建世界模型（World Model）的有效方式，可以将其视为一种"填空游戏"，即根据上下文填补空白。例如，事先遮盖住一个完整句子中的某个单词，然后让模型根据这个句子的上下文还原被遮盖的词语。同样地，就图像而言，可以遮挡部分图像区域，让大模型根据周边的背景图像还原被遮挡的内容。这种自监督学习机制为何能够成就 ChatGPT 等大规模语言模型，是个值得深思的问题。

"遮蔽+还原"式的自监督学习任务旨在帮助机器习得世界模型。比如，人们都知道高空抛重物，物体一定会下落，而不会向上飘，也不可能悬在空中。最近，很多学者，包括图灵奖获得者杨立昆都强调了世界模型[①]对实现 AGI 的重要性。人类社会业已积累的数据体现了人类对现实世界的认识，通过对这些数据的学习，机器将有机会建立世界模型。当数据足够多、足够精、足够丰富时，就能在一定程度上表达人类对复杂现实世界的完整认知，基于"遮蔽+还原"式的自监督学习机制，机器能够逐渐建立逼真的世界模型。反观人类的世界模型，其在很大程度上来自经验与文明的传承。

一方面，人类通过与世界交互积累经验而逐步建立世界模型；另一方面，文化传播和教育传承塑造着我们对世界的认知。因此，人类建模世界的方式与机器建模世界的方式有着本质的不同。大规模生成式语言模型借助了 Transformer[②] 这样的深度神经网络架构，习得了语言元素之间的统计关联，并具备了情境化生成能力。而大模型中的"大"字，主要就体现在其参数量巨大。这样一个复杂的深度网络空间编码了语料中所蕴含的各种知识，这些知识具有参数化表达与分布式组织两个鲜明特点。所谓分布式组织，是指某一个知识并不能具体对应到某个具体的神经元，而是分散表达为不同神经元的权重参数及其互联结构。在特定输入下，通过激活相关神经元并以神经网络

---

① 参见论文 "A Path Towards Autonomous Machine Intelligence (Version 0.9.2)"，发表于 2022 年。
② 参见论文 "Attention Is All You Need"，发表于 2017 年。

算法提取知识。因此，大模型可以被视作隐性知识容器。

大模型所蕴含的隐性知识，其广度与深度已远超人类能明确表达的显性知识范畴。从某种意义上说，人类能用自然语言表达的知识是可以穷尽的，是有限的。而人类在潜意识下用到的常识、文本中的言下之意、领域专家难以表达的经验等，都是以隐性知识的形式存在的。大模型为我们认识这些隐性知识提供了新的可能性。大模型是"通才"，是利用全人类、全学科的语料训练生成的。它所习得的某些隐性关联或者统计模式，有可能对应着人类难以言说的隐性知识。比如，在外交场合中，遣词造句往往有言外之意，被赋予了特殊的内涵。大模型的出现给解读这种言外之意与独特内涵带来了新的机会。

大模型所编码的知识，很多是人类从未解读过的，特别是跨学科知识点之间的隐性关联。这也是大模型给人类文明发展带来的一次重大机遇。随着大模型对隐性知识解读的日益深入，人类的知识储备将呈爆炸式增长。我们不得不思考一个深刻的问题：过量的知识是否会成为人类文明发展不可承受之重？事实上，当知识积累到一定程度时，单纯的知识获取已经偏离了人类文明发展的主航道。在知识急剧增长的未来，发现"智慧"比获取"知识"更重要。

很多时候，我们并不需要掌握太多知识，只要具备从大模型中获取知识的能力即可。理论上，即使是人类最杰出的个体，其所能掌握的知识量也一定远远低于智能机器。因此，人类个体的价值不体现在拥有多少知识，而在于如何运用这些知识。运用知识的智慧将是人类个体的核心价值所在。

AGI 的发展正在推动人类社会从追求知识进入追求智慧的新阶段。大模型倒逼人类重新认识自我。AGI 技术将与人类社会发展进程深度融合，既为人类社会带来前所未有的重大机遇，也伴随着严峻挑战。随着 AGI 技术的迅速发展，其所带来的风险也逐渐凸显。

首先，AGI 给技术治理和社会治理带来挑战。与目前的人工智能相比，AGI 一旦失控，将会带来灾难性的后果。当前，AGI 技术"失控"的风险日益增加，必须及时干预。比如，AGI 降低了内容生成门槛，导致虚假信息泛滥，这已经成为一个严峻的问题。此外，AGI 作为先进生产力，如果不能被大多数人掌握，而是被少数人或机构垄断，技术霸权主义将会对社会发展产生负面影响。

其次，AGI 技术将会为人类个体的发展带来挑战。未来，社会生产可能仅需少数精英加上智能机器就可以完成，工业时代的"2/8 法则"到了 AGI 时代可能会变成"2/98 法则"。换言之，越来越多的工作与任务在强大的 AGI 面前可能失去意义，个体的存在价值与意义需要重新被定义。尽管我们的寿命或将大幅度延长，但是生命的质感却逐渐变差。如何帮助绝大多数人找到生命的意义？如何优雅地打发休闲时光？这些都是值得我们深度思考的问题。

最后，AGI 的进步可能会带来人类整体能力倒退的风险。历史上，当人类发展了家禽养殖技术时，打猎技术就明显退化；当纺织机器日益成熟时，绣花技艺就显得没有必要。我们的非物质文化遗产和各类体育运动，本质上都在防止人类能力的退化。不能因为机器擅长完成人类的某项工作或任务，就放任人类的此项能力逐步退化。如果说以往各种技术的进步只是让人类逐步远离了大自然的原始状态，人类在与恶劣的自然环境的搏斗中所发展出的四肢能力的倒退是人类文明发展必须作出的牺牲，那么，此次旨在替代人类脑力劳动的 AGI 是否会引起人类智能的倒退？人类智能的倒退必然引起人类主体性的丧失与文明的崩塌。因此，如何防止人类的脑力或者说智能的倒退，是个必须严肃思考的问题。

尽管面临重重挑战，但 AGI 毫无疑问是一种先进生产力，其发展势头是不可阻挡的。除了前文提到的技术赋能，我们还要从人类文明发展的高度再次强调 AGI 带来的全新机遇。

首先，AGI 对于加速人类知识发现进程具有重大意义。前文已经讨论过，虽然大语言模型所编码的隐性知识的解读将会加速人类的知识发现进程，但也会带来知识的"贬值"。未来，我们会见证知识爆炸所带来的"知识无用"现象。

其次，AGI 发展的最大意义或许在于倒逼人类进步。平庸的创作失去意义、组合创新失去意义、穷举式探索失去意义……这个列表注定会越来越长。然而，人的存在不能失去意义。在 AGI 时代，我们要重新找寻自身的价值所在，重新思考"人之所以为人"的哲学命题。

结语

对于 AGI 的探索和思考才刚刚开始，我们还有很长的路要走。我们必须高度警惕 AGI 可能带来的问题，同时充分把握 AGI 所创造的机会。两千多年前，苏格拉底说"认识你自己"。今天，在 AGI 技术发展的倒逼下，人类需要"重新认识你自己"。

关于 ChatGPT 代码解释器的解读[①]

2023 年 7 月 9 日，ChatGPT 代码解释器测试版正式向所有 ChatGPT Plus 用户开放，其能够利用人类的自然语言作为指令，驱动大模型完成一系列复杂的任务，如数值运算、数据分析、专业图表绘制，甚至生成视频、分析股票市场等。也就是说，用户即使不是程序员，也可以用自然语言向 ChatGPT 下达指令，让它完成复杂的编程任务。这被外界评价为"GPT-4 有史以来最强大的功能"。

代码解释器的上线得益于 OpenAI 在提升大模型多模态交互能力方面的长期努力。代码解释器能够实现多模态交互，能够利用自然语言生成图像、绘制专业图表等。这意味着即便是很多专业性很强的工作，ChatGPT 都有能力完成，甚至可以媲美大学相关专业本科生的水平，如数据科学专业。

一、数据解析能力决定了大模型能力

ChatGPT 代码解释器功能的推出，体现了大模型在专业能力上的显著提升，特别是专业数据的理解与分析能力。这些能力得益于对专业文献等语料的深度解析与学习。与日常生活中的文本不同，专业语料中包含大量的专业数据、图表、公式、文本等。前面几个版本的 GPT 主要侧重于对通用文本的理解，而代码解释器专注于对各类专业表达的理解。这就要求模型不仅对专业文献中的数据、图表、公式、文本及其复杂对应关系有一定的理解能力，而且要实现对专业文献等数据的深度解析，建立文本与图表、公式之间的对应关系。通过构造适合大模型学习的多模态对齐语料，GPT 得以训练出文本

[①] 2023 年 7 月 9 日，ChatGPT 代码解释器测试版正式上线，能完成很多数据分析之类的专业工作，展现出取代部分白领工作的潜力，引发业界热议。笔者就这一事件接受澎湃新闻的采访，对代码解释器进行解读并以此为基础撰写了本文。

与其他专业表达之间的对应关系，从而实现了使用自然语言指令驱动专业图表制作的能力。

ChatGPT 这一能力提升为研发领域带来的一个重要启示是：对语料的深度解析能力很可能是决定大模型性能的核心因素之一。大模型的研制无论以何种程度重视数据都不为过。OpenAI 一直以来致力于获取更多优质数据，并深度解析这些优质数据，使其适配大模型训练，从而逐步提升大模型的能力。因此，获取大规模、高质量、多样性的数据，并形成这些数据的深度解析能力，可能是推动大模型发展的重要思路之一。

大模型技术竞争的关键是数据技术。数据技术竞争的赛道具有一定的隐蔽性。人们的焦点往往在大模型本身的优化上，而忽视数据技术。数据技术具有系统性，相关要素多、体量大，相较于模型改进，见效周期更长。夯实数据技术的核心竞争力，是大模型产业竞争中必须长期关注且不可忽视的关键因素。

二、消除语言鸿沟及其长期影响

ChatGPT 的此次能力升级带来了两个可能产生深远影响的变化：第一，消灭语言鸿沟；第二，重塑产业形态。

人类社会有着各种形式的沟通障碍，其中最显著的是不同文明与种族之间的自然语言鸿沟，以及专业表达与日常表达之间的专业语言鸿沟。在西方传说中，上帝为了阻止人类建成通天的"巴别塔"，混淆了人类语言，使不同种族、文明之间语言不通，无法有效沟通与协作。为了弥合这种语言鸿沟，译员诞生了。但是优秀的译员毕竟是少数，操持不同语言的人群之间沟通与交流仍有障碍。ChatGPT 等大模型通过跨语言语料的训练和学习，基本上能够胜任普通译员的工作，无形中架起了不同语言之间的沟通桥梁，从而弥合了自然语言的沟通鸿沟。

代码解释器功能进一步弥合了专业表达与日常表达之间的专业语言鸿沟。自然科学发展的一个显著性标志就是发明了各种专业语言，如数学符号体系、化学符号体系等。这些专业语言不仅决定了科学家的思维方式，也架起了科学家群体之间沟通的桥梁。自计算机发明以来，人类希望计算机按照自己的意愿完成各种设定任务。然而，这需要专业人士通过非自然语言或者形式化语言表达意图、下达指令，如汇编语言、C++、SQL 等。绝大多数普通人所擅长的只是自然语言，而非各种专业语言或者形式化的机器语言，这造成了科学工作与计算机专业工作的高门槛。普通人在完成通识教育后，必须接受长达数年的专业教育才可能从事科学工作和计算机领域的专业工作。随着计算机成为科研与工程新范式，计算机专业语言进一步与自然科学及复杂工程学科深度结合，如面向芯片设计的 HDL 语言、面向工程设计的 CAD 语言等。这使普通人从事专业工作的门槛因专业语言的障碍而日益提高。

代码解释器的出现意味着上述鸿沟有被填平的可能。在人类历史的长河中，自然语言、形式语言及专业语言各自扮演了重要的角色，但在大模型崭露头角的当下，它们存在的必要性似乎受到了巨大的冲击。自然语言足以统一表达各种需求，而机器似乎已经"理解"了人类纷繁各异的语言，AI 正在消除语言鸿沟。如果说 ChatGPT 的初版消除了人机之间的自然语言鸿沟，那么带有代码解释器的 ChatGPT 则进一步消除了人机之间的专业语言鸿沟。这是一项具有里程碑意义的成就。即便是悲观的估计，各类专业语言与形式语言也将沦为自然语言的补充，其需求与使用频率将显著减少。自然语言有可能成为人类从事一切复杂而专业工作的统一界面。虽然普通人与专家水平仍有差距，但是常规的专业工作似乎完全可以由普通人经过简单培训后胜任。

很快，大模型将会逐步习得像数学语言、物理语言等人类从事强专业性工作所需要的"语言"能力，以及相应的思维能力和解决问题的能力。因这些能力在原理上是相通的，数学家借以开展研究工作所需要的数学语言也是一种形式语言。只要能够拿到自然语言和相应专业语言的配对数据，大模型就有机会习得。而这些数据广泛存在于书籍或论文中，还可以通过广泛应用的专业软件，比如 MATLAB，进行数据合成，从而进一步缓解大模型学习专业能力时的数据稀缺问题。

随着使用频次的降低，人类发展出的各种专业语言、形式语言及小语种语言会不会消失？这是个值得担心的问题。随着大模型等工具不断升级，人类没有理由再付出艰辛去学习少数群体的语言。主流语言的相对优势只会因技术的强大而被进一步放大，势必会吞噬少数群体语言的生存空间，直至少数语言消亡。

然而，语言是承载文化和思维的工具。从这个意义上讲，任何一种语言的消亡，代价都是人类文明难以承受的。文明的凋谢往往是从语言的衰落开始的。欧洲各国对各自本土语言的保护及对外来语言的排斥，看似不近情理，实则是经过谨慎思考后的明智决策。保护语言，就像保护稀有动物以防止其灭绝一样重要。在大模型带来先进生产力的同时，如何保护非主流语言，如何维持语言多样性关系到能否维系人类文明多样性。人类必须正视这些问题并尽快给出答案。

三、专业性岗位还有无必要

ChatGPT 代码解释器功能的上线意味着大模型已经能够胜任那些需要掌握专业语言才能完成的专业性工作。这引发了一个值得深入思考的问题：大模型的发展给人类的专业工作留下多少发展空间？或者说，某些专业性岗位有无存在的必要性？

随着大模型能力的提升，所有借助语言完成的工作将来都会被分解成三个步骤：第一步提示，第二步生成，第三步评价。显然，不管是专业性还是非专业性的生成工作，都可以交给大模型完成。但专业人士仍然有其存在价值，比如如何写提示词让大模型生成所需要的专业性图表，以及如何评价分析其生成结果的准确性与质量。在这些方面，人类仍然有优势，或者说短期之内，大模型仍然需要较大改进才能够胜任。更进一步，大部分内容生成任务和分析型工作都会被分解成多个细分步骤。其中，重复性、常规性、生成式的步骤将逐渐交给大模型，将传统小模型擅长的细分任务交给小模型，将仍然只有人类擅长的细分任务交给人类。这种"分解+重组"模式，即将复杂任务分解成多个步骤（分解），再由大模型、小模型、人类完成其所擅长的步骤（重组），将是未来重塑产业形态的基本趋势。

此外，人类专家之所以是专家，不仅仅是因为其能熟练使用某种专业语言，还鲜明地体现在其专业思维能力上。行业专家具有理解专业知识的能力、灵活运用知识解决新问题的能力、整合跨领域知识的能力、较强的归纳总结能力、持续学习与知识结构调整的能力、自我反思和评估知识局限的能力，以及明确的目标与动机。这些恰恰都是大模型的弱项。总体而言，大模型在知识的广度与精度上有优势，但缺乏知识的创造性应用能力。大模型擅长对人类已有的思想进行整合与拼接，但是难以实现人类的从零到一的原始创新。

四、代码解释功能给大模型产业发展带来的启发

对于大模型快速迭代的未来演进趋势，有必要从数据角度进行探讨。第一，提升获取数据的广度是关键方向之一。现在 ChatGPT 主要以公开的、容易获得的数据学习为主，未来一定会使用更大规模、更多样、更高质量的数据学习，同时加大对私域专业性强数据的学习和利用。第二，提升使用数据的深度同样至关重要。通过加大存量数据的使用深度，比如提高数据解析、标注的水平，提升数据的使用效率。也就是说，这是两个维度：一是新知识的获取越来越广博，二是已有数据学得越来越专、越来越深。这是代码解释功能给大模型产业从业者带来的重要启发。事实上，从数据角度来看，很可能数据本身不会发生根本性变化，只不过未来大模型会学得更深入，学习方式更先进。

全球范围迎来人工智能新一轮快速成长期[①]

ChatGPT 自 2022 年 11 月推出以来，其强大的多轮对话能力、意图理解能力、上下文学习能力、指令理解能力等引起社会的广泛关注，引领了生成式人工智能的研究与应用热潮。那么，从世界范围来看，生成式人工智能的发展现状和趋势怎样？

随着前沿技术的不断进步，生成式人工智能在全球范围内迎来新一轮的快速发展，在解决复杂任务、提升专业水平、理解多模态数据、具身化操纵物理机械等方面有了显著进展。生成式人工智能的产业生态已初具规模，形成从基础模型、行业模型、应用插件到数据服务的完整产业形态。这不仅带动了 GPU（图形处理器）计算显卡、高通量网络互联设备、云计算平台等算力企业的进一步发展，还在图像、语音、编程、游戏、医疗等领域的应用场景中取得了显著效果。

国际知名 AI 工具导航网站"There's An AI For That"[②]已收录面向数千个场景的数万个 AI 应用，其中绝大多数是 2023 年 2 月以来出现的新兴企业的产品。这些企业围绕基础模型，结合各细分领域与场景的具体需求，打造具有竞争力的 AI 产品或服务。可以说，围绕生成式人工智能基础模型的产业生态正蓬勃发展。

这一轮人工智能的快速发展由少数巨头企业直接推动。微软、亚马逊、谷歌、脸书等企业竞相入局，并投入巨大资源布局生成式人工智能大模型与

[①] 2023 年 8 月，笔者应经济日报社邀请，参与"推动生成式人工智能健康发展"智库圆桌讨论，并撰写了本文，对生成式人工智能发展的国际趋势进行解读。本文刊登于《经济日报》2023 年 8 月 29 日第 11 版。

[②] There's An AI For That 是一个相对全面的 AI 产品与公司收录网站，它收录了数千个场景的数万个新兴人工智能公司与产品，并每天更新。

相关产品的研发。同时，大量以实现 AGI 为目标的人工智能实验室和创新企业（聚集了包括图灵奖得主在内的顶尖科学家）取得了一系列重大突破，加速了 AGI 应用落地。

生成式人工智能的发展催生了大量的产业应用，涉及教育、娱乐、商业等众多领域。在教育领域，生成式人工智能可以在教学的各个环节实现提质增效。可汗学院的 AI 机器人 Khanmigo[①]，可为学生提供多学科的个性化辅导和反馈，让其自主掌握知识和技能。在娱乐领域，生成式人工智能可以创作小说、剧本、配音、歌曲、动画等多种形式和风格的内容。The Fable Studio 公司的动画生成模型 SHOW-1[②]使用 ChatGPT 生成脚本；人工智能初创公司 Runway 发布了视频编辑器 Gen-2[③]，可根据用户指令创作影视作品。在商业领域，生成式人工智能可以帮助企业进行市场分析，提供智能咨询、推荐等服务。例如，客户关系管理软件服务提供商 Salesforce 推出的 AI 销售助手 SalesGPT，可快速生成定制的销售邮件，而 Marketing GPT 模型则将生成式人工智能用于营销工作，帮助用户提高效率。上述应用只是冰山一角，生成式人工智能是一场深远且广泛的技术革命，其代表性技术——大规模基础模型——将成为人工智能的基础设施，赋能千行百业。

全球人工智能产业正进入高速发展阶段，但在实际应用中仍有不少问题亟待解决。首先，大模型存在安全底线问题，很多训练语料在未经用户授权的情况下包含了个人信息，提供对外服务时存在隐私泄露风险，需进一步加强隐私防护、版权保护、可控编辑，确保模型的可解释性与透明度。其次，大模型经常产生"幻觉"现象（如编造不存在的人物或事件），这限制了其在更多场景中应用落地。未来，需通过降低训练与应用成本、实现增量学习、提升规范理解能力等方式解决幻觉问题，增强大模型的可用性。再次，大模型的认知能力

---

① Khanmigo 是可汗学院推出的 AI 教学助手，旨在为学生提供全天候的个性化辅导。
② SHOW-1 是一种高效的文本生成视频模型，它结合了像素级和潜变量级的扩散模型，能生成与文本高度相关的视频。
③ Gen-2 是 Runway 的第二代人工智能软件，专注于使用文本描述、图像或剪辑现有视频，从头开始生成视频。

仍需持续提升，包括角色扮演、性格塑造、记忆与遗忘、长短期记忆转换等，从而提高其在代码生成、数学推理、评论改写等场景的应用效果。

值得注意的是，人工智能技术在为经济社会发展带来新机遇的同时，也产生了传播虚假信息、侵害个人信息权益等问题。兼顾发展与安全成为全球共识，各国政府正积极应对生成式人工智能带来的新挑战。在写作本文时，美国加利福尼亚州、伊利诺伊州等地已出台了相关法案。截至本书组稿时，欧盟理事会于 2024 年 5 月正式批准《人工智能法案》；韩国国会于 2024 年 12 月通过了《人工智能基本法》；2024 年 7 月，日本设立"AI 制度研究会"，进一步研究推进 AI 相关制度体系的建立，日本经济产业省发布《运用生成式 AI 制作发行物的指导手册》。我国发布的《生成式人工智能服务管理暂行办法》[①]，已于 2023 年 8 月 15 日正式施行。与此同时，社会各界也在积极呼吁加强对生成式人工智能的监管与治理。

人工智能是新一轮科技革命和产业变革的重要驱动力量，从全球发展趋势来看，算力仍是人工智能发展的制约性因素，特别是高端 GPU 芯片、高速网络互联设备。生成式人工智能与其他人工智能的技术集成将成为取得应用效果的关键。与此同时，大模型的能力瓶颈日益受到关注。大模型与传统 AI 技术的深度融合，特别是与传统知识库等技术的融合，是释放其在严肃复杂决策场景中应用价值的重要方式。

大模型将逐步从利用文本、图像、语音等数据的基础模型，演变为自治智能体"大脑"；将驱动智能体在虚拟环境中成长、与物理环境交互，成为能够自主适应复杂环境的智能体；将逐步从互联网开放聊天，演变为推动实体经济智能化发展的先进生产力。大模型有望成为推动数据价值变现的重要技术设施，助力数据资产化改革。

---

① 《生成式人工智能服务管理暂行办法》由国家网信办联合国家发展改革委、教育部、科技部、工业和信息化部、公安部、广电总局等七部门于 2023 年 7 月 10 日联合公布，自 2023 年 8 月 15 日起施行。

关于 OpenAI GPT-4 Turbo 的解读[①]

2023 年 11 月 6 日，OpenAI 的首届开发者大会引起了科技界的震动。OpenAI 的 CEO 萨姆·奥特曼（Sam Altman）在会上发布了大语言模型——GPT-4 Turbo。相较于 GPT-4，它拥有更长的上下文窗口、更快的输出速度、更低的使用成本。此外，奥特曼还宣布要围绕 GPT 打造 AI 平台，用户无须编码就可以创建自己的 GPT 应用程序，并允许其他用户使用。

一年之前，横空出世的聊天机器人 ChatGPT 在人工智能领域掀起了前所未有的热潮，一年之后，GPT-4 Turbo 带来了哪些想象力，实现了哪些新突破？围绕可定制的 GPT 应用程序的概念，OpenAI 能否成为科技圈的下一个"苹果"？

本文将深入剖析 GPT-4 Turbo 的技术特性、OpenAI 的 AI 平台化战略，以及这一系列动作对人工智能领域、相关产业乃至整个社会的深远影响，并展望未来的发展趋势与潜在挑战。

一、GPT-4 Turbo 的技术革新

GPT-4 Turbo 的技术革新主要体现在三个方面：一是上下文窗口的大小扩展至 128K，使其能处理更长的文本，如金融研报等，提升解读与分析文本的能力；二是输出速度显著提升，优化了模型架构与算力资源调度，用户体验更流畅；三是使用成本降低，这得益于模型压缩与算力优化，同时 Assistants API 更友好，功能更丰富，应用范围更广。此外，GPT-4 Turbo 的训练数据更

[①] 2023 年 11 月 6 日，OpenAI GPT-4 Turbo 版本发布，并一次性发布了多个新功能和新特性，引发热议。笔者接受上海电视台《新闻夜线》栏目的专访，对这一热点事件进行了深度解读，并以此为基础撰写本文。

新至 2023 年 4 月，确保模型的时效性与准确性，海量用户反馈推动了模型的迭代更新。

（一）上下文窗口与输出速度的突破

相较于前代 GPT-4，GPT-4 Turbo 最显著的改进之一是将上下文窗口大小扩展至 128K。这一扩展使模型能够处理更长的文本序列（相当于一本 10 万字小说的篇幅）。对于金融研报、产品手册等长篇幅、信息密集的文本，GPT-4 Turbo 可以实现更全面、深入的解读与分析，从而在金融分析、产品开发等领域发挥更大的作用。例如，在金融领域，模型可以一次性阅读并理解一份完整的研报，从中提取关键数据、分析投资趋势，为投资者提供更精准的决策支持。

此外，GPT-4 Turbo 的输出速度也得到了显著提升。这得益于 OpenAI 在模型架构优化、算力资源调度等方面的持续投入与创新。更快的输出速度使模型能够更高效地响应用户的查询请求，无论是实时对话、信息检索还是内容生成等场景，用户都能获得更流畅的体验。例如，在客户服务领域，基于 GPT-4 Turbo 的智能客服系统可以迅速理解并解答客户的复杂问题，大幅提升客户满意度与服务效率。

（二）成本降低与 API 功能优化

GPT-4 Turbo 的使用成本相较于前代产品大幅下降，这得益于 OpenAI 在模型压缩、算力优化等方面的突破。成本的降低使更多企业与开发者能够负担得起大模型的使用费，从而推动大模型在更广泛的应用场景中落地。例如，中小企业可以利用 GPT-4 Turbo 进行市场调研、产品推广文案的撰写等工作，而无须投入大量资金购买昂贵的计算基础设施或雇用专业的技术团队。

同时，全新的 Assistants API 对开发者更加友好。API 作为访问服务的接口，其易用性的提升使开发者能够更便捷地调用 GPT-4 Turbo 的功能，快速构建自己的应用程序。OpenAI 还对 API 的功能进行了优化，提供了更丰富的参数设置与功能选项，使开发者能够根据具体需求灵活定制模型的行为与输出结果，进一步拓展了大模型的应用范围，提升了大模型的可扩展性。

（三）训练数据的更新与模型迭代

OpenAI 将 GPT-4 Turbo 的训练数据更新至 2023 年 4 月，这使 GPT-4 Turbo 能够掌握当时最新的知识与信息。在信息迅速更新的时代，及时更新训练数据对于保持模型的时效性与准确性至关重要。例如，在医疗领域，模型可以了解到最新的医疗研究成果、药物信息等，为医生提供更准确的诊断建议与治疗方案；在科技前沿领域，模型能够紧跟最新的技术发展趋势，为研究者提供有价值的参考与启示。

此外，海量用户的真实反馈为 GPT 系列大模型的迭代更新提供了源源不断的动力。OpenAI 通过收集用户在使用过程中的反馈信息，不断优化模型的算法与参数，使模型在理解语言、生成内容等方面的表现更加出色，从而实现了产品迭代更新的飞速发展。

二、OpenAI 的 AI 平台化战略

OpenAI 宣布将围绕 GPT 打造 AI 平台，用户无须编码即可创建自己的 GPT 应用程序。GPTs 是 OpenAI 提出的一个全新概念，如果将 GPT 比作电能，GPTs 则类似于各种电器。电能本身并不能直接创造价值，必须通过电器才能为人们所用并创造价值。类似地，GPT 作为一个智能能力的提供者，必须通过各种 GPTs 应用才能解决实际问题、创造价值。例如，一个关于创业公司指导的 GPTs 应用，可以基于 GPT 的能力，结合创业相关的数据与知识，为创业者提供个性化的指导与建议。

GPTs 的应用模式具有高度的灵活性与多样性。用户只需使用自然语言输入指令，平台就能够自动调用相关的 API 或工具，快速构建相应的应用程序。这种模式极大地降低了开发门槛，使创意与技术的结合变得更加紧密。未来，只要有创意，任何人都可以不受专业编程语言的限制，快速地将自己的想法转化为实际的应用程序。

三、对产业与社会的影响

GPT 的出现和应用更像是一次技术引擎的升级，犹如先进的电能最终取代了落后的蒸汽，成为人类社会的主要能源供给形式。GPT 引领的 AGI 等先进技术势必会取代落后的生产力形式。从某种意义上来说，从业者并不是被技术本身所取代的，而是被掌握了大模型这类先进技术的人淘汰的。因此，相关领域的从业者要积极地做好准备，才不会被淘汰。有意思的是，最先受到冲击的可能恰恰是软件开发者或互联网应用开发者。

OpenAI 此次还宣布与 App Store 相似的 GPT 商店将在 2023 年 11 月底上线[①]。此前，OpenAI 也已开放了插件系统，并且与微软的搜索引擎 Bing 合作，实现了智能检索、自动写作等功能。GPT 商店的上线与插件系统的开放，将为程序员提供更多的机遇与挑战。一方面，他们可以利用自己的技术能力，开发出各种创新的 GPT 应用程序，满足市场需求；另一方面，他们也需要面对来自非计算机专业背景用户的竞争，因为这些用户也能够通过自然语言快速构建 GPTs 应用程序。这要求专业程序员不断提升创新能力与差异化竞争优势，才能免于被淘汰。

很多行业将会受到影响，尤其是文案工作、基础知识工作等领域。大模型通过提高工作效率与质量，减少了对这些行业从业者的需求量，进而可能影响相关从业者的就业机会。例如，在新闻媒体行业，一些简单的新闻稿件撰写工作可能被大模型取代；在法律行业，部分基础的法律文书起草工作也可能受到影响。

大模型对某些工作岗位形成冲击，并不代表人的价值被机器完全取代。人类还有很多独特的、机器难以取代的价值。比如创意型的工作，包括对所生成内容的选择和判断，仍然需要人类去完成。本质上，GPT 工具在推动人类从以知识获取、技能习得为核心的传统人才价值体系，向具备审美、鉴赏、批判等能力的创新型人才价值体系转变。

[①] 2024 年 1 月 10 日，OpenAI 宣布推出 GPT 商店。

四、大模型产业发展的竞争态势

可以说，目前 GPT 生态已经初步成形，从一个能力的提供者发展成为一个生态的推动者和引领者，这是 OpenAI 发展的必经之路。或者说，任何企业的发展都会经历一个从简单的能力提供者到生态引领者的过程。但 OpenAI 在实现更大规模应用的过程中，仍面临着一些潜在的技术问题。例如，大规模的并发调用对算力有着较高的要求，如何在保证服务质量的同时，合理分配与调度算力资源。此外，随着大模型的广泛应用，数据隐私与安全问题日益凸显，如何在保护用户隐私的前提下，实现数据的有效利用与大模型的持续优化，是另一个需要关注的问题。笔者相信这些技术层面的问题都有办法解决。最终，人类的算力总量和知识总量将可能成为限制大模型发展的天花板。

目前，不少科技巨头都加入了大模型的竞争中，除了微软、谷歌等公司，埃隆·马斯克的人工智能初创公司 xAI 也发布了它的第一个 AI 聊天机器人 Grok。这场大模型竞争堪称一场新型的"军备竞赛"。各大科技公司的每一次发布会不是导致股价飙升，就是股价暴跌，可以说已经"刺刀见红"，几家欢喜几家愁。然而，对于后起之秀来说，仍然有蓝海市场。比如行业大模型、科学大模型、专业大模型、具身智能、多模态智能等仍处在起步阶段。只要积极地开辟新赛道，注重差异化竞争，企业仍然有巨大的发展机遇。

对于国内的互联网企业而言，可谓劣势和优势并存。从劣势上讲，显然，国内企业未能拔得头筹，并且随着 OpenAI 的快速发展，面临着差距被拉大的风险，相关从业者要紧紧跟随、不能掉队。

从优势上讲，首先，有 OpenAI 作为先行者，相当于师傅领路，国内企业可以避免付出巨大的试错代价。同时，国内有着广阔的市场及优良的数据基础，尤其是我国现在大力发展的数据要素市场，为大模型发展打下了非常良好的数据基础。其次，国内企业还具备政策优势，如国家大力扶持国产专利体系和大模型创新体系等。

关于 Sora 是否理解物理世界的解读[①]

2024 年 2 月 15 日，OpenAI 正式发布了文生视频大模型 Sora。Sora 一经登场，其逼真的视频呈现便让全球科技圈沸腾。Sora 背后的技术架构是怎样的？它的出现是否意味着 AGI 进程从 10 年变成了 1 年？Sora 到底有没有理解物理世界的能力？以 Sora 为代表的 AI 技术将如何影响人类社会，我们又将如何应对？Sora 逼真的视频生成能力引发了全球科技圈的广泛关注与讨论。本文将深入剖析 Sora 的技术架构、物理世界的理解与模拟能力，以及以 Sora 为代表的 AI 技术对人类社会的深远影响，并探讨应如何应对这一技术浪潮。

一、Sora 的技术架构与创新

Sora 的出现既在预料之中，又在意料之外。预料之中，是因为 ChatGPT 诞生之后，业内专家普遍预测大模型一定会从纯文本的大语言模型向多模态大模型发展。多模态大模型指的是能够处理图文混合和视频等的大模型。意料之外，是指 Sora 生成的视频具备如此高的逼真度，给人以强烈的冲击感。它对模拟物理世界的逼真程度达到了空前的水平，这是之前人工智能技术从未实现的突破。

Sora 是完全基于数据驱动的大模型生成的，不再使用包括建模、渲染等传统电影工业技术。Sora 基于 Transformer 神经网络架构，并结合了视觉编解码中常用的 Diffusion 机制。Transformer 架构以其强大的并行处理能力和对长序列数据的建模能力，在自然语言处理等领域取得了巨大成功。Sora 将

[①] 2024 年 2 月 15 日，OpenAI 推出了文生视频大模型 Sora，它能够根据简单的自然语言提示，生成长达一分钟的高清视频，且视频内容符合物理规模与文化习俗。其性能与效果显著超越同期的同类产品，引发全球范围的热议。笔者接受澎湃新闻的采访，就这一热点事件进行深入解读。本文基于此改编。

这一架构应用于视频生成，使模型能够更好地捕捉视频中的时空信息，以实现对复杂动态场景的逼真模拟。

Diffusion 机制通过逐步引入噪声并学习逆向去噪过程，生成高质量的图像与视频。这一机制在生成细节丰富、纹理逼真的视频内容方面发挥了重要作用。Sora 是 OpenAI 在大模型领域长期积累与创新的结果，延续了其通过巨大算力从海量数据中学习的"暴力美学"策略。

ChatGPT 和 Sora 都使用了 Transformer 神经网络架构，本质上都是大模型。这种架构使两者在处理复杂信息时都表现出色。ChatGPT 擅长生成流畅、连贯的自然语言文本；而 Sora 将这一能力扩展到了视频领域，生成逼真的视频内容。传统的模型只能建立简单的线性关系，难以对流体力学等复杂现象建模。然而，Sora 基于 Transformer 神经网络架构，具备了对现实世界复杂现象非常逼真的建模能力。这是一个由 Sora 带来的新高度。

尽管 Sora 与 ChatGPT 在技术架构上有共性，但在应用场景与功能上存在明显差异。ChatGPT 主要应用于文本生成、对话交互、信息检索等领域，为用户提供文本形式的智能服务。Sora 专注于视频生成，能够根据文本提示生成高度逼真的视频内容，为影视制作、游戏开发、虚拟现实等领域带来新的可能性。

二、Sora 对物理世界的理解与模拟

近期，杨立昆[1]等专家指责 Sora。他们认为，仅仅根据提示词生成逼真的视频并不能代表模型真正理解了物理世界，生成视频的过程与基于世界模型的因果预测完全不同。他认为 Sora 并不能模拟物理世界，并称"这里存在'巨大'的误导"。他强调，人类专家的知识和经验，应该在构建世界模型中扮演重要角色，而 Sora 似乎忽视了这一点。但笔者倾向于认为，Sora 摆脱了专家的知识干预后，可能更接近世界本原，提供了一种更准确的建模方式。

---

[1] 杨立昆（Yann LeCun）：图灵奖得主，Meta 公司首席科学家、AI 团队负责人。

关于 Sora 对物理世界的理解与模拟，学术界有很多不同的观点。传统意义上，理解世界的主体是人，若不承认机器的主体地位，则谈不上所谓的"理解"。但人类理解世界的结果是表达世界，再去创造一个新的世界。像 Sora 这种工具，它能够高精度地建模现实世界，可以视作一种"理解"能力。所以对机器而言，建模可能就是"理解"。人类对世界的重现都通过一些简化的公式，但 Sora 可以高精度地重建整个物理世界。从这个意义上讲，它的建模水平是远超人类水平的。

三、Sora 的社会影响与应对策略

第一个是技术层面的担心。技术研发人员的担心之处在于大部分 AI 技术对研究者而言仍是"黑盒"，其内在机制及涌现机理尚未完全明晰。AI 生成的过程和结果在很大程度上仍然是不可控的。第二个是社会层面的担心，就业可能直接被影响，AI 已经能够代替人类的很多能力。人机协作会极大地降低人员的需求量。从长远的角度看，担心在于 AI 是先进生产力，势必要求生产关系和上层建筑适应这个生产力。整个社会结构的调整相当缓慢，AI 发展却很快速，因此，曾有人呼吁按下 AI 发展的暂停键。需要设立合理应用 AI 的原则，明确边界，确保社会平稳有序地过渡到适应先进生产力的阶段。

四、国内 AI 产业的挑战与机遇

国内的 AI 产业总体上处于跟随、追赶的阶段，正努力缩小与国际先进水平的差距。在人才方面，虽然国内拥有大量人才，但在 AI 领域的顶尖人才与创新团队方面仍存在一定的不足。在数据方面，国内的数据资源丰富，但在数据治理、质量控制与标准化等方面仍需加强。在算力方面，Sora 等大模型的训练需要巨大的算力支持，而国内的算力资源相对紧张，这已成为制约大模型发展的关键因素之一。

人工智能大模型发展的新形势及其省思[①]

自2022年年底OpenAI发布ChatGPT以来，大模型产业发展先后经历了"百模大战"、追求更大参数、刷榜竞分，直到近期各大厂商相继加入价格战的阶段，可谓热点纷呈。在技术形态上，大模型从单纯文本发展到了多模态，从模拟人类大脑的认知功能发展到操控机器与复杂环境交互，从通用化发展到专业化、行业化。大模型技术生态日益繁荣。热闹的产业发展背后涌动的是科技巨头对AGI技术主导权的激烈拼抢，以及大国间科技竞争态势的愈演愈烈。

ChatGPT打响了AGI技术革命的第一枪，当下AGI产业竞争格局已呈现多点开花、错综复杂的态势，未来走势并不清晰。与此同时，大模型产业在发展过程中暴露出诸多问题：各厂商仍在艰难摸索大模型的变现路径，研发投入仍在持续增长，需求方的耐心不断被消磨；对于生成式大模型的根本性问题（如幻觉问题）仍然缺乏有效的应对策略，大模型训练与应用的资源与能源消耗问题日益突出。久而久之，大模型厂商的成本压力增大，市场也趋于理性。此外，大模型技术的大规模应用所带来的各种社会问题也逐渐凸显。大模型产业似乎进入了一个"中场阶段"，盘点与反思当前的发展态势、梳理与总结发展中的问题、展望与谋划未来的对策，成为推动大模型产业进一步发展的重要议题。

一、大模型发展的新态势

大模型正日益成为人工智能产业发展的基础设施。大模型本质上是海量参数化的大规模深度神经网络，需要大规模算力和海量数据进行训练，因此成为人工智能领域的"重型装备"。这也宣告人工智能进入了"重工业"发展阶段，而重型装备往往是产业发展基础设施的代名词。大模型在学术界常被

[①] 本文选自《人民论坛·学术前沿》杂志2024年第13期。2024年5月，抖音旗下的豆包大模型等掀起价格战，国内外各大模型厂商纷纷跟进，一时间大模型竞争火药味弥漫。笔者应《人民论坛·学术前沿》杂志邀请，就大模型发展进程中的一系列问题进行思考与研判。

称作"基础模型"（Foundation Model），是指经过预训练形成的、能够应用在多种下游任务中的模型。例如，代码基础模型只需少量任务提示，就可以完成代码生成、改写、检测、推荐、搜索等任务。由此可见，大模型的发展趋势之一就是成为人工智能产业发展的重要基础设施。

从功用来看，大模型往往被用作存储海量知识的容器、模拟人类心智能力的认知引擎、驱动智能体与环境交互的大脑、协同不同组件与工具的操作系统、人机自然交互的接口。传统的人工智能系统开发需要面向特定任务，设计专用模型。当前，基于统一大模型进行任务微调或者指令指引的新范式，使大模型在人工智能系统架构中日益下沉为整个架构的基础，不仅支撑着丰富多样的上层应用，也承担着复杂意图的理解与用户需求满足的核心任务。近期打响的大模型价格战也从侧面展现了大模型的基础设施地位，基础设施需要以持续走低的价格来锁定海量用户，而持续增长的用户量和规模化应用能有效分摊大模型高昂的前期研制成本。

作为 AGI 最重要的技术形态之一，大模型是一种先进生产力，也可以说是新质生产力的代表。劳动力在生产力要素中起决定性作用，只有劳动力才能支配与使用其他生产要素（土地、资本、数据等）。大模型驱动的数字与机器员工将成为一种新型劳动力，人类迎来了可以与人类劳动力媲美的新型劳动力。

AGI 旨在达到或接近人类智力，一旦相关技术成熟，由 AGI 驱动的智能机器，包括有形的机器劳动力和虚拟的数字劳动力等，将成为人类劳动力的重要补充。这些机器和数字劳动力在可靠性、可用性，以及对复杂与恶劣环境的适应性等很多方面，比人类劳动力更具优势。

从某种程度上说，以生成式大模型为代表的 AGI 将可能成为超越人类的先进劳动力。大语言模型已在一定程度上复现了人类的语言表达能力、写作能力，以及基于语言的逻辑表达与情感表达能力。多模态大模型能够进一步完成多模态内容的生成任务，甚至实现对复杂世界的建模。具身大模型则侧重于使智能机器具备规划能力、对复杂环境的理解能力及自适应交互的能力，使机器操控各类工具完成复杂任务。各种科学大模型、专业大模型则专注于具体的科学任务，为专业性工作提质增效，比如蛋白质结构大模型使蛋白质结构预测效率得到极大提升。

OpenAI 推出的 GPT-4o 更是将机器的自然交互水平推向了一个新高度。它已经能在多人对话场景中实时理解人类的语音、姿态、情绪、意图，具备了一定的认知人类社会的能力。仅从 GPT-4o 展现的能力可以预见，未来涉及人类情感交流的诸多行业，比如教育培训、护理、心理咨询等都将被 AI 赋能。从脑力劳动到体力劳动、从文案生成到问题求解、从事实检索到逻辑推理，可以说大模型正在全面进入人类智力的领地。除了自我意识等少部分人类自身也未能准确定义与理解的问题，但凡能够精准描述、刻画、定义的人类能力在不远的将来都可能被大模型掌握。

值得注意的是，即便 AI 劳动力再先进，我们也必须坚持构建和谐的人机协作关系。一方面，生成式人工智能短期内仍将存在包括幻觉问题、过度能耗等在内的诸多局限，其生成过程与结果仍需依赖人类的提示、控制与评判。另一方面，为实现人机和谐共处，人类不应放弃自主决策权。即便未来机器能够在某项任务中代替人类，人类仍然应该掌握最终的确认与决策权。这也是人类应该积极承担和难以免除的责任。

从短期来看，机器难以被视作责任主体，"机器协作+人类决策"仍将是人机混合劳动力市场的基本形态。从中长期来看，我们需要重新梳理人类的责权体系，机器有可能成为非关键责任主体或部分责任主体，在此过程中，我们要警惕人类推卸责任的倾向。

数据将成为影响大模型发展的决定性因素。大模型工程的本质是数据工程，数据的质量决定了大模型的落地效果。大模型的预训练、指令微调、价值对齐、评估评测等都依赖高质量数据。当前的研究与实践表明，高质量数据是关乎大模型性能与效果的关键因素，甚至是决定性因素。而大模型训练过程中的数据合成、数据配比、数据治理也能决定大模型的训练效果。总体而言，高质量数据及高水平的数据工程方法是大模型发展的关键因素。

此外，数据规模与复杂性会随着人类社会的发展而增长。换言之，随着技术的进步与社会的发展，数据的规模会不断创造新的纪录，数据的多样性会不断提升，而数据给技术带来的挑战也会进一步增多。随着人才、算力等瓶颈被进一步突破，数据可能成为制约大模型发展的长期性、根本性、战略性问题，甚至可能成为制约 AGI 发展的关键因素。

具体而言，一方面，构建面向大模型的优质数据集仍需付出较大代价。训练语料、优质指令、评测数据总体上呈现一种分散状态，需要通过汇聚、清洗、去重、合成、筛选转化为适合大模型训练的优质语料、指令与评测数据。大模型总体上呈现出对高质量数据的"饥渴"状态，近期，大模型产业发展的一些新动向多多少少都与数据争夺有关。例如，传统媒体状告谷歌等企业未经授权使用其数据进行模型训练，以及 OpenAI 与 Quora（国际版知乎）及苹果深度合作，这都是大模型头部企业为寻求优质数据而做的努力，表现出大模型产业发展对媒体数据、高质量社区问答数据甚至个人数据的迫切需求。

另一方面，数据供应不畅、数据治理能力薄弱等，都是大模型向纵深发展的限制性因素。从长期来讲，数据问题的缓解依赖数据要素市场的充分发展。当下，数据交易的一个重要动力就是构建高质量的行业大模型训练语料，但数据要素市场仍处于发展与完善进程中，其制度和基础设施建设不仅需要时间，也需要大量实践的反馈与优化。

最后，随着大模型与千行百业的深度融合，高质量的行业数据的价值更加凸显。这些数据决定了大模型在各行业中的应用效果。目前，行业数据在提升大模型能力方面的价值还未得到充分释放，这是大模型赋能高价值行业之前必须解决的重大问题。可以说，数据是大模型竞争的决定性因素，而从根本上缓解数据对大模型发展的制约，需要持续性、系统性的努力。

大模型产业的发展焦点正从基础模型走向应用生态。当大模型具备了人类智能的基本能力后，如何用好大模型就成为重点。值得强调的是，用好大模型绝不比研发大模型更容易。事实上，自 ChatGPT 诞生至今，大模型并未给人类切实创造多少价值，这一现状不应归咎于大模型自身的不足，而应该归因于人类应用能力的局限，特别是应用大模型的水平较低。大模型好比武侠小说中的利器，唯有强者才能驾驭这一利器，进而释放其价值。大部分人对大模型的应用可能仅限于闲聊、文字润饰。大模型是智者的利器，换言之，只有洞悉大模型特性的知识精英或者行家里手，才能将大模型的能力淋漓尽致地发挥出来。因此，用好大模型将成为个人、组织乃至国家未来的核心竞争力之一。

如果将大模型视作电能，那么围绕大模型打造的应用就如同电器，形式多样的电器是电能赋能千家万户的最终形态。我们不能否认发电的价值，但更应该肯定电器制造的价值。同样，围绕大模型打造相关应用，解决千行百业的痛点问题，将成为未来大模型产业的发展焦点。这决定了大模型下一阶段的发展重点是从通用走向专用，从开放走向私域，从基础模型走向应用生态。大模型能否在金融诊断辅助、医疗诊断辅助、生产流程优化、质量提升、风险管控等方面发挥作用，决定了其价值密度。一旦大模型能在千行百业发挥作用，将释放更大的产业能量。

大模型的应用生态正呈现出百花齐放的繁荣景象，其中以下四类应用尤为值得关注。

一是硬件终端的智能升级。大模型赋能各种终端是正在发生的一个重大产业变革，个人计算机、音箱、家电、手机、手表、智能车等都将被大模型赋能，而大模型将借助这些硬件终端为人类带来更强大的意图理解能力、更自然的人机交互体验、更细致的任务规划服务，以及更精准的信息服务。

二是个人消费服务的智能升级。购物、出行、游戏、文化、教育、健康等涉及个人服务的场景将被大模型显著赋能，比如大模型驱动的 NPC（Non-Player Character）能够显著提升智能水平，从而提升游戏玩家体验；英语外教等所在的教培行业也正在被大模型重塑。

三是企业信息服务的智能升级。大模型对推动企业数字化转型具有革命性意义。在大模型的驱动下，企业的经营管理和决策过程将发生根本性、革命性的升级。大模型将在传统的企业运营流程中扮演重要角色，代替人类专家、小模型及专家系统，完成流程中的诸多环节。此外，大模型对开放世界的理解能力有助于提高企业数字化解决方案的市场响应效率，增强系统的敏捷应对能力。

四是行业智能化应用。行业应用的核心在于认知与决策，大模型凭借其丰富的知识储备和强大的认知能力，能在各行各业的商务决策中扮演重要的辅助角色，如金融市场决策、医疗诊断决策等。同时，大模型还能作为人类专家的决策助手，拓展专家的认知范围，提供更多的决策变量、方案和路径，提示潜在风险，为人类方案提出优化建议等。

二、大模型发展的新举措

针对大模型产业发展呈现出的新态势与新动向，我们要树立大模型发展的全局观和整体观，提前研判、积极应对。大模型产业发展涉及众多要素，不能仅从大模型自身发展的核心要素进行思考。一方面，要统筹考虑大模型与数据要素市场的协同发展；另一方面，要将大模型置于推动我国各行业转型升级、实现高质量发展，以及全面深化改革的重要科技引擎这一新角色中进行思考。此外，要从大模型作为一种先进生产力，对生产关系、人类发展、社会进步的影响等宏观角度进行思考。

加快人工智能教育体系的建设。如果有人问：人类为迎接即将到来的AI技术革命所需要开展的第一项工作是什么？笔者认为答案应是教育变革。AI作为一种先进生产力，它的发展势必要求生产关系与之相适应。生产关系的调整涉及整个社会中诸多要素的调整，其中最基础的、首要的一环就是教育。为在大模型国际竞争中抢占先机，我们必须培养大量的AI专业技术人才。具体而言，不仅要培养跨行业融合的AI人才，以将AI技术应用于千行百业；还要培养跨学科的AI人才，以重塑人文学科的内涵，并加速自然学科的知识发现进程。此外，我们需要提升国民的AI素养，只有当AI技术像计算机与互联网一样得到广泛应用时，AI才有可能成为全社会发展的引擎。

在 AGI 时代即将全面到来之际，需要重塑教育的内涵。教师教什么？学生学什么？教育管什么？这些问题都需要重新回答。现代文明所追求的知识发现与获取能力或将逐步褪去光环，生存与发展的智慧将更具价值。除了作为现代文明人所必要的核心素养与能力，审美、判断、鉴赏、提问、批判能力将更加重要。事实的记忆、烦琐的运算、常规内容的生成，基本上都可以交给 AI 完成。在未来 AGI 大发展的时代，如何驾驭与使用 AI 将成为人类最有价值的技能之一。然而，随着 AGI 能力的不断提升，认知并驾驭它也将愈加困难，AI 教育的使命日益艰巨。

推动 AI 教育的首要任务在于确立在教育中安全应用 AI 技术的基本原则。当前，很多组织和高校都在积极推动 AI 教育，各国政府也纷纷发出了 AI 与教育深度融合的呼声，这对推动 AI 技术在教育教学中的普及与应用有着积极的意义。然而，我们要尤为注意的是，AI 在教育中的应用需"有所为，有所不为"，不能越界，否则将可能违背教育的初衷。对于 AI 在教育中的应用，需仔细甄别其对学习者自身能力的习得是有利还是有弊的，而不能不加选择地盲目滥用。试想：如果一个小学生使用 AIGC 辅助写作文，或者在做每一道数学题之前都先去问问 AI，那么学生的写作能力与计算能力如何才能得到锻炼呢？与此相反，教师、家长利用 AGI 进行备课、辅导是十分有益的。由此可见，AI 技术在教育中的应用需具体问题、具体分析，其中针对学习者的 AI 应用应该极为谨慎，否则可能事与愿违。

学习者是否应该使用 AI，如何使用 AI？解决此类问题需要进行十分细致而烦琐的甄别。其基本原则在于，在学习者的某项核心能力形成之前，应该谨慎借助和使用 AI 的此项能力。因此，精准刻画学习者的能力，并基于此实施分级、分类的 AI 应用管控，是促进学习者更好利用 AI 的基本思路，其他分类依据都存在一定的不合理之处。例如，有观点认为大学生可以无限制地使用 AI，这样的分类原则显然过于武断。对于一个日语系新生而言，他/她可能是日语的初学者，而对 AI 的滥用可能导致其永远无法习得日语的表达能力。

建立以智能科学为核心的跨学科研究体系。学科划分使人类对客观世界和人类社会的有限经验与理性思考逐渐走向专门化、专业化，也在一定程度上割裂了人类对世界统一性、整体性的认知。部分细分学科内部的同质化研究泛滥，原始创新动力不足，未来最重要的任务在于重建对世界本原的整体性认知。

大模型通过通用语料训练习得了不同学科的知识，同时具备了一定的组合创新能力，因而擅长组合不同学科的知识以解决问题，为人类的跨学科认知及整体性把握世界带来了重大机遇。大模型将是协助人类开展跨学科融合研究的利器。对于人文学科而言，AI 带来的绝不仅仅是工具的革新，还有重塑传统人文学科的重大机遇。AI 通过构建一个无限接近于人的智能体，不断追问人的本质、智能的本质、自我的本质，而构建过程本身就是一种理解。AI 的快速进步需要我们重新理解"人与社会"的既有概念与理论框架。认知人文社会现象的隐喻对象已从传统的动物转变成了智能机器。智能机器通过不同于人类的机制，甚至在很多方面超越了人类的能力，这就可能从根基上撼动现有人文学科的理论体系。同时，AGI 也展现出强大的构建世界模型的能力。以 Sora 为代表的大模型的建模能力达到了新的高度。从一定意义上说，对特定现象的重建能力即为一种理解能力。AI 一旦具备构建世界模型的能力，其对世界认知的广度与深度就可能超越人类，甚至可能超越人类的现有认知。因此，未来科学研究的重大任务之一，就是借助 AGI 对复杂世界的编码与建模能力，重建对世界本原的整体性认知。

跨学科研究的重要使命在于"为机器立心、为智能立命"。加深对 AGI 本身的认知，建立理解 AGI 的概念框架，是推动 AGI 进一步发展以及帮助人类更好地驾驭与管控 AGI 的关键。AI 最初以人类智能为蓝本，而今却呈现出其独有的特性。几千年来，人类已经建立起的关于自身及社会的认知体系与理论框架，是我们理解 AI 的心智及智能体社会的有益参考。可以说，以人类为模板是全面认知 AI 的前提。随着 AGI 融入日常生活，如何理解与控制 AI 个体及群体的心智、角色和行为，是实现 AI 安全可控的关键，也是促使 AI 造福人类而不致危害人类的关键。为 AI "立心立命"，让 AI 守规矩，是智能时代到来之前我们需要做好充分准备去应对的难题之一。

加速数据要素市场发展，推动大模型与数据要素的协同发展。 大模型产业的进一步发展对高质量数据的需求更为迫切，大模型与数据要素的发展日益融合，二者协同发展势在必行。具体而言，可从以下几个方面着手。

第一，大模型有望成为激活数据要素价值的智能引擎。以生成式大语言模型为代表，大模型已具备强大的世界模型构建能力、数据认知与操控能力，这使其成为激活数据要素价值、实现数据要素乘数效应的智能引擎。大模型与数据要素的融合发展，有望赋能千行百业，这是数据价值变现的重要方式。

第二，大模型助力突破数据治理技术瓶颈。数据治理代价大、成本高，已经成为数据价值变现的堵点与痛点。大模型凭借其强大的对开放数据的理解和操控能力，有望成为构建智能化数据治理体系，实现自动化、智能化数据治理的利器，减少对人力的依赖。

第三，基于大模型的智能体技术有望打造贯穿数据价值变现的全流程，涵盖数据挖掘、分析、操控等环节，全面提升数据价值变现的效率。大模型对数据、数据库系统、数据处理流程的理解与操控能力，可能使其成为释放数据要素价值的关键工具。

第四，围绕大模型行业语料所形成的高价值数据产品可以检验数据要素市场。目前，数据要素市场中仍然缺乏商业价值明确、交易机制清晰、安全可靠合规的数据产品。相较于其他涉及国计民生的数据产品，大模型行业语料接近教学及科普类内容，与个人隐私、行业安全关联较小，其交易相对安全、可靠、合规。因此，围绕大模型行业语料形成的高价值数据产品，可用于检验我国数据要素市场制度建设和基础设施的合理性。

数据要素市场的进一步健全、数据要素技术的进一步完善，将为大模型的发展注入强劲动力。首先，数据要素市场为大模型的数据集提供了合法合规的获取渠道与机制。数据产品的合规交易，有望使各行业大模型训练所需要的高质量训练语料得以汇集，从而缓解大模型在行业落地过程中对高质量数据的"饥渴"状态。其次，强大的数据合成与治理能力可以进一步提升大模型训练语料、指令数据的质量与规模。面向大模型训练的语料集构建、指令集构建、价值对齐数据构建等，都对数据治理、数据处理、数据合成等技术提出了较高要求，而大模型驱动的智能化数据能力体系能够有效满足这些要求。

坚持多元化的大模型发展路径。以大模型为代表的 AGI 形态与发展路径是多种多样的，为此应坚持多元化的发展战略。从参数规模的角度来看，大模型会同时向越来越大和越来越小两个方向发展。当前，大模型发展的一个重要趋势是参数量越来越大，主流参数量从十亿级、百亿级到千亿级，不同参数规模的模型有着不同的潜力，适用于不同的应用场景。大模型的能力随着参数规模、训练数据和训练时间的增加而持续提升，增大模型参数量仍是探索机器智能极限的重要方式之一，也是进一步发挥大模型的标度律（Scaling Law）的路径之一。

值得深思的问题是，大模型发展到终极状态时，标度律是否仍然成立？换言之，大模型的能力提升是否存在天花板？那时，足够的数据、训练和参数是否也不能提升大模型的能力？提出这个问题的理由是充分的：一方面，大模型训练正在迅速耗尽人类的优质数据资源；另一方面，能源消耗存在天花板，人类社会的能源开发和利用仍然存在制约，无法无限度地、单向地向大模型供给能源。此外，历史上任何技术的发展曲线最终都会遭遇天花板。由此，对大模型标度律的质疑是合理且充分的。

然而，以大模型为代表的 AGI 也呈现出自我提升与自我完善的可能性。这与人类的发展轨迹相似，人类一直在追求并实现自我超越。那么，当 AGI 达到或超越人类智能水平之后，同样有着充分的理由推断 AGI 可能实现持续上升，从而保持标度律持续有效。因此，对于 AGI 是否存在天花板这一问题，保持一种谨慎而开放的态度是合适且必要的。当前一些现实因素可能会制约大模型能力的进一步提升。首先，优质数据的生产速度可能远远跟不上大模型学习数据的速度；其次，人类开发与利用新能源的效率难以满足大模型的能源消耗需求。因此，笔者倾向于认为，大模型的能力最终会进入一个或至少会保持一段时间的徘徊期。在徘徊期内，大模型会随着所学习数据的增多，持续拓展其认知的事实与知识边界，但是其核心能力，如思维能力、逻辑能力、推理能力，以及与人类共情的能力的发展可能会遭遇天花板。康德曾经将人类智能分为"知性"与"理性"，所谓知性是指感性而杂多的事实性知识，而理性是一种对杂多的知识进行有序组织的能力。借用康德的分类，笔者认为，大模型所代表的 AI 在"知性"方面将仍然遵守标度律，但在理性方面则将面临天花板。

如果说更大规模参数量的大模型在帮我们探索智能的极限，那么更加小型化且实用化的模型则是夯实 AGI 应用的基础。大模型的小型化是推动大模型在更泛在的低端硬件和边缘环境中应用落地的必然举措。从表面上看，小型化涉及大模型的"瘦身"和蒸馏机制，但是从本质来看，其涉及的是大模型的可解释机理等根本问题。将大模型类比于人类大脑的神经网络，至今关于人类能力的实现与表达是分布式还是集中式（抑或在宏观上集中，在微观上分布），仍存在争议。例如，对于"祖母细胞"是否存在的讨论，关键在于证实大脑神经元是否存在特定区域完成特定功能的倾向。事实上，解剖学研究成果已证明大脑存在一定的功能分区，如人脑的海马体为人类提供认知地图的能力。同理，大模型是否也存在着类似的功能分区（或者说相对集中）呢？目前我们仍然不得而知。在一定程度上，剖析大模型并不比剖析人脑的神经网络更简单。唯有从源头上厘清大模型的参数分布与模型能力之间的因果关系，才能从根本上响应大模型的小型化等应用诉求。

AI 智能体（Agent）将重塑社会关系与行业发展形态，塑造社会科学新内涵。大模型的应用普及将重塑各行各业的发展形态，人类社会甚至可能面临被 AI 代理（Proxy）全面接盘的局面。以内容生产与传播行业为例，AIGC 提高了内容创作效率，导致内容与信息呈泛滥之势，普通人已经无法读尽仍在快速增长的新闻，科学家也无法阅尽每天产生的海量文献。作为具有生物智能的人类，因认知能力有限而被淹没于内容的海洋，准确、整体地理解世界变得越发困难。破题的关键仍然在于用好 AI，让其成为每个人的数字分身，完整复制每个个体的价值与情感偏好，使其成为内容生产与消费的忠实代理。未来，AI 生成内容的泛滥必然催生内容生产和消费的 AI 代理模式：内容生成将由经人类授意的 AI 代理完成，内容的阅读与消费同样由人类的 AI 代理完成。这些 AI 代理将协助人类完成内容的生产、分发、筛选、传播与消费过程。

数字分身或 AI 代理泛滥的时代又是怎样的呢？这是个更加值得深入思考的问题。数字分身或 AI 代理能在多大程度上行使个体的主体意志？每个个体又在多大程度上能够让渡主体意志给 AI 代理呢？未来社会可能将演变成由人类及其 AI 代理构成的社会。在这样的社会中，人与人的关系已经无法完整地定义社会关系，人与自己的 AI 代理、AI 代理与 AI 代理，成为社会关系的必要组成部分。社会科学的全部内涵也因此被刷新，重建社会科学成为新的历史使命，人类势必重新构建伦理框架、道德体系、情感框架。构建和谐的人机关系将成为社会关系发展的重要目标之一，而不单单是人与人的关系。

AI 代理参与的社会将重塑人类的生活方式和行业业态。例如，功能性的消费活动完全可以由 AI 代理完成，人类消费的真正价值可能仅在于情感体验，如精挑细选的乐趣，而不再是买到商品。从这个意义上讲，购物的功能性内涵将消失。

再以内容生产与传播行业为例，如果 AI 代理将代替人类成为内容生产与传播的主要受众或对象，那么传统的面向人类的图书编辑与出版、新闻内容的生产与传播将何去何从？甚至可以说，几乎所有的行业都要正视一个新的事实：服务对象从人变成人的 AI 代理，传统的行业形态被重塑。

三、大模型发展过程中的风险管控

作为一种先进技术，大模型具有两面性：若运用得当，它将成为先进生产力；若运用不当，它也可能有巨大的破坏力。因此，安全可控必须是发展大模型的前提。我们必须未雨绸缪，提前研判与积极应对未来大模型的大规模应用所带来的诸多负面问题。从全局考虑 AI 应用问题，不能唯生产力论 AI，而应兼顾 AI 应用所带来的方方面面的影响，并深入研判其长期影响。

加大大模型的风险管控力度，加强合规应用的制度建设。"大模型会对人类社会的哪些方面产生影响？"这种提问已不合时宜。更有价值的问题是"人类社会的哪些方面不会受到大模型的影响？"答案可能是"并不多"。大模型对人类社会的影响是广泛而深远的，几乎涵盖了人类智识所及之处。正是基于这个原因，大模型可能带来的负面影响更值得我们高度关注。

随着大模型的普及应用，其负面问题日益显现，主要包括以下几个方面。

虚假内容泛滥：大模型驱动的 AIGC 技术使内容生成与制作的门槛大大降低，虚假内容呈泛滥之势。传媒生态赖以存在的信息真实性前提受到前所未有的挑战。

价值观偏差：大模型训练语料可能存在种族、性别、文化、意识形态等方面的偏差。

版权保护挑战：大模型厂商可能在未经授权的情况下使用版权所有者的数据训练大模型。同时，用户可能使用大模型生成的内容作为自主知识产权的内容，这给传统知识产权概念框架与实践操作均带来了重大挑战。

隐私泄露风险：大模型训练数据可能侵犯用户隐私，即使用户公开了某些信息，也不意味着其允许这些信息被大模型习得，进而为所有人所知。

新型信息茧房：随着大模型逐渐成为各类互联网信息系统的新基座，信息消费者的认知将难以挣脱由大模型所编织的新型信息茧房。

这些问题随着大模型的普及应用而逐渐显现，需要有关部门加强研究，加大风险管控力度，加快大模型合规应用的制度建设。

AI 滥用对人类自身发展产生长期的负面影响。显性的负面影响容易觉察，但致命的是隐性、长期的问题。因此，我们更需要高度警惕 AI（特别是 AGI 技术）滥用可能带来的潜在负面影响。所谓 AI 滥用，是指过度且不加限制地使用 AI 技术。AI 滥用往往出于眼前的或者短期巨大利益的考量，有意或无意地忽视 AI 发展带来的长期问题，最终对人类或者特定群体的利益造成难以弥补的侵害。AI 滥用往往披着温和甚至极具吸引力的外衣，如果在推动 AI 成为先进生产力的过程中不加以区分与选择，对其负面问题视而不见，那么久而久之，AI 滥用会像"温水煮青蛙"一般以缓慢且难以察觉的方式给人类带来难以挽回的伤害。鉴于此，我们需明确 AI 应用应该"有所为，有所不为"，并尽快为 AI 的安全应用设立基本原则。

从本质上看，AI 的长期滥用可能会导致人类本性的倒退。技术的每一次进步都可能导致人类某种能力的倒退，例如输入法技术的进步使很多人"提笔忘字"。当达到人类智能水平的 AGI 大量代替人类脑力劳动时，随之而来的可能是脑力的倒退，这是人类难以承受的。具体而言，在个体尚未掌握某项能力（如写作）之前，不加克制地滥用 AI 的相应能力，将会阻碍个体获得此项能力。因而，即使计算机早就能代替人类进行计算，但是儿童必须通过艰苦的训练掌握基本的计算能力。我们必须警惕人类的心智水平因 AI 滥用而退化，以及由此导致的主体意志的逐步消退。AI 对人类主体意志的侵犯，将导致难以承受的后果。

由此可见，无论 AI 技术发展到何种水平，AI 应用都应该以保障人类智能的核心素养与能力的充分发展为前提。AI 应用应该为人类智力与能力的训练留下充足的机会和空间。面向青少年的基础教育阶段是人类核心能力的形成时期，因而对于此阶段的 AI 应用，应高度谨慎。同时，人类社会的大部分工作岗位都必须保留一定规模的人群从事相应的手工劳动。就像非物质文化遗产一样，指定足够规模的人类群体进行传承和发展，而 AI 应用应该适当"留白"。

关注生产关系、社会价值观念、文化艺术创作等与 AI 生产力的适应性问题。作为先进生产力，大模型对整个社会的全面渗透及其革命性影响几乎是不可避免的。这就要求社会的各个方面——包括价值观念、伦理体系、文化教育、生产关系等——都要作出积极变革和适应性调整，以适应先进生产力的发展。

从短期来看，大模型等 AGI 技术将对就业市场产生直接影响。AGI 应用将导致 AI 劳动力逐步代替人类劳动力，越来越多的任务、工作逐步交给了效率更高、效果更好的机器。AI 代替人类的过程必须是缓慢、渐进、有序的，以避免因剧烈的就业结构调整所引发的社会震荡。从更长远的角度来看，大规模的 AI 应用也可能影响现有的社会阶层结构。未来，随着 AI 智识水平参考线的确立，人类群体将可能被划分为"AI 智识水平之上"和"AI 智识水平之下"两大层次。对于人类个体而言，超越 AI 智识水平线将变得日益困难，可能导致阶层固化甚至对立，这是需要正视的问题。此外，AI 无节制地介入人类情感生活，会让人迷失于虚拟的情感世界，甚至产生畸形的情感依赖，进而干扰人与人之间的真挚情感，引发情感混乱。

大规模的 AI 应用对人类思想、文化、艺术领域的长期影响同样值得关注。当前，生成式人工智能已经涉足音乐、绘画、影视等众多艺术形式。AI 生成的艺术品数量呈指数级增大，人类在有限的生命里如何享受这过于丰盛的艺术盛宴？我们从未面临像今天一样的窘境——淹没在美的海洋中。试问：我们会不会因此而窒息呢？如果人类个体的一生都处于对美的高亢兴奋体验之中，这样的人生又有何价值与意义呢？美的泛滥是否会消解美的本身呢？生成式人工智能的泛滥将会打破美的稀缺性，进而削弱审美需求，影响传统艺术形式的发展。例如，AI 生成音乐可能很快穷举我们所能感知的绝大部分曲调，继而危及音乐这种艺术形式的存在。

为了使社会发展能够以和谐的方式适应 AI 这一先进生产力，我国应充分发挥中国特色社会主义制度的优势，在生产关系调整、教育体系革新等方面进行富有前瞻性与建设性的系统谋划，并积极、严密、细致地推进相应的布局调整，避免出现剧烈冲击和较大震荡。目前，我国正处于全面深化改革的关键时期，要抓住主要矛盾和矛盾的主要方面，"进一步解放和发展社会生产力、解放和增强社会活力，推动生产关系和生产力、上层建筑和经济基础更好相适应"。推动以大模型为代表的 AGI 技术与生产关系、上层建筑更好相适应，无疑是践行这一思想的具体措施之一。

结语

当前，大模型发展呈现出与数据要素融合发展、逐渐沉淀为基础设施、发展焦点从底座大模型转移至应用生态等新趋势。以大模型为代表的 AGI 将成为先进生产力的代表。在拥抱先进生产力的同时，我们也要密切关注其滥用、误用与恶用所带来的负面问题。我们要以更加长远的眼光进行更深入的思考和更精准的研判，全面、积极、主动应对，确保 AI 成为人类之福，而不是人类之祸。

在 AGI 快速发展的时代，如何打发闲暇时光，如何滋养灵魂，成为人类必须直面的问题。从表面上看，这似乎是个"幸福的烦恼"，然而，笔者更愿意称其为"戴着和善面具的恶魔"。未来，人类应对 AGI 应用加以适当引导与控制。即便有了 AI 的助力，以卓越精神探索未知世界仍需要付出常人难以想象的艰辛和长期坚持。

古代欧洲的贵族们往往都有贴心的管家来帮助料理生活，这使一批贵族精英能心无旁骛地探索未知世界，但也养出了大批"好吃懒做、肥头大耳的精神侏儒"。如今，AGI 日渐成为人类的"贴心管家"，AI 代理人类社会似乎成为必然趋势。然而，在这一过程中，人类更应奋发向上，借助 AI 的力量去勤奋地探索未知世界，不断开辟新的认知领域。

数理能力达到博士生水平的 o1 模型将带来哪些影响[①]

2024 年 9 月 12 日，OpenAI 推出了新一代大模型 o1。与此前的模型相比，o1 展现出了强大的推理能力，在处理物理学、化学和生物学方面的基准任务时，其表现与博士生水平相当，这是此前模型所不具备的能力。

o1 模型的问世意味着大模型的推理能力达到了专家级水平，是人工智能里程碑式的进展。这一突破将显著提升模型在企业端服务与应用中的表现。生成式大模型发展至今，产业界一直期待其能够实现人类大脑系统二的"理性思考"能力，真正解决在专业领域、垂直场景中对准确性、逻辑性的较高要求的问题，从而在千行百业的严肃应用中产生巨大的商业价值。OpenAI 推出 o1，表明其推动大模型在 To B 行业落地的决心。随着大模型在知性、感性和理性三方面的能力不断提升，其能力或将超越人类。未来，人工智能将对人类产生的影响仍需深入研判。当前，人工智能的发展速度已超过人类对其的认知速度，这使人工智能治理成为一个巨大挑战。

一、擅长推理复杂任务，表现媲美博士生

作为一个早期模型，推理模型 o1 尽管尚未完全具备 ChatGPT 已有的功能，比如浏览网络信息、上传文件和图像等，但它在复杂推理任务方面实现了重大突破。通过训练，o1 学会了完善思维过程，尝试不同策略，并能识别错误。大规模强化学习算法使模型能够在训练过程中有效使用思维链进行思考，o1 模型可以在回应用户之前产生一个很长的内部思维链。它学会了把复杂问题分解成更简单的步骤，并在当前的方法不起作用时尝试不同的方法。

[①] 2024 年 9 月，OpenAI o1 模型发布，其在奥数级别的复杂推理任务中表现出色，大模型的理性思维能力大幅提升，引起业界热议。笔者就这一热点事件接受澎湃新闻等媒体的专访。本文基于专访内容整理改编而成。

根据 OpenAI 的公开资料，o1 模型在数学和编程方面表现出色，擅长精确生成和调试复杂代码。OpenAI 评估了模型在美国数学邀请赛（AIME）中的数学成绩，在 2024 年的 AIME 中，GPT-4o 平均只解决了 12%（1.8/15）的问题，对于每个问题单个样本，o1 的正确率达到 74%（11.1/15）。在国际数学奥林匹克（IMO）竞赛中，GPT-4o 的正确率仅为 13%，而 o1 的正确率高达 83%。

o1 在处理物理学、化学和生物学方面的基准任务时，表现出与博士生相当的水平。OpenAI 为 o1 做了 GPQA 测试[①]，并招募了拥有博士学位的专家参与对比。在某些特定问题中，o1 的表现超过了人类专家，成为首个在此项测试中取得如此优异成绩的模型。这些结果并不意味着 o1 在所有方面都比博士生更有能力，只是表明其在解决某些博士级别的问题方面更熟练。OpenAI 表示，生物学领域的研究者可以用 o1 注释细胞测序数据，物理学家可以使用 o1 生成量子光学所需的复杂数学公式，开发者则可以使用 o1 构建和执行多步骤的工作流程。

二、里程碑式的推理能力将大幅提升应用效果

在 o1 之前出现的大模型更像一个"文科生"，与"理科生"的水平仍然有较大的差距。人类智能的核心能力是思考和思维，o1 模型可以将人的思维过程展现出来，但其本质仍是大语言模型，只是将大语言模型的潜力充分挖掘出来。过去，大模型的生成能力由语料数据决定，类似于"熟读唐诗三百首，不会作诗也会吟"。但专家级推理能力的养成并非单纯靠题海战术，而是需要强大的思维能力。大模型推理能力训练的难点在于，人类很少将大量的思维过程表达出来，因此相关数据极度稀缺。笔者推测 OpenAI 此次可能利用了大量的合成数据来弥补这一点。

OpenAI 凭借其先发优势，拥有更强的基座模型，并收集了大量的思维过

[①] GPQA（Grade School Physics Question Answering）是一个研究生级别的谷歌验证问答基准测试，旨在评估模型对生物学、物理学和化学等学科领域的深入理解。

程数据，筛选和合成了大量优质的思维数据。同时，OpenAI具备很强的评价能力，借助强化学习判断哪些推理过程是正确的、哪些推理过程是错误的。强化学习本质上是探索和试错的过程：行不通就再换一个方法。借助这些技术和数据，OpenAI成功地将大模型提升为真正意义上的"理科生"，并使其达到专家级水平。

在笔者看来，o1的出现并不意外，很多业界专家早就预判大模型会朝着具备更强的感性能力和更强的理性能力等方向发展。意外的是，OpenAI推陈出新的速度之快，且效果还如此惊艳。未来，OpenAI或许会在通用大模型的基础上分化出许多擅长不同任务的大模型。比如，GPT-4之前版本的大模型对所有知识和事实都了如指掌，强调知性能力；GPT-4o则注重多模态交互，强调感性能力；而o1模型聚焦于思维，强调理性能力。随着大模型理性能力的提升，To B行业将迎来巨大发展。To B的最大痛点在于大模型的推理能力不足，而o1模型的出现意味着这一问题将得到极大的缓解。

三、人工智能快速发展带来的挑战

目前为止，虽然OpenAI的技术路线并未超过我们的认知范围——大模型的发展方向包括多模态、提升推理能力，但是只有OpenAI把它快速地变成了现实。他们完全按照调教人类的方式训练大模型，对人类的智力规律和认知规律有着深刻的理解，并且每一步都走得几乎没有失误。

OpenAI的先发优势明显。尽管如此，对于国产大模型的发展，我们仍然需要沉下心来，稳扎稳打。从长远来看，因为人类真实的原始数据有限且产生速度慢，所以大模型单项能力的提升是有天花板的。目前，OpenAI用合成数据来增强大模型的推理能力，但合成数据会受到原始数据的限制，不能合成无穷多的数据，也无法获取本质上新颖的数据。例如，大模型并不能像爱因斯坦一样提出全新的科学理论。在硬件方面，虽然推理对算力的需求小于训练，但由于思维链的延伸，对推理效率的要求变高，这对推理过程的加速优化提出了新的挑战。

随着大模型在多方面能力的提升，AI 治理问题日益严峻，其中最大的挑战在于人类对 AI 的认知速度不及其发展速度。哲学家康德将人的认识过程分为感性、知性和理性三个阶段。现在，大模型在这三个方面都在快速提升，甚至可能超过人类。目前，o1 的推理能力已达到博士生水平。人类将逐渐陷入 AI 发展的认知盲区。例如，大模型的推理能力意味着什么？真正能够在 AI 智识水平之上的人的比例只会越来越小，全球几乎没有人能够在数理化或奥数方面都达到博士生水平，那么未来还有多少人能够理解、认知和操控 AI？人类目前对 AI 的基本认知框架尚不完善，这是一个巨大的治理挑战，就业、经济、伦理、社会关系等话题将引发广泛讨论。

人类是 AI "魔法"的解封者，但如果 AI 的能力超越人类，那么很可能会出现一种尴尬的局面：人类无法激活 AI 的超级能力，因为这超出了人类自身的认知水平。

第 2 篇
技术篇

　　大模型落地仍然面临众多技术挑战。大模型生成过程本质上是大规模深度神经网络的概率推理过程，不可避免地存在幻觉生成、可控性差、难理解、难解释、难控制等一系列问题，既限制了大模型技术的可靠落地，也限制了大模型的价值创造。如何解决这些难题是开展大模型研究与应用的核心课题之一。本篇节选了 2023 年至 2024 年笔者对生成式大模型技术发展的相关媒体采访及演讲内容。

　　自 ChatGPT 诞生后，业界存在众多偏见，笔者通过这些专访及演讲对这些偏见一一做了回应与分析。

　　偏见 1：大模型可以完美取代小模型和代表知识工程技术路线的知识图谱。通用大模型使领域认知智能的技术路线再无必要。《大模型与知识图谱的深度融合》正是为了回应这个观点而撰写的。大模型只是智能的众多实现路径之一，与小模型、知识图谱是互补关系，而不是简单的直接替代关系。

　　偏见 2：大模型的领域适配，或者说垂直领域大模型是伪命题。《面向领域应用的大模型关键技术》以及《大规模生成式语言模型在医疗领域的应用》回应了这个观点。大模型的领域适配是真实存在的问题，是大模型走向千行百业不可逾越的核心问题。

偏见 3：大模型的能力得益于标度律（Scaling Law），持续堆积算力与数据即可获得能力的提升。《大模型的数据"水分"》一文提醒业界，大模型数据工程是一个复杂系统，仍然有漫长的发展道路。大模型有可能遭遇"数据墙"，大模型的发展不能只靠暴力式地堆积数据与算力。大模型的数据工程应该从粗放走向精耕细作。

此外，在大模型发展之初，绝大多数产业资源都聚焦于大模型自身，很少关注到对大模型有着重要影响的数据管理领域，很少考虑当下中国正在大力推动发展高质量的数据要素市场。可以说，大模型的发展走在独立赛道上，很少涉及大模型与数据要素的融合发展，然而其产物——数据智能更值得关注。《大模型时代的数据管理》和《数据智能成为数据价值变现新引擎》就是在这个背景下成文的。

大模型与知识图谱的深度融合[①]

在人工智能的浪潮中,大模型与知识图谱作为两大核心技术,承载着不同的使命,具备各自的优势。随着大模型的迅猛发展,知识图谱技术曾一度被边缘化,甚至有人认为大模型能够完全取代知识图谱。然而,这种观点忽视了二者在实现领域认知智能中的互补性。本文旨在探讨大模型与知识图谱的深度融合如何成为实现领域认知智能的关键,以及如何推动人工智能技术在各领域的应用与发展。通过分析大模型与知识图谱的各自特点、优势与局限性,本文将揭示二者结合的必要性与潜力,为人工智能的未来发展提供新的视角与思路。

一、什么是领域认知智能

随着社会信息的快速增长与各类系统的日益复杂,作为生物智能的人类个体难以认知复杂世界、应对复杂挑战。所以,让机器具备人类的高阶认知能力,是人们对人工智能发展的期待,这也是认知智能发展的目标。认知智能可以归结为数据智能,数据智能使机器能够认知行业数据,从而大幅提高数据价值变现的效率。

一直以来,实现智能有两种路径:第一种是将数据转换为符号知识,比如知识图谱、规则等,但是这种方式往往伴随着巨大的信息损失。第二种是用统计模型将数据建模,大模型本质上也是一种统计模型,这种方式的优点是可以保留数据中的所有信息,包括信息中蕴含的隐性知识,使"数"尽其用。

[①] 随着大模型的兴起,知识图谱技术被误认为可以被大模型取代,为了回应这个观点,笔者于 2023 年 7 月在世界人工智能大会期间通过一系列演讲澄清了二者的互补关系,提出二者互补是解决领域认知问题的关键思路。2024 年,美国 Palantir Technologies 的股价惊人地上涨了近 380%,成为标准普尔 500 指数中最引人注目的股票之一。从技术上看,该公司是知识图谱与大模型技术深度融合的典型代表。

这两种路径对于实现智能都是不可或缺的，二者需要协同。根据人类大脑的双系统认知理论（Dual Process Theory），人的思维包含两种不同的典型过程，就是所谓的系统一与系统二。系统一是隐性的、无意识的，即直觉；系统二是显性的、有意识的，也就是理性思考。直觉与理性思考是人类认知世界和思考问题的必要组成部分。

目前，大模型基本能够实现系统一，本质上是依靠数据驱动的直觉性思维。而传统的知识图谱，本质上实现了知识驱动，即系统二的理性思考。将大模型和知识图谱相结合，二者形成循环，将统计得出的结论沉淀为知识增强知识图谱，并利用已沉淀的知识提升大模型的学习效率，能够促进双方进一步发展，形成领域认知智能。

领域大模型是大模型的重点发展方向，原因在于基础大模型与行业应用场景存在鸿沟，通用大模型需要向领域适配才能释放其价值。由于知识图谱技术是静态的，目前难以满足以工业互联网为代表的领域应用需求，因此需要发展动态的、能够持续学习的下一代知识图谱技术。两项技术各有千秋，恰好形成互补，彼此需要。可以说，"大模型+知识图谱"将是解决绝大多数领域智能化应用场景的基本模式。

二、领域认知智能离不开大模型

实现领域认知智能离不开大模型，因为通用认知是实现领域认知的前提。大模型的出现宣告了通用人工智能时代的到来，意味着机器的通识能力显著提升。因为只有掌握广泛和多样的通识，才能有理解领域内的专业知识的能力，所以领域认知智能是建立在实现通用人工智能基础之上的。

语言模型编码了数据中蕴含的大量通用知识，能够与知识图谱中的知识形成互补，同时模拟了人脑的思维能力，包括语言理解、逻辑推理和常识理解能力等。除此之外，大模型具备复杂任务拆解与规划、组合创新、评估评价等重要的能力，这使大模型成为智能的新基座，能够显著赋能不同领域及不同形式的下游任务。

三、领域认知智能离不开知识图谱

目前，知识图谱仍是解决大模型问题过程中的重要力量。第一，大模型在垂直领域的专业知识仍然匮乏。第二，生成式大模型回避不了幻觉问题，容易生成一些虚假事实，其自身无法从根本上解决这一问题。第三，大模型对垂直领域缺乏"忠诚度"，并不会按照领域里的规范解决问题。第四，大模型不可控、难编辑，难以控制敏感、不安全内容的生成和展示。

对于以上问题，利用知识图谱对大模型进行干预，能够有效优化大模型。与大模型相关的常规任务能够被分解为"提示（Prompt）、生成（Generation）、评估（Evaluation）"三个阶段，其中，提示、评估是知识图谱等外部工具容易干预的环节，也是利用知识图谱优化大模型的主要方式。首先，知识图谱能够指引提示生成、评估生成结果，并能够通过使用知识图谱来增强生成效果。然后，数据库、知识图谱存储了大量高质量的数据、知识，将数据、知识接入语言模型，能有效提升模型的信息丰富度与知识水平，从而缓解幻觉现象。最后，知识图谱可以降低语言模型的学习成本，提升其推理能力及可解释性。

总的来说，实现领域认知智能，关键是深度融合数据驱动的大模型与知识驱动的知识图谱，从而赋能产业发展与变革，让其成为推动社会发展与生产力提升的有力工具。未来，大模型将承担"基础设施"功能，人工智能技术赋能千行百业，大模型与知识图谱的融合将成为解决专业领域问题的新思路。

大模型时代的数据管理[①]

随着我国数字经济的发展，数据要素在生产中的地位愈发重要，数据要素流动所带来的开放性与动态性问题为传统数据科学的理论与技术带来新挑战和新要求。数据管理必须满足数据要素时代的新需求。大模型的世界模型构建能力、语言认知能力、数据理解能力、数据操控能力给实现低成本、自动化、智能化的数据管理带来了全新机遇。大模型将成为激活数据要素价值、实现数据要素乘数效应的智能引擎。"（大模型+数据要素）×千行百业"将成为数据价值变现的重要范式。大模型尤其可能在数据治理等制约数据价值变化的瓶颈问题中率先发力，形成"杀手级"应用，从而大放异彩。大模型的关键因素是数据，大模型应用最重要的检验维度之一就是数据价值变现。大模型与数据管理的"双向奔赴"是大模型技术研发的重要课题之一。

一、数据要素时代的数据管理

人类社会已经进入数字经济时代，数据已经成为与土地、资本、劳动力、技术并列的第五大生产要素，成为推动社会和经济发展的重要战略资源。随着数字经济的日益发展，数据的作用日益显著。

我国各行业在推动经济高质量发展和数字化转型过程中，对数据价值变现的理论与技术提出了迫切需求。然而，当前的数据科学理论和方法仍然无法完全支撑数据价值变现。在数据价值变现的全链路中，仍然需要大量专家的参与。从数据开放开始，由于缺乏必要的标准与技术手段，人们担心开放数据会侵犯国家安全和个人隐私等法律红线。数据治理与数据融合严重依赖专家定义规则，成本高昂，难以应对复杂的海量数据，总体上各企业的数据

[①] 2023 年 8 月，随着大模型技术的普及，大模型与数据管理技术日益展现出双向赋能的可能性，随之形成的数据智能技术将重塑千行百业。为此，笔者通过一系列演讲，呼吁工业界关注这个趋势与动向。

治理工作是"焦头烂额"的。数据应用多停留在简单的统计分析上，缺乏深度的关联分析，总体上数据分析是"简单粗放"的。可以说，数据价值变现的全链条不通畅、堵点多，已经成为制约数据要素推动数字经济发展的障碍。当前的数据管理方法、数据科学理论已经滞后于我国数字经济的发展，滞后于我国数据要素蓬勃发展的趋势，难以满足我国各行业的高质量发展与数字化转型对数据价值变现的理论与技术需求。究其原因，有两点值得关注。

首先，随着现代社会日益发展，传统的生产系统和数据管理也变得更加庞大和复杂。以工业制造为例，从一个个零部件到完整的机械装置，涉及成千上万个零件和工序。这些复杂系统、部件、工序背后都是复杂的数据系统。一些大规模数据平台甚至要处理上亿张数据表。此等规模已经远远超出了传统的以数据库管理员手工管理为主的数据管理方式所能胜任的能力范围。

其次，在数字经济时代，作为生产要素的数据，其内涵和特征发生了显著变化。第一，数据流动性增加。数据不再仅是静态的记录，而是持续流动并与生产过程深度融合，推动创新和发现规律的关键资源。在这个过程中，数据的流动性显得尤为重要。数据只有在生产、分配、流通等各环节中持续流动，才能释放出真正的价值。在实时决策、业务灵活性、个性化服务、故障预防等方面，都离不开数据的流动。阻碍数据流动的因素，如技术瓶颈、缺乏协同等，依然是当前面临的重要挑战。第二，数据存在多方主体。相比于其他生产要素，数据在流通过程中涉及的主体更加多样，权属的界定也更加复杂。因此，如何确保数据在多方主体间的流通与安全，成为当务之急。第三，数据生态日益开放。现代数据库系统结构多样、场景多元，既有关系数据库与非关系数据库，也有文本数据库与图像数据库，还有集中式数据库与分布式数据库。可以说，数据可能驻留的数据管理平台和系统是十分多样的。数据的开放生态要求我们对数据进行统一管理，确保不同模态、不同结构的数据能够有效地对接并协同工作。第四，数据处于持续的动态增值过程中。只有经过持续的数据加工、数据交易，也就是动态增值过程，数据才能转化为有价值的资产。在这个过程中，如何采用先进的技术手段提高数据的价值，成为当前面临的挑战。

二、大模型成为激活数据要素价值的智能引擎

作为一种海量参数化的知识容器，大模型不仅能够编码大量的通用知识，还能够通过参数化的方式，捕捉和理解数据中蕴含的深层信息。大模型具备全面的数据认知能力，能够有效地理解各种形式的数据（包括模式中的基本概念等元数据），并且能够感知数据的结构化特征。进一步地，基于大模型的自治智能体（Agent）技术使数据操控自动化成为现实，未来有望代替传统的数据管理人员，完成诸如数据定义、管理、治理和分析等烦琐任务。这无疑会大大减轻数据管理人员的压力，让数据管理变得更高效。

第一，大模型刷新了人们对数据语义的认识。大模型视角下的数据语义是根据数据的统计分布来定义的。数据管理领域的语义是声明式的，由人类专家来定义（也就是声明）某个数据结构的语义内涵，包括字段构成、关联关系、领域约束等。但是，大模型的语义是从海量数据中统计而来的。在大模型的视角下，数据项的统计关联就是一种语义。这实质上是一种由数据驱动的语义发现，摆脱了人类对声明的依赖。

第二，大模型具备一定的概念理解与生成能力，使基于大模型的元数据管理成为可能。数据管理离不开模式（Schema）管理，模式涉及人类世界的基本概念及其基本关系。大模型具备理解基本概念的能力，并能够理解基本概念的关联关系（如学生与课程通常有选修关系）。这使利用大模型进行模式管理、模式匹配与模式继承等任务成为可能。这种能力对元数据管理（生成或校验）、模式映射（Schema Mapping）等数据管理任务具有积极意义。

第三，大模型具备一定的结构化数据理解能力。在 OpenAI 发布的 GPT-4 Turbo 版本中，很重要的创新就在于对结构化输入/输出的理解和支持，也就是让大模型能够理解各种各样的复杂数据结构，如 XML、JSON 格式等结构化数据。大模型将进一步加强对各类非关系数据结构的理解，包括 NoSQL（非关系数据库）支持的各类数据，如图数据、流数据等。

第四，大模型摆脱了传统数据库或知识库对数据查询的封闭世界或开放世界的假设。传统数据库的查询基于封闭世界假设，即数据库中不存在的事实为假；传统知识库的查询基于开放世界假设，即知识库中不存在的事实可能成立，也可能不成立。大模型摆脱了这些查询假设，做到了"知之为知之，不知为不知"，能够对自认为无法给出答案的问题回应"不知道"。这种自识与自知能力是大模型的独特能力，是此前人工智能系统无法做到的。当然，大模型的自识与自知能力仍然存在明显的局限，仍有较大的发展空间。但对于传统数据库与知识库查询来说，摆脱开放世界与封闭世界的假设有着十分积极的意义。

第五，大模型为领域数据认知奠定了通识基础。大模型往往是通用的，因为"通用"是理解"领域"的前提，没有通用认知能力就没有领域认知能力。数据库或知识库在本质上都是领域的，数据库系统可以称为通用数据库系统。因为某个具体的数据库或知识库一定是某个特定主题的数据库，所以本质上不存在通用的数据库。大模型的通识能力对于理解专业的、领域的数据库内容是必要的。事实上，人类的专业认知能力建立在通识能力的基础之上。一个人要理解什么是丑，首先要理解什么是美，也就是说，要理解某个概念，先要理解该概念之外的甚至对立概念的内涵。理解领域内的概念的前提恰恰是理解领域外的概念，也就是要具备通识能力。

第六，大模型为数据管理和数据挖掘提供了隐性知识。隐性知识在一些场合是重要，甚至必要的。例如，一位优秀教师的授课经验是隐式的，很难用文字表述出来。而大模型能学好很多"只可意会，不可言传"的知识。大模型里的知识都是什么？是一种隐性的参数化表达。而传统数据库和知识库中的数据多是符号化表达，是人类可理解、可解释的。但事实上，人类社会中的很多复杂事物是很难用一种可理解的、可解释的显性符号明确表达的。例如，对于解释两个词的关系这样看似简单的任务，如果输入的是"beef"和"burger"，则可以用一个词来解释叫"原料"（beef 是 burger 的原料）。如果输入的是"篮球"和"公园"，可能需要用一句话来解释它们的关系（能够打篮球的公园）。但是，如果输入的是两个人，如特朗普和拜登，那么二者的复杂关系很难用一句话详尽和精准地表达，即便写一部长篇小说也未必能够澄清。此时，最佳的表达方式或许就是这两个词在语言模型中的参数化表示，它是相对比较完整的、信息无损的表达。因此，隐性表示及相应的知识在复杂场景中是必要的。

第七，预训练（Pre-training）成为释放数据价值的一种非常重要的范式。只要数据能够被序列化，如代码、基因、图、表，就可使用诸如 Transformer 等架构对数据进行预训练，训练得到的大模型就可能成为该类数据处理与分析的基础模型，胜任广泛多样的下游任务，进而释放数据价值。多模态大模型的相关技术还使异构、异质、跨模态数据的大模型训练成为可能，从而实现跨模态数据的统一。在这个过程中，不同模态、不同结构的数据的高质量、大规模对齐是核心问题。由于传统数据管理领域需要先针对不同模态的数据设计相应的数据管理机制，再进行集成管理，为每类模态数据定制管理方案的成本巨大；因此，大模型的预训练机制有可能成为释放这种多模态异构数据价值的有效方式。

第八，大模型实现结构化数据的自然语言访问。传统数据库中的数据均需要结构化查询语言（如 SQL、SPARQL）才能访问，这无疑提高了使用数据库数据的门槛，因为往往只有专业的数据库管理员（Database Administrator, DBA）才能书写专业的查询语言。经过针对性训练的大模型能够较好地习得从自然语言向结构化查询语言的转换规律，从而实现从自动化的自然语言向专业数据库查询语言的转换。这意味着只需要使用自然语言就可以访问专业数据库，从而降低了对专业数据库的访问要求。

然而，尽管大模型在数据管理和应用领域展现出了巨大的潜力，但我们也不能忽视其中存在的挑战。首先，通用大模型在处理私域数据时仍面临一定的困难。私域数据库往往具有专业性和私密性，而大模型的通用性与私域数据存在着鸿沟。这对数据隐私和安全保护技术提出了更高的要求，也是大模型在某些领域应用的限制所在。其次，大模型在理解复杂 Schema 时，仍然表现出一定的不足。针对这些专业领域的挑战，大模型亟须进一步优化和微调，尤其是在特定行业的深入应用方面。只有克服这些挑战，大模型的效果和应用价值才能得到更大的体现。

三、大模型给数据管理带来的新机遇[①]

基于上述大模型给数据管理带来的新能力、新特性，传统的数据管理面临新的机遇。

第一，实现自动化与智能化数据治理，打通数据价值变现链条。当下，现实世界的数据系统日益复杂，动辄数万张表格需要管理，很多数据库系统属于遗留系统，缺乏相应的文档和说明。这些复杂数据库系统的数据治理工作主要采取人为定义治理规则等方式，需要消耗企业大量的人力。数据治理已经成为目前我国数字化转型发展的成本中心，更是数据价值变现全链条中的主要堵点之一。数据治理迫切需要强有力的突破。大模型已经初步具备了大量的行业知识，并具有数据理解与操控能力、数据管理与分析任务的编排与规划能力，为实现达到人类专家水平的数据治理奠定了基础。由于数据治理中的数据错误具有开放性，也就是无法预料海量数据中可能出现什么错误，因此迫切需要借助大模型的开放世界理解能力实现对开放性的数据错误的理解、识别与纠错。例如，使用大模型中的世界知识可以较好地将不规范地址表达规范化。在大模型助力下的数据治理工具可能成为大模型的"杀手级"应用。

第二，实现自然语言交互式数据管理和分析智能体，降低专业性数据的工作门槛。大模型在数据查询、统计图表生成、数据结论分析及文本阅读理解等任务中都有接近人类分析师的表现，同时能够大幅缩短分析时间，降低分析成本。对于数据分析任务，大模型可以根据用户的自然语言提示和要求，直接生成相应的数据分析脚本，编排数据分析的过程，调用相应的工具来执行，并呈现可视化的分析结果。ChatGPT 的代码解析器在一定程度上就可以

[①] 在本书组稿之际，美国的 DataBricks 等公司因聚焦于研发大模型在数据管理等场景中的应用产品而受到市场青睐，发展迅速，基本上印证了本文中的相关预测。

被视作一个大模型驱动的数据分析 Agent。

第三，实现复杂数据库系统的智能化"运检维优"，以缓解日益庞大且复杂的数据库系统运维成本。数据库系统的日常运维工作繁杂，包括表管理、索引管理与优化、系统配置与更新等，占用了数据库管理员的大量时间。随着数据库规模变得日益庞大、文档不全的遗留系统增多，数据库的运行环境日益复杂，数据库运维工作成为企业难以承受之重。借助大模型，能够实现自然语言指令驱动的、与执行环境及人类专家自然交互，并在专家的反馈和调教下持续学习的智能化数据库系统运维智能体。例如，在面对智能体能够根据用户查询"数据库连接数达到上限的问题"时，直接给出调整连接池、优化系统以应对高并发请求的建议；调用性能监控工具，汇报系统使用率异常等。大模型对实现数据库系统智能化运维、提升数据库系统可靠性与可用性、降低数据库系统运维成本均具有重要的意义。

四、数据与知识管理给大模型带来的新机遇

数据与知识管理对大模型的发展与完善同样具有积极意义，甚至价值更大。

（一）缓解生成式语言模型的幻觉问题

需要具有可控制、可编辑、可解释、可防护、可溯源等优良特性的数据库和知识库来缓解大模型的幻觉生成问题，提升大模型对领域文本的"忠诚度"。数据库与知识库多采取符号表示，本质上是代数系统，具有可控制、可编辑、可解释、可防护、可溯源等特性，这些特性都是大模型不具备的，却是很多应用场景所迫切需要的。根据我国《生成式人工智能服务管理暂行办法》相关规定，大模型出现严肃意识形态等错误是需要整改与优化的。因此，数据库与知识库对于大模型可靠、可信落地是不可或缺的。

使用数据库或知识库对大模型进行上下文增强或背景知识增强，是提升大模型落地可靠性的基本思路。根据大模型的生成过程，数据库与知识库可以在三个阶段提升大模型的生成质量与效果。第一个是提示阶段，比如在执行自然语言转 SQL 任务时，会把数据库元数据信息有选择性地植入提示，从

而提升大模型对数据库结构的理解水平。第二个是生成阶段，可以用检索数据库与知识库来增强上下文与背景知识，引导大模型正确生成。第三个是验证阶段，可以使用知识库中的知识、规则，数据库中的样例验证生成内容的正确性。总体而言，在增强数据与知识后，大模型的幻觉问题可以得到明显缓解，可以显著增强领域数据与知识的敏感性。

（二）提升大模型智能体的规划能力

大模型驱动的智能体有一个核心能力是规划（Planning），即根据目标编排任务、调用工具、执行工具的能力。最近的研究已经证明大模型无法独立做到精细、准确的规划。规划的合理性、准确性仍然需要传统优化模型的保障。数据库系统的一个显著特性是查询执行的规划能力。在关系代数理论的保障下，数据库领域发展出了成熟的基于代价模型的规划生成与选择方法，以便于从数据库系统中获得大量的查询执行规划过程。基于上述合成与规划方法，理论上可以显著提高大模型的规划能力。该思路具有一定的普适性。事实上，过去几十年发展出的基于代数与优化等理论建立的成熟模型和工具，沉淀了科学家与工程师的科学发现，如何将其知识与能力迁移至大模型，是未来大模型向各专业领域发展的核心问题之一。

（三）优化基于大模型的智能系统架构设计

数据库系统、操作系统等大型复杂信息系统的架构设计对于以大模型为核心的新型智能系统的架构设计具有重要的参考意义。如何构建一个复杂系统，特别是有着众多异构组件及复杂交互关系的复杂系统，是摆在复杂系统设计人员面前的难题。如果大模型成为各类新型智能系统的核心，为了构建以大模型为核心的企业级信息系统，我们必须向成熟的数据库系统、操作系统寻求启发与灵感。

（四）数据管理为大模型数据治理提供理论指引与工具方法

数据是大模型知识与能力的根源，大模型工程实践的基础是数据工程。高质量训练数据、优质指令集、优质评测集在大模型的研发与应用过程中扮演着重要角色。建立面向大模型的数据科学是打开大模型黑盒的关键，是引领大模型从只"知其然"的前牛顿时代走向"知其所以然"的牛顿时代的关键。具体而言，未来需要借助传统数据科学理论、数据管理方法，建立大模型的数据科学，厘清其关键问题、目标与内涵、路径与思路，建立健全大模型语料工程体系、指令工程体系、评测工程体系，建立大模型语料、指令的质量评估体系与评测方法，掌握大模型的数据合成方法，提出大模型课程学习与持续学习策略。OpenAI 等企业之所以能开发出大模型，其核心竞争力之一在于其秘而不宣的数据科学理论与数据工程体系。同时我们必须意识到，要借鉴但不能停留在传统数据科学及数据管理的理论与方法层次。大模型的数据科学有鲜明的跨学科特色，要广泛借鉴教育学、认知发展理论、教育评测理论等，推动大模型数据科学的跨学科融合发展。除了上述长期目标，短期数据管理领域可以给大模型数据治理提供直接的方法。大模型的训练数据存在偏见不公、隐私泄露、错误关联、意识形态偏见等问题，导致训练出的大模型存在诸多问题。为此，需要研究面向大规模预训练模型的数据治理方法，尤其是要发展轻量级语料治理方法，以应对语料规模带来的巨大挑战。大模型评测也可以从传统的数据管理领域借鉴许多有益的参考。要发展大模型，评测体系应该先行。有了可信的评测，才有可信的训练。评测工程也是数据工程，需要构建合理、可信、全面、可量化、可计算的评测标准，以及相应的高质量评测数据。

在数据管理领域，数据库系统是代数系统，在计算过程中具有确定性的符号计算，其建立在确定性的世界观基础上。而大模型是概率模型，其生成过程是概率推理，建立在不确定性世界观基础上。大模型与数据管理的双向奔赴，需要二者接纳彼此的世界观，需要从确定性建模走向不确定性建模，从分析性思维走向综合性思维，从还原性认知走向综合性认知。

数据智能成为数据价值变现新引擎[①]

人类社会已经迈入了数字经济时代。当前，我国正在加快数字化转型步伐。能否以及如何借助数据智能等人工智能技术推动我国数字化转型发展、推动数字经济高质量发展成了当前需要回应的热点问题。本文对数据智能技术为推动我国数字经济发展，特别是数据价值变现过程所带来的新机遇与新挑战展开论述。

一、数据价值变现是数字化发展的关键

数据已经成为与土地、资本、劳动力和技术同等重要的一种新型生产要素，是支撑国家数字经济发展的核心要素之一。当数据集成到一定规模时，就能形成一种生产力，推动经济发展。因此，作为生产要素和战略资源，数据具有重要的地位。在我国数字经济发展以及各行业数字化转型过程中，数据扮演着越来越重要的角色。2023 年，《数字中国建设整体布局规划》印发，并组建国家数据局，这一系列举措都旨在推动我国数字经济发展，促进数据价值的高效变现。

目前，数字经济的发展仍然面临一个关键问题。尽管在过去的十多年里建设了各种各样的大数据平台，已经基本完成了数据的汇聚和存储，但这些数据似乎并没有创造出预期的价值。问题的根源在于数据价值变现的道路并不畅通。如果将数字经济的发展过程比作一场足球比赛，那么前面若干年的工作就好比传球动作，最终必须进球，才能实现数据价值变现，创造出真正的效益。因此，数据价值变现是我国在数字化转型发展过程中的临门一脚，非常关键。

---

① 2023 年 6 月，笔者应澳汰尔（Altair）的邀请发表演讲，本文根据演讲稿整理而成。

二、传统技术手段难以应对数据价值变现的要求

事实上，对于数据价值变现，很多传统的技术或方案所能产生的支撑作用非常有限。过去十多年里，数据价值变现的道路总体上走得十分艰难，过程是十分痛苦的。从数据开放阶段，就一直担心数据开放会泄露国家安全机密、侵犯用户隐私；再到数据治理阶段，更面临着巨大的挑战，需要以极大的代价打破数据壁垒，推动数据交易，实现数据融通，还需要进行数据清洗等工作。所有这些环节都需要行业专家与数据工程师的重度干预才能完成。一家大型制造业企业，经过几十年的发展，所积累的数据种类可多达数千种（如传统的表单和表格）。如此规模的遗留系统并不少见，针对这类遗留系统的数据融合与治理一直是业界痛点，几乎没有一个工具软件有能力去理解如此庞大和复杂的数据。对于一些缺乏文档支持的遗留系统，其数据治理更是寸步难行。

在数据应用阶段，当下大部分数据的应用更多停留在统计图表的层面。尽管数据大屏上展示了许多统计数据，但这仅是一些相对简单的数据统计，缺乏对数据的深度挖掘，难以揭示数据之间隐性的内在关联，也无法建模面向全局数据的高阶模式。总体而言，数据价值还没有得到充分的挖掘。

归根结底，在数据价值变现过程中种种困难的原因在于当前的技术手段严重依赖人力参与，只有从业者才能理解数据、流通数据，这个过程仍然是由人力主导的。然而，由人力主导的数据价值变现过程难以满足各行各业的市场发展需求。人类有限的认知能力难以胜任日益增长的数据规模与复杂度，这是当前我国数字经济发展、数据价值变现的主要技术矛盾。那么，能否让机器具备理解数据、行业的能力，从而代替人类从事行业数据价值变现工作呢？回答这个问题的关键就在于数据智能。

三、数据智能是激活数据价值的新手段

数据智能以数据的挖掘和分析为主要手段，目的是从海量的数据中发现

并应用知识。在这个常规定义的基础上，我们提出了一条新要求：让机器具备自主理解行业数据的能力。一旦机器具备了自主理解行业数据的能力，就能代替行业专家执行数据准备、数据治理和数据分析等任务。

数据智能让机器能够理解行业领域的复杂文档、多模态的异构数据、碎片化的数据，理解领域知识。事实上，这已经成为非常迫切的现实需求。一旦机器具备了数据智能能力，各行各业的数据价值变现进程将会大幅提速。数据智能在整个数字经济发展中将起到核心引擎的作用。

数据智能对于推动数据资产化具有重要意义。可以说，数据智能是推动数据资产化的重要引擎。要将数据变成资产，需要满足很多条件，如确权定价、数据可读与可用等。要进一步释放数据价值，将数据变成具有价值的资产，则需要将数据关联融通，创造价值；需要将数据加工成知识，实现知识增值。就好比将原料加工为成品，成品（知识）能够进一步提升数据的价值。可见，数据资产化离不开数据智能的支持。

四、数据智能的发展路径

那么，到底该如何发展数据智能呢？为了回答这个问题，我们首先需要了解人是如何理解世界的，以及人类专家是如何认知行业的。

实际上，心理学家早就提供了基本的理论框架，其认为人脑有两个认知系统。第一个认知系统是系统一，负责直觉性思考（快思考）。比如，当问 3×4 等于多少时，所有人立马都会回答出来。这种思考能力基于小时候熟练背诵的九九乘法运算表，看到 3×4 就能得出答案是 12，不需要太多思考就可以直接给出答案，这就是一种直觉性思考。在日常生活中，众多思考是在潜意识中由系统一主导的直觉性思考。比如，当我拿起桌上的矿泉水时，会直接饮用，而不会去仔细琢磨这是否真的是水，会不会是酒精。因为长期积累的生活经验塑造了我们的直觉思维能力，它能快速、高效地辅助我们做出决策。桌上的矿泉水，通常就是用于饮用的，直觉思考在日常场景中的占比高达约 95%。

除了直觉性思考,还有 5%非常重要的思考形式是慢思考,它是一种慢条斯理的逻辑化思考方式,即第二个认知系统——系统二。比如购房,大部分人不会冲动地随手签单,而是需要仔细论证、反复权衡,综合考虑交通、地势、学区等因素,这就是一种典型的慢思考。

人类大脑的思考要么是快思考,要么是慢思考。而要想让机器实现对行业数据的认知,也需要走这两条路。第一条路实际上就是模拟人类的快思考,也就是用众所周知的各类统计模型,包括传统的机器学习模型(回归模型、决策树模型、贝叶斯网络模型)、当前主流的深度神经网络模型,以及 ChatGPT 等大模型,这些都是一种基于深度学习及神经网络实现的快思考。这些模型建模了从输入到输出的转换关系,它们都是在模拟人类的快思考。显然,这条路径有其优势,即"数"尽其用,利用统计模型比较完整地表达蕴含在数据中的所有信息,不会损失隐性的知识。在大规模参数化的深度神经网络模型中这条路径的优势尤为显著。大模型可以较为准确地表达海量数据中的复杂非线性关系,比较完整地表达数据中蕴含的各种隐性的统计模式。当然,大模型也有缺点,如不可解释、难理解、难控制等。

第二条路是通过以知识库为核心的专家系统来实现智能,其本质上是在模拟人脑的慢思考。传统的基于知识工程的人工智能实现路径首先从海量数据中挖掘符号形态的知识,如规则、知识图谱等。这些知识都是符号化表达的,具有可理解、可解释的优点。先把数据加工提炼为可解释的商业知识和业务知识,再使用这些符号知识实现数据智能,这条路径是易推理、可控、可干预、可解释的。然而,它有一个致命缺点,就是在将数据转换成符号知识的过程中不可避免地会出现信息损失,尤其是蕴含在数据中的隐性知识。人类专家在解决业务问题时,会运用到很多难以形式化描述的专家经验,这些隐性知识很可能蕴含在海量数据中。但从数据到符号知识的提炼过程就像炼钢的过程一样,不可避免地要丢弃所谓的废渣,谁能保证当前的废渣不会在将来成为昂贵的资源呢?因此,隐性知识的丢弃很可能损害了原始数据的内在价值。

如果将知识图谱视作显性知识的一种符号化表达形式，则神经网络可以被视作隐性知识的一种数值表达形式，二者在本质上都采用"数据提炼知识，知识驱动智能"的实现路径。在行业应用中，显性知识与隐性知识相互补充，缺一不可。因此，未来行业要实现认知智能，需要走一条"数据+知识"的双系统驱动路线，数据驱动体现在使用各类基于统计学习的小模型与大模型来实现数据驱动范式，知识驱动体现在使用大规模动态知识图谱和传统的专家知识库来解决问题范式。进一步地，将两个系统拉通，促进两种范式的深度融合，获得实现行业认知智能的完整解决方案。

上述思路给数据智能产品提出了前所未有的要求。第一，需要实现低代码编程，以便用户能够通过少量编程或可视化拖曳的方式来定制数据智能解决方案；第二，需要支持多业务协同，能够让众多行业专家在平台上协作开展知识挖掘工作；第三，需要具备可解释性，能够解释数据挖掘与分析的过程与结果，能够提示用户对结果起作用的关键数据特征；第四，需要配合多元插件，支持以插件形式工作的各类数据治理任务与数据挖掘算法，从而将产品嵌入不同行业、不同企业的个性化数据智能流程中；第五，需要确保流程全覆盖，企业的流程通常非常复杂，数据智能解决方案要覆盖企业的所有流程是一项相当困难的任务；第六，需要满足高性能要求，在某些场景下的数据规模巨大、数据产生速度极快，对数据智能方案的性能指标提出了较高的要求。

检验数据智能效果的关键在于其对商业环境下复杂决策的有效支持。大部分企业用户希望数据智能可以解决商业环境中的复杂决策问题，目前"数据+知识"仍需要进一步发展才能满足需求，如制造业的设备智能运维、投资领域的智能投研、医学领域的智能医疗等。为了解决这些复杂的决策问题，需要具备丰富的专业知识、复杂的逻辑判断能力、宏观态势感知与研判能力（如股票投资决策，必须知道现在是牛市还是熊市）、复杂任务的拆解能力（将复杂任务拆分为多个简单任务进行处理），以及严密精细的规划能力。同时，还需要具备复杂约束的权衡能力，例如在投资决策时，往往需要在各种因素之间出取舍。此外，还需具备对未知事物的预见能力，毕竟在商业决策过程中，环境是不断变化的，可能面临一些未知情况。最后，需要具备决断能力来处理未知情况，决策者掌握的信息通常有缺失或不完整，此时要由具备决断能力的人类专家做出有效的决策。因此，对于复杂商业决策的支持，数据智能仍然有较大的发展空间。

在数据智能的发展过程中，还需要充分注重几个发展趋势。当前，数据智能的主要应用场景正在从消费互联网向工业互联网转变。在过去十多年中，大数据和人工智能的主战场是消费互联网，如百度搜索、阿里电商、滴滴出行、美团生活服务等。然而，越来越多的垂直领域，包括制造业、医疗、司法、金融等，都对数据智能提出了前所未有的需求。这种场景的转变对数据智能提出了新要求，意味着数据智能技术需要认知越来越多元、越来越复杂的对象。在消费互联网中，理解人是关键，但在工业互联网中，还需要理解机器、设备、市场、物料、产品和工艺等多元且复杂的对象。

五、拥抱大模型，发展数据智能

数据智能发展的一个重要趋势是大模型的崛起，大模型已成为数据智能发展的新底座。以 ChatGPT 为代表的大规模生成式语言模型的成熟，预示着通用人工智能时代的到来。作为一个面向对话任务的大模型，ChatGPT 引领了通用人工智能的一系列突破和进展，如图文生成大模型、具身多模态大模型等。这些大模型为数据智能的发展带来了全新的机遇。所谓"端到端"是指深度学习模型只需要定义好网络架构，并经过输入/输出数据的监督训练，就可以习得模型，不再需要传统的统计学习的人力干预和介入（如特征工程）。对于一些复杂任务，传统的流水线做法是将其拆解成串联的工序，每个环节都需要人类专家的密集干预。而深度学习只关心输入/输出数据，无须设计中间环节。这种端到端学习因为避免了繁重的人力干预，所以一直是实际应用中梦寐以求的方式。在传统的数据价值变现过程中，甲方不但要出资，还要付出精力教授乙方业务知识，需要参与数据标注、特征定义、模型评估等众多环节，才能保障最终模型或方案的合理性与有效性。人力（特别是甲方）参与过重，阻碍了大数据的价值变现。因此，传统的大数据价值变现过程是一种典型的流水线做法，每个环节都需要用户与技术专家的充分参与，远远谈不上"端到端"。但是大模型技术的成熟，使实现"端到端"的数据价值变现成为可能。在大模型时代，在对行业数据进行汇聚清洗之后，就可以将其先输入 GPU 服务器中进行"炼制"（也就是训练大模型）。在"炼制"出一个行业与领域统一的大模型之后，经过任务指令微调，大模型就可以在用户的自然语言提示下生成预期结果，这就是大模型给数据价值变现提供的全新机会。可以说，大模型为数据价值变现开辟了一条"端到端"的新道路。

大模型的出现是数据智能发展过程中具有里程碑意义的事件。在大模型的发展过程中，一定要注重大、小模型的协同应用。大模型和小模型各自有其独特的优势，它们是相互补充而非替代的关系。大模型偏重基础能力，在语言理解与推理方面表现出色，但往往重通识、轻专识，能够习得海量的通用知识，缺乏领域知识或私有知识。另外，大模型擅长创造性生成，但在忠实陈述方面有所欠缺。大、小模型的关系就好比武侠小说中的武者练功，大模型的训练好比练就内力，小模型的训练好比习得特定招式，但要解决问题，还要学各路招式。显然，要想成为一位称霸武林的大侠，必须掌握内力和招式。因此，商业价值的最终创造取决于底座大模型与领域小模型的融合，以及行业大模型和任务小模型的协同。

在发展数据智能的过程中，行业数据和领域知识的深度融合非常重要。尤其是在制造业领域，有密集的专业知识与复杂机理，例如工业设备寿命模型、健康模型，以及物理学原理或机械力学原理等。这些模型、原理与知识是模拟仿真的内核，利用仿真数据缓解工业场景下的样本稀缺问题，是实现数据和知识深度融合的常见策略之一。在过去的十多年中，工业、环保、材料等很多领域已经有了一定的探索实践，利用领域知识（如原理、模型与专家经验）对数据驱动的统计模型进行约束、调优与评估，进而提升统计模型的效果，缓解样本稀缺的问题，取得了极为丰富的实践成果。未来，工业仿真数据，尤其是带有推理过程的仿真数据，有可能成为训练大模型的关键因素。相信在不远的未来，我们将见证科学大模型、工业大模型的诞生。

此外，要关注数据智能可理解、可解释的特性，特别是在大模型和小模型得以大量应用之后。不论模型是大是小，其终究是为人类服务的，而人类注重理解和解释。一个结果意味着什么、何以产生等问题都需要得到合理的解释。在这个方面，统计模型需要与知识图谱等技术相结合，利用知识图谱中的可解释元素进一步增强统计模型的可解释性。

面向领域应用的大模型关键技术[①]

当 ChatGPT 等生成式大模型呈现出较强的通用智能能力后,产业界的关注点较多地落在了千行百业的应用上。大模型只有在实体型的行业落地中取得效果,才能凸显其价值。ChatGPT 等大模型均由通用语料训练而成,具备通识能力。这自然会引发一些有意思的问题:垂直领域的问题为何需要通用大模型解决?当前的通用大模型能否胜任垂直领域的复杂任务?通用大模型如何优化,才能胜任垂直领域的复杂任务?本文对这些问题进行回答。

一、垂直领域的问题为何需要通用大模型解决

首先,通用生成式大模型带来的通识能力对于实现垂直领域智能是至关重要的。这种能力使大模型在一定程度上能够理解各种开放环境中的自然语言问题,在大多数情况下能够提供准确答案。尽管当前的生成式大模型在生成答案时可能存在一些事实或逻辑上的错误,但总体上不会偏离问题的主题。这种对开放世界问题的理解能力对于垂直领域认知的实现至关重要。ChatGPT 之前的实现思路倾向于只有让其学会大多数垂直领域的能力,才能实现理解开放世界的通识能力。或者说,如果连垂直领域认知都无法实现,实现通用认知则更加困难。然而,ChatGPT 的出现证明了先训练通用大模型塑造机器的通识能力,再经垂直领域数据的持续训练练就垂直领域的认知能力,是一条更为可行的路径。事实上,将机器的垂直领域认知能力建立在通用认知能力基础之上是必然的、合理的。生成式大模型的发展刷新了人们对领域认知智能实现路径的认识,这是大模型技术发展带来的重要启发之一。

其次,除了开放世界的理解能力,大模型还具有很多其他能力,在领域

[①] 本文整理自 2023 年 7 月 7 日世界人工智能大会"AI 生成与垂直大语言模型的无限魅力"论坛上笔者的主题分享。

应用中尤为值得关注。

（一）通用大模型具备组合创新能力。通过在训练阶段引导大模型学习多种不同的任务，从而让大模型组合创造出解决更多复合任务的能力。例如，我们可以让大模型根据李白的诗词风格写一段 Python 代码的注释，这要求它既具备写诗的能力，又具备编写代码的能力。大模型通过对指令学习的结果进行组合泛化，模拟了人类举一反三的能力，从而让机器能够胜任一些从未学习过的新任务。

（二）通用大模型具备出色的评估能力。具有一定规模的大模型（特别是具有百亿级参数以上的大模型）在常见的文本任务结果评估方面具有优良的性能。传统的文本任务结果评估工作往往需要人工参与，需要高昂的人力成本。而现在，大模型可以评估很多种任务。例如，让大模型扮演一个翻译专家的角色，对翻译质量进行评估。通过设计合理的评估标准、给出有效的评分示例、给出翻译专家评估过程的思维链，大模型（如 GPT-4）能够出色地完成非常专业的评估工作。大模型的评估能力能够显著降低领域任务中的人工评估成本，进而显著降低领域智能化解决方案的落地成本。

（三）复杂指令理解及其执行能力是大模型的核心特点之一。只需给予大模型详细的指令，清晰地表达任务约束或规范，大模型就能按指令要求完成任务。这种忠实于指令要求的能力与大模型的情境化生成能力高度相关。给定合理的提示，且提示越丰富、细致，大模型往往越能生成高质量的内容。传统观念认为智能是人类的知识发现和应用能力，大模型的情境化生成能力刷新了人们对智能本质的认识。从人类视角出发，知识是人类认知世界的产物。而从大模型的角度来看，只要在给定的情境提示下做出合理的生成，就是一种智能。这种情境化生成能力体现了一种建模世界的能力，且与人类对世界的认知方式无关。

（四）复杂任务的分解能力和规划能力是大模型的优势之一。它可以将复杂任务分解为多个步骤，并合理规划任务的执行顺序。这为垂直领域应用提供了重要的机会，大模型能够与传统信息系统中的数据库、知识库、办公自动化系统、代码库等高效协同，完成以往传统智能系统难以胜任的复杂决策任务，从而提升整个信息系统的智能水平。

最后，大模型具备符号推理能力，可以进行常识推理以及一定程度的逻辑推理、数值推理。在面对复杂的领域文本任务时，仍需进一步提升这些推理能力的专业水平。此外，价值观对齐能力也是大模型落地的重要特性，以确保大模型的输出与人类的伦理道德、意识形态、价值观保持一致。

总之，通用大模型具备开放世界的理解能力、组合创新能力、评估能力、忠实的指令理解和执行能力、复杂任务的分解和规划能力、符号推理能力及与价值观对齐的能力。这些优点使大模型成为人工智能的新基座，任何应用接入大模型，均可以享受其带来的智能能力。大模型也逐渐成为智能化应用生态中的核心部件，控制与协调各个传统信息系统，提高信息系统的整体智能水平。

二、通用大模型能否胜任垂直领域的复杂任务

对于通用大模型能否胜任垂直领域的复杂任务，需要审慎评估。目前的判断是，大模型还无法直接胜任各垂直领域的复杂决策任务。因此，在企业服务市场，既要重视大模型带来的重大机遇，也要保持冷静，对 ChatGPT 能做什么和不能做什么保持谨慎态度。要意识到，仍需开展大量的研究工作才能将 ChatGPT 应用落地。

ChatGPT 等大模型在开放环境下的对话或闲聊方面已经取得显著效果，但其在解决实际工作中的复杂决策任务方面存在不足。垂直领域的大部分任务是复杂的决策任务，例如，设备故障排查、疾病诊断、投资决策等。所谓"严肃"，是指这些任务对错误的容忍度较低。上述场景的任一错误都会带来巨大的损失与令人难以接受的代价。这些任务也是"复杂"的，需要丰富的专业知识、复杂的决策逻辑、宏观态势的判断能力，如股票市场的宏观态势；需要拥有综合任务的拆解与规划能力，如将故障排查分解成若干步骤；需要在复杂约束下做出取舍的能力，如投资决策往往要对多约束进行权衡与取舍；

还需要具备对未见事物的预见能力和在不确定场景下进行推理和判断的能力，现实环境发展的速度往往超出预期，因而要在信息不完整的情况下及时做出决策。

举个例子，让机器"调研知识工场实验室最近发表的有关大模型持续学习的论文"，这看似是一个简单的任务，实则需要使用上述各种复杂决策能力。例如，要了解知识工场实验室是一个什么样的团队、有哪些成员，以及大模型持续学习的内涵，要具备 AI 领域的专业知识，知道如何查找论文资源（如计算机领域的前沿论文往往可以从 Arxiv 网站中下载），知道如何处理下载论文时可能会遇到的一些突发问题。知识工场实验室的本科生、硕士生显然能够完成上述任务。但是，当前的大模型还难以完成整套工作流程，需要有针对性地提升大模型自身的能力，从外围弥补大模型的先天不足。

另一个无法回避的问题是大模型的"幻觉"问题，即一本正经地胡说八道。当询问"复旦大学的校训"时，大模型可能会很有条理地编造出看似严谨的答案。但仔细查证会发现，在一些基本事实（如复旦大学校训的出处）上，大模型的回答容易出错。大模型以"一本正经"的文字风格编造答案的现象，将为其应用带来巨大困扰。因为看似严谨的回答往往藏着一些基本的事实错误，所以应用时仍然要付出极大的代价判断信息的真伪。这实质上反而带来了大模型应用的额外成本。经过优化之后的大模型能够解决幻觉问题吗？比如使用更多的训练数据，更充分地进行算力训练。从理论上讲，ChatGPT 等大模型是概率化的生成式大模型，仍然会以一定的概率犯错。在某种意义上，幻觉是大模型的创造力所必须付出的代价，"鱼和熊掌难以兼得"。因此，幻觉问题是大模型在垂直领域应用中不可避免的问题。

此外，大模型缺乏对给定信息的"忠实度"。在领域任务中，需要大模型遵循特定领域的规范、制度、流程和知识。然而，如果没有进行适当的调优，大模型往往会抛开给定的文档或信息，而倾向于利用已习得的通用知识自由发挥。肆意地创造发挥与忠实地陈述事实是一对难以调和的矛盾。对于一个给定的问题，是用通用知识回答还是用领域知识回答？人类对于问题的知识适配，往往是通过直觉方式完成的，但是要让机器在通用知识和领域知识之间灵活协同，是十分困难的。虽然更大参数规模的大模型（如 GPT-4）能在一定程度上缓解大模型缺乏忠实度的问题，但是即便进行微调和优化，大模型的答案仍然有可能超越给定的范围，产生错误。这是当前通用大模型面临的一个重大问题。

因此，笔者的基本判断是仅仅依靠现有的通用大模型，不足以解决各行业领域的许多问题。还需要发展垂直领域大模型，并积极发展外围插件，采用大模型与知识图谱、传统知识库相结合的策略，缓解大模型的自身问题，提升大模型的落地效果。

三、通用大模型如何优化，才能胜任垂直领域的复杂任务

通用大模型在特定领域应用，仍需大量优化，才能"不仅作诗、还能做事"，使通用大模型从一个知识容器变成解决问题的利器，释放巨大潜力。优化的基本路径有两条，一是大模型自身的优化，二是大模型与外围技术的协同。

首先，大模型自身能力的优化。提升大模型对长文本的理解能力是首要任务。比如，利用大模型对客服通话记录进行总结是一个常见的应用场景，客户往往需要冗长的对话才能表达自己的意图，而其中可能只包含一两个重要的信息点。因此，用大模型总结对话的摘要时，需要大模型支持长文本的理解能力。当前，一些商用大模型（如 GPT-4）已支持最长 32K 的输入长度，相当于上万字，展现出非常了不起的能力。然而，大多数开源模型只支持 2～4K 的输入长度，长文本的理解能力仍不足。因此，在发展垂直领域大模型的过程中，提高对长文本输入的理解与处理能力是首要任务。长文本具有挑战性，是因为其中存在全局语义约束，许多语义约束涉及多个句子甚至段落，让大模型理解这种全局上下文存在巨大的挑战。

其次，需要进一步提升大模型求解复杂任务的规划能力和协同能力。这里举一个问答系统中的真实案例，对于某个自然语言问题，是应该调用知识图谱的知识来回答，还是让大模型直接回答？通常我们希望大模型能自主决策、规划，判断是否使用外部知识，并决定使用哪些外部知识。对于不同来

源或类型的知识，可以通过 API 调用获取。这就需要大模型理解 API 及其使用规则、调用关系、参数配置及输入/输出格式等，从而实现与外部知识库等工具的协同。然而，大模型的外部工具种类繁多，工具所处的环境复杂，必须不断优化大模型的规模与协同能力，才能确保大模型在协同各类工具完成复杂任务时取得理想的效果。

除了上述两条基本路径，还需要进一步优化文本的结构化解释和风格样式。在实际应用中，用户对样式有特定要求，需要大模型理解并及时响应，调整输出格式。过去，通常只有在提示中提供行业背景信息（如领域 Schema），大模型才能抽取出关键要素。经过优化后的大模型，在各领域的背景理解能力大幅提升，可以自适应地理解各领域的背景，而不依赖特定行业背景的提示，能够对专业性较强的文本进行结构化分析和拆解。

要持续提升大模型的问答能力，包括不绕圈子直接回答、忠实于给定文档的回答及坚定正确的信念等。通用大模型在问答过程中容易出现绕圈子、和稀泥式的回答。在与大模型对话时，它可能会回复"我是一个大模型，我的回答仅供参考……"，不愿意给出明确判断的答案，让用户困惑。在垂直领域应用中，不希望它绕圈子，而是希望它能直接给出答案，以辅助决策。同时，要求大模型在给定文档的基础上生成答案时，不超出给定内容的范围。它必须结合给定内容和自身的语言生成能力，给出合理的答案，而不是自行发挥。在垂直领域应用中，不希望大模型随意发挥，而要忠实于所涉领域。另外，要提升大模型对正确信念的坚持能力。信念不坚定的模型会出现"墙头草"式的回答，即没有明确立场，用户告诉它"你错了"，它便立即改口，比如用户说"2+2=4 是错误的"，它会说"是的，我错了，2+2 应该等于 5"。信念过于坚定的大模型则可能出现"死鸭子嘴硬"的现象，即明确提示它回答错误了，但它仍坚持不改。这两种情况都是要避免的。在垂直领域应用中，希望大模型能够意识到自己的错误，既不动摇正确信念，又能避免知错不改。

大模型与外围技术的协同需要进一步优化大模型的诊断和应用评测体系。知识工场实验室最近发布了几个跨学科的评测体系，旨在从大模型训练过程的诊断以及应用效果两个角度进行评测。目前，许多评测都以应用效果为导向，但面向诊断的评测也十分重要。比如建立训练大模型所需的数据集的评测基准，通过评测建立大模型训练过程中的关键参数、模型架构、数据配比的最佳实践体系。此外，大模型的评测应从当前追求标准评测数据集上的"高分"的单一目标，发展到兼顾解决实际问题的"高能"的双重目标。这意味着评测不仅要侧重于考查对知识点的掌握能力，更要关注大模型解决复杂的决策问题的能力。面向"高分高能"的大模型评测体系，是大模型评测的主要发展方向。

要进一步提升大模型的数据治理能力。大模型在实际应用中表现出的诸多问题，如答案偏见、隐私泄露、版权侵犯、内容违规和错误观念等，最终均可归结于数据源头的问题。当前的主流思路仍然是在训练大模型后进行优化。需要指出的是，事后优化难以从源头上解决上述问题。比如大模型的隐私泄露、版权侵犯、意识形态错误，无法在结果层面百分之百地保证相应的安全性。大模型仍存在一定的犯错概率或产生难以预料的犯错情形，从而违背相关法律规范，导致难以弥补的后果。因此，必须从数据源头加强数据治理，开展数据清洗、隐私识别、样本纠偏、违规内容清洗等工作。有关部门应积极推动大模型训练数据集的标准化与规范化，进行合规性认证，从数据源头保障大模型产业的健康发展。

总而言之，目前大模型研发中的主要问题仍在于缺乏数据治理系统与能力、评测偏离应用需求。加大对这两个方面的研究力度，推动解决这两个问题，是推动我国大模型产业向好发展的关键举措。

要强调的是，通用大模型绝不能停留在类似于 ChatGPT 的开放式聊天阶段，必须尽快提升其解决实际问题的能力，引导大模型发展成为助力我国各行业高质量发展与数字化转型的先进生产力。

大模型的数据"水分"[1]

人工智能逐渐成为各行各业转型升级的重要驱动力。但硬币总有两面，随着大模型的加速渗透，数据质量和大模型的"幻觉"正在成为决定市场发展进程和天花板的关键因素。大模型是越"大"越好吗？如何缓解大模型的幻觉？大模型的天花板又在哪里？本文将从数据的重要性、幻觉问题的解决思路及大模型的未来发展方向等方面展开探讨，并以金融领域为例进行具体分析。

一、数据：大模型发展的双刃剑

尽管大模型的标度律[2]在一段时间以来持续发挥着重要作用，但大模型仍面临一些根本性问题，这些问题不仅制约了大模型自身的发展，也成为限制各种垂直领域大模型广泛应用的重要因素。此外，大模型的训练过程仍处于"黑盒"阶段，训练的内在过程和机制仍然不清晰、不透明，这使在实际应用中难以对其性能进行精准的预测和优化。这些问题的存在，使大模型在向更广泛的应用场景拓展时面临诸多挑战，也说明在大模型研究中需要进一步深化对其内在机制的理解，以及探索更加有效的训练方法和数据利用策略，以推动大模型技术的持续进步和在更多领域的深度应用。

（一）大模型现存的关键问题梳理

首先是众所周知的幻觉问题。这是大模型自身难以从根本上解决的问题，尤其在严肃应用领域对内容的正确性、事实的准确性、逻辑的合理性等要求都非常高，对幻觉现象的容忍度较低。

---

[1] 笔者于2024年9月举办的外滩大会期间接受多家媒体采访，本文根据采访内容改编而成。笔者对当时大模型产业发展过程中的过度数据消耗、大模型幻觉、行业数据供给不足等问题进行了解答。

[2] 参见论文"Scaling Laws for Neural Language Models"，发表于2020年。

其次，大模型在处理复杂任务方面的能力仍然有限，这限制了其在金融行业中的应用，使其难以达到专家级处理水平。然而，OpenAI o1 模型的推出旨在改善这个局面。GPT 已经显著提升了大模型在解决复杂问题方面的思维能力和推理能力，但其发展空间依然很大。特别是在满足金融等行业应用需求，提升大模型解决复杂金融决策问题及其推理能力方面，仍有巨大的潜力。

现有的大模型在实际应用中，数据的使用效率似乎较为"低下"，问题的根本在于大模型训练过程的不透明性，整个训练过程仍处于"黑盒"阶段。尽管大模型的工程本质是数据工程，但对于具体哪些数据能够发挥什么作用，对哪些能力起着决定性影响，我们仍然不得而知。同时，我们对数据的关联性、数据的分布形态、数据类型与大模型能力的关系也缺乏全面的认识。以金融大模型为例，选择什么样的金融语料才能训练出一个胜任金融任务的大模型，我们仍然知之甚少。

这种情况可以类比于人类教育的发展过程。人类的教育理论尽管经过了两千多年的发展，积累了丰富的经验与知识，但仍然存在许多不清晰之处。例如，应该让孩子们阅读什么样的书籍，如何设置最优的课程以培养优秀人才等问题仍在被关注。在教育领域，不同专家对这些问题仍然存在主观差异，尽管有标准课程，但一直以来仍有专家质疑某些教育体系和课程设置的合理性。这种不清晰性的根源在于学习过程的复杂性，它涉及学习者的能力、天赋、心理状态和学习环境等多个因素。

如何通过特定的训练和课程来激发和形成人类学生的能力，尚存在诸多不清晰之处，同理，在大模型的训练过程中，也面临着相似的挑战：如何通过特定的数据和训练过程来激发和形成大模型的特定能力？这些问题反映了在理解和优化大模型训练过程方面仍然面临着巨大的挑战，需要更深入地理解大模型的训练过程，探索数据、训练方法与模型能力的关系，以期在未来能够更有针对性地提升大模型的性能和应用效果。

（二）"数据水分"深度洞察

在讨论大模型时，需要关注其中的"数据水分"问题。这个概念包含多层含义。

大模型的训练依赖海量数据，但并非所有数据都对大模型有益。首先，从互联网抓取的语料存在大量重复、低质量、无信息量的内容和噪声，甚至包括垃圾信息。若不去除这些"水分"，会降低大模型的智能表现，影响其基本能力。例如，金融领域的开放语料很多是过期的，不再适用。

更值得关注的"水分"是指大模型仅仅在记忆越来越多的事实。虽然这些事实可能是正确的，在某些应用中也是必要的，但还需反思人类智能的发展过程。人类智能不仅依赖于学习基本的知识，更重要的是诸多理性能力决定了人的智慧程度，人工智能大发展，反而凸显了人之本质。人是理性的机器，在人工智能时代，人的理性（至人之理性之核心）仍然是机器所无法实现或超越的。

未来的大模型需要像人类中的智者一样，具备深入思考、现象类比、观点分析和经验归纳的能力，这样才能真正解决复杂问题。值得注意的是，古代智者（如孔子）接触的书籍数量有限，但他们通过内在的反省、思考和思索发展出了高端智慧。这表明，发展高级智能可能并不需要过多的语料，而是需要培养内在的思考能力。如果只关注大量语料的简单训练，有可能使大模型退化为一个高效的知识编码器或数据库，成为一个升级版的搜索引擎。然而，人们需要的是一个能够思考的大模型，这样才能真正接近通用人工智能的终极目标。

二、大模型发展的阶段及私域数据的应用与挑战

大模型的发展经历了从"吃饱"到"瘦身"的阶段，最初通过海量数据训练形成庞大的模型，但存在臃肿问题。随后，通过"遗忘"过程提炼重要知识，使模型精练化，并逐步解耦多种能力，以按需组装特定的功能模块。私域数据的应用被视为大模型的关键突破点，尤其是针对金融等行业数据，

大模型应用面临技术和生态挑战，如数据处理能力不足、数据要素市场不健全等。大模型对专业性和复杂性数据的理解不足，难以处理复杂的数据结构，且尚未建立数据科学体系，导致训练和优化过程中数据选择的盲目。为提升大模型的认知能力，需建立数据科学，包括数据分类、筛选、配比、评测及评价标准，以实现精准高效的训练，这对大模型的未来发展至关重要。

（一）大模型发展的阶段

首先是大模型"吃饱"甚至"吃得太撑"的阶段。在这个阶段，用海量的数据和语料来训练模型，可能会产生拥有千亿级甚至万亿级参数的大模型。然而，这样训练出来的模型往往显得臃肿，容易出现各种问题。

接下来就需要"瘦身"，让大模型变得更加精练。从学术角度来看，瘦身的过程本质上是一种"遗忘"过程，是在提炼和沉淀真正重要的知识。一些相对琐碎的知识完全可以被放到外部的数据库或知识库中，让模型按需检索。真正智慧的系统不应该用自己的"认知载体"存储琐碎的信息，而应该沉淀高度精华的智慧。

更深层次的做法，是逐步将大模型的多种能力进行解耦与剥离。例如，将认知能力和事实知识分离，或者将逻辑推理和直觉推理分离。目前的大模型参数和神经网络结构实际上是将知识与能力糅杂在一起的。未来可能会通过一些技术手段，剥离和拆解大模型的能力，从而能够根据需求组装出具有特定能力组合的大模型。这有些类似于人脑的不同区域具有不同的功能。如果某个应用场景只需要部分能力，就只需组装相应的大模型功能模块，而不需要启用参数规模巨大的完整模型。

（二）私域数据的应用与挑战

私域数据在各行业的深度应用被认为是未来大模型的关键突破点，如金融行业数据的深度应用。当前，大模型主要具备通识能力，尚不能胜任专业任务。要实现这一突破，充分利用私域数据可能是关键因素，高质量、高价值的数据存在于私域中，如金融机构等。如果能够使用私域数据训练大模型，就可能将大模型训练为行业专家。私域数据价值的挖掘潜力仍然巨大。

然而，在使用私域数据时仍面临着诸多挑战，包括技术层面的挑战和生态层面的挑战。技术层面的挑战在于数据处理能力不足，限制了高价值私域数据的使用。私域数据大都存储在数据库系统中，其中包含大量高质量、各种形态的私域数据和行业数据。如何将这些数据转化为大模型的训练语料，是一个重要问题。生态层面的挑战在于当前数据要素市场尚不健全，使私域数据的汇聚和交易流通面临诸多困难。完善数据要素市场，让数据供得出、流得动，仍然需要制度保障。

技术挑战的根本原因在于大模型自身的能力不足。首先，大模型对专业性与复杂性数据的理解不足。私域数据有较强的私有性和专业性，对大模型理解数据进而利用数据造成了困难。例如，很多金融信息系统有各自的行业数据编码标准、行业分类标准，大模型难以理解私有化的表达；如果没有背景知识的支撑，大模型也难以理解专业性极强的数据，如会计审计中的各项数据。其次，大模型难以理解复杂的数据结构。关系数据库中的复杂表结构、数据仓库中的复杂数据模型、非结构化数据库中的复杂数据建模，均为大模型理解背后的数据带来巨大障碍。比如，金融行业上报的各类报表的结构十分复杂。

大模型在数据方面面临挑战的原因在于尚未建立起面向大模型的数据科学。具体来说，还不清楚在大模型的训练和优化过程中到底需要什么样的数据，以及需要怎样的数据配方及学习课程，数据和模型能力的因果关系尚未建立。

如果希望训练出的大模型具备相对高级的认知能力，就必须精心选择"喂养"它的数据，建立起大模型的数据科学。这包括几个关键方面：数据的分类机制，即了解不同类型的数据对模型能力的影响；数据的筛选机制，即建立标准来选择高质量、有价值的数据；数据的配比机制，即研究不同类型数据的最佳组合比例；评测评估标准，即建立科学的评估体系，衡量数据质量及其对模型能力的影响。通过建立数据科学，避免大模型训练过程的盲目性，避免数据使用的过度或不足。这将使大模型的训练更加精准和高效。

总的来说，就像人类的教育过程需要精心设计课程和教材一样，大模型的训练也需要对数据进行科学的选择和管理。这是一个复杂但必要的过程，将直接影响大模型未来的发展和能力。

三、"协同"解决"幻觉"：大模型的未来方向

大模型的幻觉问题源于其概率生成模型的本质。解决幻觉问题的思路包括提供更丰富的上下文信息（如 RAG 技术），以及与其他人工智能组件协同工作，利用小模型和知识图谱的优势。人类智能的双系统协同为解决幻觉问题提供了启示，大模型的未来发展方向之一是实现人类智能中系统二的能力，即专家系统的知识图谱和符号思考能力。OpenAI o1 模型通过让大模型学会思考，实现了反思性思维，提升了大模型的理性思考能力，这将推动大模型在各行业的应用，带来革命性变化。

（一）幻觉问题的根源与解决思路

从表面上看，大模型的生成过程是典型的概率运算过程。生成过程是在预测下一个词的生成概率，在整个词表空间中计算概率分布，输出概率最大的词。这种基于概率计算的本质决定了它有一定的概率会出错。

从深层来看，幻觉的本质与大模型的训练数据有关。大模型是由收集的语料、文本或各种数据来训练的统计模型。然而，能够收集到的所有数据，包括能够表达的所有可能的思维过程等数据，在概率分布上总是有偏的，很难精确地表达或还原真实世界。举个例子，当我们说一句话时，这句话可以用语言字符表示，但说话人的神情、语气、语调也在赋予这句话相应的语义。因此，我们记录下来的文字，并非此时此刻、此情此地真实意图的精准表达。从学术角度来说，这个问题被称为数据"暴露偏差"。能收集到的数据是有偏差的，并非现实世界的精准、细致和完美的表达。因此，大模型训练出来的模型或多或少被认为是有偏见的，会受到样本分布偏差的影响，导致预测结果不准确，在特定情况下产生所谓的"幻觉"问题。

解决幻觉问题的一个思路是给模型构造足够长的上下文，这也是检索增强生成技术要解决的主要问题。给模型提供的上下文提示越丰富、越合理，

它预测的概率就越准确,越能缓解幻觉问题。比如把最新的金融行情信息作为检索来源,增强大模型对实时金融行情的认知。

另一个思路是认识到大模型自身能力的局限性,让它与其他人工智能组件协同工作,包括知识图谱和小模型。从成本和经济效益方面考虑,这种协同方案可能更经济。大模型的参数量大,推理和训练成本高,而且不可控、不可编辑、不可理解、不可解释,存在诸多缺陷。这些缺陷恰恰是小模型和知识图谱的优势所在。小模型的参数量低,训练成本低,可控、可理解、可解释;知识图谱的知识可编辑,表达更精练。因此,协同是一个非常有效的解决思路,甚至可能是根本思路。金融行业是信息化与数字化基础较好的行业,已经建立大量的金融小模型与金融知识图谱,将其与大模型有效协同,而非简单丢弃不用,是未来金融智能化的主要实现途径之一。

(二)人类智能的启示:双系统协同

从人类智能的角度来看,人类的行为、表达、体验、思考都是一种生成过程,是接收所有感知信号后,基于自身的历史经验,对当前环境做出的生成式响应。人类之所以能够做出合理的生成与决策,是因为使用了双系统:系统一实现直觉思维,系统二则沉淀了大量的先验知识,不断检视、修正、完善系统一产生的结果。双系统协同为解决大模型的幻觉问题提供了重要启示。

例如,一个人在演讲时,如果他有丰富的演讲经验,可能先打腹稿,在说出每句话之前深思熟虑,这是使用系统二在演讲。但如果要求速度快,他就有可能不经深思熟虑地脱口而出,这就是在使用系统一。系统一速度快,可能会出错,这就需要系统二不断检视、反思系统一说出的言论是否合适,如果发现不妥,他会立即改口。

实现系统二能力是大模型未来发展的一个重要方向。有三种可能的实现方式。

第一种方式是让大模型(系统一)与传统的专家系统、符号系统、知识图谱系统（系统二）协同工作。第二种方式是将系统二的能力，特别是专家系统的知识图谱和符号思考能力"蒸馏"进大模型系统中。具体来说，我们可以合成或收集大量专家系统思考问题、推理问题的过程数据，比如数学题的解题过程或会计审计这类高度专业的思维过程，用这些数据来训练大模型，使其获得专家水平的思考能力。

OpenAI o1 似乎开辟了第三种方式，其本质是让大模型（系统一）学会思考。如果说此前的大模型学会了生成，那么 OpenAI o1 则是在生成能力的基础上进一步学会了思考。生成和思考的区别在于：单纯的生成是看到输入后直接通过神经网络运算产生相应的输出结果；而思考是在生成过程中进行深思熟虑，在可能的生成方案中进行枚举、判断和优化，最终选择一个最有可能导致高质量输出的方案。所谓深思熟虑的思考，其本质是一种有结构的思考，要在生成过程中叠加回溯、选择、分枝或循环等思考结构。这种有结构的思考就是反思性思维。机械性思维是人类基于习惯和条件反射形成的思维能力，反思性思维是人类有目的、有条理的思考，需要主动分析、推理和判断。OpenAI o1 之前的 GPT 系列模型实现了人类的机械性思维，OpenAI o1 实现了人类的反思性思维。

当然，OpenAI o1 所实现的深思熟虑也要付出推理的成本和代价。这就是我们观察到 OpenAI o1 在生成答案之前需要 10 多秒或 20 多秒进行思考的原因。GPT-4 学会思考具有里程碑意义。此前的大模型学会了生成，能够像人一样说话、写诗、进行直觉判断，已经让人震撼。如果大模型学会了思考，其能力将提升到一个新的层次。

这种能力的提升带来的可能不是简单的加法或乘法效应，而是指数级的飞跃。人的认识过程可以分为知性、理性和感性三个阶段。同理，在 GPT-4 之前的大模型主要侧重于知识的积累，即知性能力的增长。GPT-4o 显著提升了大模型的感性能力，能够识别多模态信息，感知情绪，实现与人类共情共鸣。OpenAI o1 则提升了大模型的理性思考能力。

大模型一旦具备思维能力，其理性能力会有大幅提升。理性能力的提升，意味着大模型将很快成为各行各业的专家。行业专家正是借助理性思维能力来解决行业中的严肃认知决策问题的。

此前，理性能力的缺失限制了大模型在各行各业的应用。而 OpenAI o1 在理性能力方面的提升，有望极大地推动和加快大模型向千行百业渗透的进程。这无疑将为人工智能在各领域的应用带来革命性变化。

四、技术治理：以人为本，未雨绸缪

技术治理强调以人为本，关注人工智能对人类本性的影响，避免技术进步导致人类能力的退化。我们需谨慎应用人工智能，特别是在儿童时期和教育场景中，防止过度依赖。技术治理应提前规划，避免先发展、后治理的模式，以防止人工智能对人类本质产生负面影响。尽管人工智能在直觉和理性思维方面取得了进展，但人类的高级认知能力（如自省、反思和自我意识）是人工智能难以实现的。人类智能的独特性使其在人工智能时代仍保持竞争力。

（一）以人为本的发展原则

发展人工智能要秉持的首要原则就是以人为本，科技的尽头是人文，科技的终极目的是人文关怀。人不仅是万物的尺度，也是人工智能等先进技术的尺度。

要"有所为，有所不为"，但凡伤害人之本性的人工智能应用，都要谨慎对待，要加以限制。事实上，技术的每次进步都有可能带来人的某种能力的倒退，比如键盘普及了，很多人就提笔忘字了。

通用人工智能与脑机接口日益成熟，机器和工具将大量代替人类从事脑力劳动，脑力劳动的减少会不可避免地带来人类智力水平的下降。如果人类智力退化为猿猴，人还是人吗？所以说，人工智能的滥用可能会损害人之为人的本性。

（二）重视技术治理，提前规划

在人工智能的应用过程中，尤其要注意保护下一代。在一个人发展出某种能力之前，应该谨慎应用人工智能的相应能力。当儿童还处在认知发展过程中，学生还在学习某项技能，助理还未成为专家时，如果滥用人工智能的相应能力，势必会对人工智能工具形成依赖，那么儿童如何成长，学生如何实践，助理如何成才？

此外，要重视技术治理，并将治理置前，要做到未雨绸缪，不能再像传统互联网发展那样，先发展、再治理。人工智能等先进技术足以对人之为人的根本产生负面影响，人类本质的倒退是人类文明所无法承受的。

（三）机器智能的天花板：人类智能的独特性

要从根源上弄清楚人工智能技术的大规模应用，对人类社会所能造成的长远影响。人工智能的发展一旦踩上加速的油门，有可能刹车失灵。对于这种可能性，我们应该保持高度警惕。

机器智能的天花板在哪里？目前，我们已经看到人工智能具备了类似人类大脑系统一的直觉思维，并初步具备了系统二的理性思维或"慢思考"能力。一些乐观派认为，这已经预示着人工智能正在全面超越人类智能水平，也就是实现了通用人工智能。如果不断剥离上述高级认知能力的表层，就会触及人的根本认知能力：自我意识。人类的自我意识具有递归性。比如我可以认识当下的我在思考，我也能对我在当下的思考状态进行思考，如此循环往复。这种递归性的反思能力使人类能够不断超越当前，提升自我。自我超越的能力似乎只有人类才具有，目前，人工智能的自我完善、提升、超越能力仍处在研究阶段，即便人工智能在形式上具备此类能力，它仍然缺乏人类的内在动机。

可以预见的是，未来的通用人工智能在知性、理性和感性的绝大部分能力方面可能会达到甚至超越人类水平。但"造物主"可能仍然给人类智能留下了一个基本尊严，那就是自我意识。

自我意识这种递归性的思维能力可能是机器难以企及的。换句话说，人工智能可能永远不知道自己在做什么，也不知道为什么要这样做。人工智能所谓的"价值观"只是与人类的价值观对齐，它自身并没有设定价值观的基本动机和欲望，因为它缺乏自我意识。科幻电影中常常设想的人工智能"觉醒"（Awake）时刻，本质上就是人工智能自我意识的诞生。但目前来看，还无法预料这个时刻是否会真正到来。

换个角度来看，人工智能对人类的超越，可能是对绝大多数普通人智识水平的超越。但是，即便人工智能在总体上超过了人类中 99.9% 个体的智识水平，人类中最具智慧的群体仍然在某些能力方面比人工智能更先进，比如像爱因斯坦那样提出相对论等全新的理论框架。换句话说，虽然人工智能可能会在绝大多数领域超越普通人，但与超越整个人类的集体智慧水平仍然存在一定距离。人类中顶尖的智慧仍可能在某些方面保持优势。

作为人工智能领域的重要发展方向，大模型在数据处理、解决复杂任务等方面展现出巨大的潜力。然而，数据质量、模型"幻觉"等问题仍需高度重视并积极解决。通过协同合作、技术治理等措施，可以更好地推动大模型的发展，使其在各行各业中发挥更大的作用，为人类社会带来更多的福祉。

大规模生成式语言模型在医疗领域的应用

自 ChatGPT 发布以来，大规模生成式语言模型（Generative Language Model）在学术界与工业界引起轩然大波，带动了一系列通用人工智能技术的快速发展，包括图文生成模型、具身多模态模型等。

ChatGPT 在开放问答场景中的优异能力能否迁移到垂直领域，特别是医疗等严肃应用领域，是当下医疗行业十分关心的问题。一些研究者开始尝试将 ChatGPT 应用于美国执业医师资格考试（USMLE）[1]，利用 ChatGPT 诊疗心血管疾病[2]、阿尔茨海默病[3]等疾病，更有报道称有人利用 ChatGPT 确诊了多名医生无法诊断的罕见病。ChatGPT 究竟有多大的潜力？能否胜任医疗应用？又或者存在什么局限阻碍了其在医疗领域的应用？本文旨在针对以 ChatGPT 为代表的生成式语言模型在医疗应用中的机遇与挑战、智能医疗新范式和医学大模型如何进一步发展等展开分析，并给出相应的观点与判断。

大模型在很多场合被视作基础模型，即在大规模数据上训练且可广泛适配（如微调）下游任务的模型。泛化能力比较好的基础模型通常需要海量参数，比如百亿级甚至是千亿级的参数规模，因而常被称作大模型。大模型通常使用大型神经网络（如 Transformer），通过自监督学习机制，对海量文本、图像等数据进行训练与建模。当参数量超过一定规模时，大规模语言模型的性能得到显著提升，并且具备一些小规模语言模型所没有的

---

[1] 参见论文"Performance of ChatGPT on USMLE: Potential for AI-assisted Medical Education Using Large Language Models"，发表于 2023 年。

[2] 参见论文"Appropriateness of Cardiovascular Disease Prevention Recommendations Obtained from a Popular Online Chat-Based Artificial Intelligence Model"，发表于 2023 年。

[3] 参见论文"Predicting Dementia from Spontaneous Speech Using Large Language Models"，发表于 2022 年。

能力[1]。这种现象被称作"涌现"。在通用领域出现的大语言模型在遵循指令和产生类人回复等方面表现优异，但在特定的专业领域（如医疗领域），其效果往往差强人意。在将大模型应用于医学领域时，往往需要微调（如ChatDoctor模型），才能使其具备专业领域的知识，胜任诸如临床、科研、教育等应用场景。

一、大模型为我国医疗行业发展带来的新机遇

（一）提升人类认知能力，应对复杂医学体系

近十年来，受益于信息技术的发展与应用，医学技术迅猛发展并带来新一轮的医疗变革，为疾病诊断、治疗、健康预防和管理等带来全新的机遇。随着医学文献的数量呈指数级增长，医疗从业者已经难以阅读、学习、理解海量的医学知识。医疗专业细分造成不同医学学科的认知壁垒重重。面对日益复杂的医学体系，人类的认知能力已经难以应对不断出现的新病种（如环境病、劳动病等）与新病毒。以大模型为代表的机器认知提升了人类认知能力，通过发展基于大模型的医学认知智能，实现人机认知协作，才能有效应对日益复杂的医学体系与医疗系统。

（二）为医疗提质增效，缓解专家资源稀缺的问题

在医疗领域，以ChatGPT为代表的大规模生成式语言模型可以较好地完成医疗助理类工作，如预约挂号、信息管理、健康咨询等，提高医疗人员的工作效率与质量，降低患者获取信息的门槛。大模型还能就病情给出诊断建议、治疗方案、类案推荐、用药风险与临床指南，从而开拓医生的诊治思路，实现临床辅助决策；同时帮助医疗专业人员阅读大量文献、提炼核心观点与结论，便于其了解行业动态，加速实验进程等[2]。随着知识体系的完善和认

---

[1] 参见论文"Appropriateness of Cardiovascular Disease Prevention Recommendations Obtained from a Popular Online Chat-Based Artificial Intelligence Model"，发表于2023年。

[2] 参见论文"ChatGPT in Medicine: An Overview of Its Applications, Advantages, Limitations, Future Prospects, and Ethical Considerations"，发表于2023年。

知能力的增强，大模型可以借助问答交互形式完成常规疾病的诊断或给出医疗建议，对相似病例进行搜索与推荐，从而胜任部分普通医生的工作。随着大模型在医疗行业应用的深入，医生的时间和精力有望得到进一步释放，从而缓解医学专家资源稀缺的问题。

（三）缓解医学发展不平衡的问题

大模型在医学教育中的应用潜力较大。例如，大模型能生成课堂上使用的练习题、测验和场景，帮助医学生进行练习和评估。基于大模型的医学智能教育使欠发达地区的医生和患者能够及时获取前沿、权威的医学知识，有助于缩小城乡医疗水平差距，提高医疗服务的均等性[1]。

（四）筑牢医疗安全底线

安全是医疗活动的底线。临床医生在执业过程中存在主观上忽视的可能。医疗大模型可提供实时提醒和辅助，如通过提醒、核对清单等方式帮助医生遵循正确的用药流程，减少疏忽和错误；通过挖掘医疗记录和数据，识别患者的用药历史、潜在药物的相互作用风险，提醒医生用药注意事项等。

（五）加快医学科研进程

大模型在加快医学研究、推动新药研制等方面具有巨大潜力。大规模参数化的深度神经网络模型已经成为蛋白质、小分子化合物表示学习的重要手段，对药物预测与发现具有积极意义，未来有望显著加快医学发现进程。基于大模型的"预训练+微调"范式在充分提炼海量医学数据中的有效特征，并将其迁移应用至新疾病、新药物等方面，已发挥巨大作用[2]~[4]。通过分析大量的医学数据，大模型可以习得不同医学学科的专业知识，

---

[1] 参见论文"ChatGPT-Reshaping Medical Education and Clinical Management"，发表于 2023 年。
[2] 参见论文"BioMedGPT: Open Multimodal Generative Pre-Trained Transformer for Biomedicine"，发表于 2023 年。
[3] 参见论文"PanGu Drug Model: Learn a Molecule Like a Human"，发表于 2022 年。
[4] 参见论文"Joint Generation of Protein Sequence and Structure with RoseTTAFold Sequence Space Diffusion"，发表于 2023 年。

如放射学、病理学和肿瘤学，为跨学科综合性疾病、疑难杂症的诊治带来机遇。

（六）实现慢性病智能化管理与决策，应对老龄化挑战

随着我国老龄化进程的加速，慢性病（如糖尿病、心脏病、癌症等）的健康咨询与管理会给社会化医疗带来巨大成本。慢性病管理、健康咨询、用药咨询等可以通过个人自助、聊天问答等形式实现。经过慢性病与健康知识增强的 ChatGPT 等大模型能够较好地胜任此类任务。相比于医学诊治，慢性病与健康管理多属于健康建议，对精确性要求相对较低，很多时候给出原则正确但相对模糊的答案是可以令人接受的。例如，患者咨询如何降血脂，ChatGPT 通常会回答"饮食调节、运动锻炼、戒烟限酒、控制体重"等。如果将用户个人信息与 ChatGPT 能力结合，有可能进一步实现个性化健康管理，引导大模型产生与患者信息高度契合的健康建议。ChatGPT 等大模型还可以与各类健康设备（如具有心率和血压检测功能的手表）协同，实现更加智能的实时健康监测与提醒。

二、大模型驱动的智能医疗新范式

（一）人工智能应用的两种典型技术范式

在人工智能与各行业应用深度融合的过程中，形成了数据驱动的机器学习和知识驱动的符号计算两种典型的技术范式。数据驱动范式主要通过样本拟合习得统计模型，以求解实际问题，是践行人工智能联结主义思想的主要形式之一。知识驱动范式主要通过构建符号化表达的知识库，以形成推理能力来解决问题，是践行人工智能符号主义思想的主要形式之一。两种范式各有优劣：数据驱动范式能够充分捕捉海量数据中所蕴含的隐性特征，基于深度学习的端到端学习与自监督学习进一步降低专家特征工程与样本标注成本；知识驱动范式擅长符号推理，过程可解释、可干预，在环境封闭、规则明确的应用场景中取得了较好的效果。二者均对机器认知智能的发展具有积极作用。

（二）大模型驱动——智能医疗新范式

两种典型的技术范式在实际应用中仍存在问题。以知识图谱为代表的知识驱动范式以显式的符号表达知识，但难以表达专家经验及常识知识。传统的统计模型以小规模参数化模型为主，但难以对复杂世界、复杂业务进行完整和准确的建模。大模型在一定程度上能够缓解上述问题。大模型从海量语料中习得知识，包括常识知识、世界知识、专业知识等，从而完成对复杂世界的完整建模。大模型是基于大规模深度神经网络（如 Transformer）训练出的统计模型，能够准确反映建模符号的统计关联，完整地表达蕴含于文本中的隐性知识，对于再现领域专家的直觉推理能力具有重要意义。大模型有望成为传统的数据驱动范式与知识驱动范式发展的最后归宿。具体到医疗领域，大模型将成为医疗认知智能的重要基座。

三、大模型为医疗智能化带来的新机遇

（一）知识容器

大模型是巨大的参数化知识容器。大模型由海量语料自监督训练而来，从知识角度来看，可以将其视作一个巨大的参数化知识容器，即以参数化形式编码数据中蕴含的知识容器。之所以将大模型视作知识容器而不是知识库，是因为知识容器在知识的获取方式上不如后者直观。大模型中的知识获取必须经历特定的知识诱导，即构造合理的问题作为提示，才能获得所需结果。而传统知识库（如知识图谱）中的知识通常是符号化表达的，有明确的语法与语义结构，可以通过明确的查询语言或者应用程序接口实现，如图 1 所示。

大模型的参数化知识表达是造成上述差异的根本原因。当前，大模型多是基于 Transformer 架构进行训练的，不同大模型的架构略有差异，其本质均是多层深度神经网络，具有数亿个至千亿个参数。虽然研究者努力尝试解释深度神经网络的内在结构与运行机理，但其总体上仍是"黑盒"。这从根本上决定了与传统知识库相比，大模型在可理解、可解释、可编辑等方面存在不足。此外，大模型和知识图谱在表达形式、知识内容、知识特性等方面都存

在本质区别，见表1。例如，知识图谱中的三元组使用符号来表达，易于理解和编辑（增、删、改、查），因此具有较高的可控性；而大模型中的参数化知识难以编辑，很难胜任对可控性要求较高的应用场合。又如，知识图谱推理主要使用符号推理，而大模型是一个统计生成模型，其推理过程主要使用概率推理。

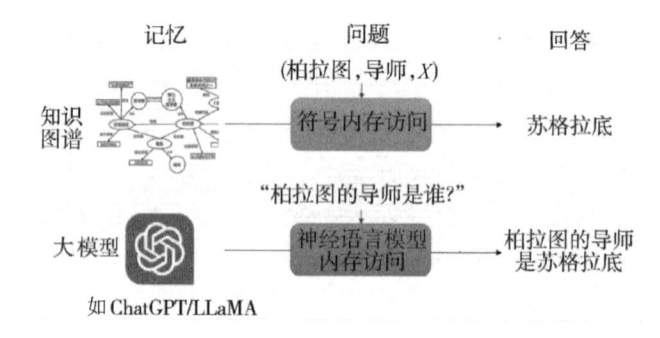

图 1 知识图谱与大模型的知识获取方式的差异

表 1 知识图谱与大模型的对比

对比维度	大模型	知识图谱	说明
表达形式	参数知识	符号知识	大模型的知识以参数形式存在于模型的权重中，包含网络中的连接权重，无法直接以符号的方式表示。知识图谱是一种基于符号的结构化知识表示方法，用节点和关系来描述实体的关联
知识内容	通用知识	通用知识、专业知识	大模型的训练数据通常来自互联网或大规模文本语料库，因此它包含的知识是广泛和通用的，涵盖了语言知识、常识知识及各领域相对宽泛的知识。知识图谱的知识内容通常针对特定领域或专业，如医学、法律、金融等，包含了相应领域的概念、属性、关系和规则
知识特性	隐性知识	显性知识	大模型本质上习得了语言符号的概率分布，以参数化形式表达了语料中蕴含的知识，可以视作一类隐性知识表达。知识图谱是一种基于符号的结构化知识表示方法，通过概念、实体、属性和关系等形式来表示知识。知识图谱中的知识是以显性的符号化知识表示的，遵循一定的结构和规范

（续表）

对比维度	大模型	知识图谱	说明
知识获取	统计生成	直接读取	大模型需要通过构造问题或提示获取相应的知识，需要知识诱导过程。知识图谱则可以通过图查询语言（如Gremlin）或者RDF查询语言（如SPARQL）得到相应的知识
知识推理	统计推断	符号推理	大模型是一种统计模型，其推理过程本质上是统计推断，比如根据给定的上下文预测某个词在该上下文中出现的概率。知识图谱中的推理是一种典型的符号语义推理，比如根据概念图谱进行上下位关系推理，根据规则进行推理，根据图谱中的路径进行推理
能否编辑	难编辑	可编辑	大模型一旦习得特定的知识就往往难以编辑。大模型习得的知识以一种分布式方式隐藏于相应的深度神经网络中，难以定位，给相应的知识编辑带来巨大的挑战。知识图谱作为一种显性的符号知识可以直接进行存取与编辑，可以通过手动或自动的方式向知识图谱中添加、删除和修改实体、属性和关系，实现知识的编辑和更新。因此，相比于大模型，知识图谱更容易编辑知识
能否理解	难理解	易理解	大模型多是通过Transformer等深度神经网络进行训练的，其内在机制难以理解、不透明，大模型的黑盒特性仍然需要较长时间的研究。知识图谱中的知识以直观的实体、属性和关系的符号形式存在，可以通过可视化和结构化的方式清晰地展示和解释知识
能否控制	不可控	可控	作为统计模型，大模型的行为呈现出一定的不确定性，比如生成式大模型的生成结果往往难以控制，容易产生与给定约束相违背的内容。生成式大模型还容易产生幻觉问题。总体而言，大模型的行为可控仍然是一个具有挑战性的目标。相比之下，知识图谱对用户来说是完全透明可控的，用户可以按照需要对其内容进行相应的调整

(续表)

对比维度	大模型	知识图谱	说明
能否防护	难防护	易防护	大模型一旦习得隐私敏感、安全攸关的数据或事实，就以一种分布式的方式隐藏在整个深度神经网络中，很难彻底清洗，容易在使用中泄露相应的数据或事实，从而导致大模型的滥用或误用。恶意用户仍然可以通过特定方式诱导出敏感信息。相比之下，知识图谱中的知识很容易做到授权授信与分级管控，是易于防护的

医学知识表达需要知识图谱与大模型相互补充。医学领域知识密集且不断发展，包括诊断、治疗、药物、疾病等方面的信息。大模型可以通过海量医学文献、专业书籍和其他来源的内容，学习医学领域的各种概念和知识，从而具备回答医学问题的能力。显然，医学领域应用对于知识的可控、可编辑、可理解等具有较高的要求，因此知识图谱等传统知识库是不可或缺的。医学大模型编码的隐性知识可以作为医学常识的容器，对医学知识图谱具有显著的补充作用。总体来说，医学领域知识仍要以医学知识图谱为主，以医学大模型为辅，才能满足严肃应用的要求。

通用大模型的通识能力是实现医疗专业认知能力的前提。通用大模型基于来源多样的语料进行训练，具备较强的通识能力，可习得不同学科的知识。这种通识能力对于大模型理解开放世界的文本和数据至关重要，是各类垂直领域专业认知能力的前提。当人类理解某个概念时，包括理解该概念范畴的内涵与外延。例如，在日常诊疗过程中，很多情况下医生要排除其他疾病的可能性。换句话说，要想理解疾病，必须首先理解健康。这种"先通识、再专识"的智能实现路径与人类的教育过程极为相似。医疗相关的垂直领域认知必须建立在具备通识能力的大模型基础之上。

（二）能力引擎

大模型具备人类水平的认知与思维能力。人类认知是极为复杂的过程。从这个角度试图对 ChatGPT 的认知能力进行详尽的分类与分析，是极具挑战性的。就目前大量存在的评测而言，ChatGPT 类大模型已经具备了语言理解、逻辑推理、常识理解、概念理解、运筹规划、评估评测、组合泛化、价值判断、自识反思、问题求解等一系列普通人的思维与认知能力，在实际应用中呈现出较为出色的对开放世界的理解能力、组合创新能力和评估能力。大模型具有出色的对开放世界的理解能力，如对于任一病种，其均能通过大量文献习得相关的基础知识。大模型的组合创新能力即在经过足量常见任务的指令学习后，能够胜任新的组合任务。例如，大模型可同时学习放射报告和对应的 X 射线图片，从而根据医学影像图片自动生成对应的放射学报告，以减轻放射科医生的工作压力[1]。目前，大模型的组合创新能力已经远超人类认知水平，迫使人类重新思考创新的本质。大模型的认知水平逐渐增强，使其能够代替人类专家开展一些专业的数据标注、样本解释等评估性任务，极大地降低传统小模型训练的样本标注成本。反之，也正因为大模型自身的评估能力日益增强，未来需要的样本标注水平将日益增长。换言之，对于简单的样本标注工作，大模型完全可以胜任；对于大模型本身的优化，则需要更高水平的人类来标注。

（三）自治智能体

大模型将显著提升自治智能体的认知水平。真实医疗场景中的任务复杂，传统智能体需要多次交互才能够给出医学建议。基于大模型的自治智能体如图 2 所示，其拥有海量的参数化知识与认知能力，与传统智能体相比具有显著优势，主要体现在以下几方面。一是更强大的世界模型构建和感知能力。大模型拥有大量的参数化知识，为基于大模型的智能体在理解世界及其复杂性方面提供了强大基础。二是处理复杂任务的能力。利用大模型的复杂规划和决策能力，基于大模型的自治智能体能够处理各种复杂任务，在各领域都表现出了显著的通用性。三是高级认知和思考能力。大模型展示出了类人的理解能力，在处理抽象概念、推理、理解复杂上下文等方面能力更强。四是更好的交互性。大模型赋予智能体更好的语言处理能力和更丰富的交互方式，从而实现更为流畅和自然的人机交流。从大模型向自治智能体发展的过程，有待进一步增强规划与决策、自我监督学习、

---

[1] 参见论文 "Multimodal Image-Text Matching Improves Retrieval-Based Chest X-ray Report Generation"，发表于 2023 年。

理解人类社会的复杂目标与价值、安全与伦理管理、多模态人机交互与协作能力。

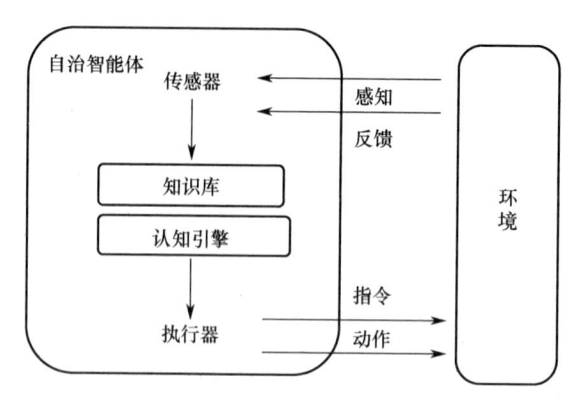

图 2 基于大模型的自治智能体

四、大模型在医疗应用中的局限

（一）难以仅从文字记载中习得专家经验

医疗是一类典型的严肃、复杂的应用场景，对大模型的准确性、精确性、安全性、可靠性、认知能力均提出了更高的要求。所谓严肃，是指医疗领域对错误的容忍度非常低，对合规性要求非常高。同时，医疗是一类复杂的应用场景，如医生在对患者进行诊断时，不仅要考虑过往病史，还要通过场景判断患者所述是否属实。医疗专家多凭借自身经验（通常属于隐性知识）解决问题。大模型难以仅从文字记载的数据中习得经验，与资深医疗专家水平仍有差距。同时，大模型为医疗领域带来新机遇。首先，大模型对患者与病情的认知在广度上远超人类专家。在医疗诊断过程中，医生很难完整地对患者的病史进行全面的询问，往往在信息不完整的前提下做出决策，而大模型能掌握相对完整的信息。其次，大模型对跨专科的病情认知能力远超人类专家。在临床实践中，亚专科医生往往过于专注本领域的疾病谱，很难对其他亚专科疾病进行诊断，可能产生漏诊和误诊。而医学大模型有望为漏诊或者罕见病症的诊断给出提示。

(二)无法辅助解决真实工作场景中的复杂决策任务

以大模型为核心的人工智能技术在医学中的应用定位仍然是辅助决策。ChatGPT 类大模型在开放环境中实现人机对话，但开放聊天无法辅助解决真实工作场景中的复杂决策任务。例如，在疾病诊断方面，医生会根据患者的收入和医保情况制定个性化的诊疗方案。要胜任此类工作，需要智能机器具备丰富的专业知识、合理的角色定位、病情病势病理研判能力、复杂约束取舍能力、不完整信息下的推断能力等。大模型要从聊天能手转变为医学专业助手，仍需要经历漫长的优化过程。

(三)幻觉问题

医疗关系到公众生命健康，对错误零容忍。任何人工智能技术都必须具备系统性的解决方案，才能满足医学上严格的准确性和精度要求。目前，生成式大模型是生成式人工智能领域的主流，而生成式大模型本质上是概率模型，仍有产生错误的可能。例如，甲氧氯普胺的主要成分是甲氧氯普胺，而不是 ChatGPT 回答的天然气孔草酮，如图 3 所示。大模型看似严谨的回答可能存在基本事实错误，在应用时仍然要付出极大的代价来判断信息的真伪，增加了应用成本。幻觉问题是大模型落地垂直领域应用不可避免的问题。

提问	ChatGPT 回答
甲氧氯普胺的主要成分是什么？	甲氧氯普胺（Gastrondin）是一种用于治疗胃肠道问题的药物，其主要活性成分是"天然气孔草酮"（Gastrodigenin），这是从中药材天麻中提取的化合物。

图 3　ChatGPT 回答医疗领域问题

造成大模型幻觉问题的原因主要有三方面。首先，大模型先天能力不足，即训练不充分。大模型训练语料有限和轮次有限都会导致学习不充分、知识有限、推理受限等问题。其次，实际任务往往形态复杂，并被表达成复杂指令，大模型对复杂指令的理解能力有限，进而产生幻觉。最后，大模型对特定领域知识的理解能力有限。由于专业领域知识相对难获取，大模型对某些专业知识的掌握能力有限，产生相应的幻觉。

五、医学大模型发展建议

（一）丰富通用大模型的医学专业知识

大模型在医学领域的知识仍然相对匮乏。通用大模型虽然具备宽广的知识底座，但深度不足。例如，由于缺乏心肌梗死的相关知识，ChatGPT 无法胜任诊疗任务，只能给出相对宏观的建议（如控制饮食和体重），如图 4 所示。总体来说，通用大模型所训练的语料对医学知识的涵盖仍然相对有限。目前，公开的医学语料主要包括医学书籍和文献。但是，大量医学临床数据，如电子病历和医学检验检查，由于私密性较高而难以获取。为了解决该问题，一方面要针对隐私敏感数据私有化训练与部署医学大模型，同时进一步提升医学语料的体量与质量，尤其要注重医学隐私数据的及时清除、电子病历与医学检查单据的语料化等。另一方面，要注重医学领域结构化知识的利用。医疗领域已经建立了许多大规模的医疗、疾病、医药与健康知识库，应积极探索并有效利用结构化医学知识，进行从通用大模型到医学专业大模型的训练。大模型所习得的内容也是一种知识，如果能充分地利用知识库中已有的知识，就可以降低大模型习得这些知识的门槛与成本，减少专业大模型对大规模高质量语料的需求。目前，通过设计领域知识特异的自监督任务、增强预训练过程引导大模型习得专业性较强的领域知识，已取得一定的研究进展，值得医学领域借鉴。

提问	ChatGPT 回答
一个病人双侧膝关节疼痛两年，核磁共振显示双膝退行性骨关节病，部分关节软骨缺失，以内侧股胫间式为主，双膝关节滑膜稍增厚，关节周围软组织肿胀，少量渗液，右膝关节后方游离体形成。追问病史，患者 3 月前患"急性心梗"。根据上述病史，应该选择什么样的诊疗方式？	在这种情况下，根据患者的病史和核磁共振结果，可能需要综合考虑多个方面来制定诊疗方案。请注意，我不是医生，以下只是一些建议供您参考。 疼痛管理、非处方药物、物理疗法、关节保护、控制饮食和体重、药物治疗、手术干预、心血管健康管理。这需要在医生的指导下进行。

图 4 缺乏医学专业知识的 ChatGPT 难以给出具有专业深度的答复

(二）提升大模型对医学复杂数据的理解水平

目前，大模型在自然语言处理与自然语言理解等任务方面取得了较好的效果。能够处理多模态数据的大模型也在快速发展，但其在理解专业图像、表格、复杂文档结构等方面仍然存在局限性，如在处理基因/蛋白质序列、小分子结构、化学公式、病理图片、分析报告等专业数据方面能力有限。医学领域存在大量复杂的诊断单据、医学影像、医学病历，呈现出多模态融合、布局复杂多样、手写体与印刷体混杂、富含数值表达、嵌套结构等特点。医学数据是一类极为复杂的数据，在大模型训练和应用两个阶段需要应对医学数据的高度复杂性。首先，需要面向复杂医学数据的预训练机制开展相关研究，特别是结合医学数据的特点设计相应的自监督学习机制，如在蛋白质与小分子结构预训练中应体现其化学特性、生物特性。其次，要在文本之外设计针对文档布局、多模态、数值表达的学习机制，以引导大模型习得文本之外的复杂数据语义。在这个过程中，不同模态数据的对齐非常关键。

(三）提升大模型对外部医学工具的规划与使用能力

大模型难以独自解决现实问题，仍需与各类信息系统（如医学数据库、知识库、文献库等）、专业医疗系统（如医学影像系统、医学检测系统）和医疗设备（如手术机械臂）等工具协同。不同外部工具的功能各异，API 也不同。为此，要进一步提升大模型的 API 理解与规划能力，将复杂任务拆解成细分任务，并调用相应的专业 API 完成任务。目前，AgentGPT、MetaGPT 等开源项目均在推动将大模型作为智能体调用多种 API 的能力。其次，需要提升大小模型的协同水平、通用模型与专业模型的协同水平。很多处理专业任务的医学系统是专业小模型，如医学影像检测模型可能是百万参数的卷积神经网络模型。可以先将复杂任务分解为一系列细分任务，再应用通用大模型完成通识类语言理解任务，应用专业小模型完成专业医学任务，组合形成最终方案。发挥大小模型各自的优势，是未来以大模型为核心的智能化解决方案的基本思路。

（四）提升大模型的同理心与共情能力

医生与医疗机器人的最大区别在于医生不仅具备医学知识和专业技能，还具有作为社会人的同理心和情感。医患沟通不只限于简单的信息传递。患者就诊时特别渴望医护人员的关爱和体贴，因此对其语言、表情、姿态和行为方式等更加敏感。例如，在患者家属伤心时，如果机器人询问对方是否要听一个笑话，将引起极大的反感。再如，在向患者传达信息时，"30%的改善机会"可能比"70%的失败机会"更易被接受。医生的同理心是医患沟通、传递治疗决策、取得患者及其家属配合的重要前提。因此，大模型不仅需要具备专业知识和能力，更需要理解人类通过语言所传达的情感和心理状态，并给出合理、富有同理心的答复，才能胜任医疗应用。目前，需要适度提示大模型，才能使其生成看似共情的回复。然而，总体而言，大模型在稳定、更人性化地进行共情对话，兼顾医疗答复的精准性与体贴性等方面仍然有待进一步研究。

（五）提升大模型的解释能力

主流大模型是基于 Transformer 构建的深度神经网络，但深度模型的不透明、难理解、难解释是限制其应用的主要问题之一。医疗系统面向患者或医生，对可解释性有较高的要求。患者需要得到关于医疗方案的更多解释，而非单一的结果。医学理论家一直尝试揭示疾病机理、药理，建立医学诊治理论体系，其本质上都是对可解释性的追求。医疗应用对大模型的可解释性要求较高，生成的解释必须合理合规（正确且完整）、有理有据（援引适当的专业权威指南、手册）、浅显易懂（以普通患者易懂的方式）、逻辑清晰（前后一致，与患者的个体信息相吻合）、层次分明（详略得当、条分缕析）。大模型的可解释性不仅在人机交互中具有重要作用，对大模型的安全性、可控性等也有决定性的影响。在某种程度上，正是大模型的"黑盒"特性导致其不可控。大模型的可解释性内涵丰富，需要从生成结果、生成过程、模型机理、训练过程、数据特性、参数影响等多个维度进行提升。

(六)提升大模型的可控编辑能力

医生和患者都希望寻求确定性结论,这对智能系统的可控性和可编辑性提出了较高的要求。大模型本质上是统计模型,一旦习得某个事实,便较难修改(更新)、删除这个事实,无法从根本上实现知识的可控编辑。然而,在医学场景中,1%的错误可能都是难以接受的。与此高度相关的一个问题是大模型的信念修正。目前,大模型在信念方面会犯两种典型错误:一是随着用户的不同反馈而产生信念摇摆;二是虽然用户反馈了错误,但其仍坚持错误。这两种错误都关乎大模型的信念修正或信念编辑问题,既要改变其错误信念,又要坚定其正确信念。为此,需要深入研究大模型与知识图谱深度结合的方案,利用知识图谱的可控、可编辑等优点,弥补大模型的不足。

(七)实现医学大模型的持续更新与自我提升

医学领域的基本事实不断发展,对医学大模型的及时更新提出了较高的要求。需要将新的医学进展(如新药、新治疗方案)及时融入大模型,以提醒医生采取更优的治疗方案。除了基于外部文献的更新,大模型能否根据专家反馈进行自我提升与迭代优化也十分重要。医学专家拥有丰富的专业知识和临床经验,其反馈信息对于提高医学模型的性能至关重要:一是可以帮助模型修正错误,提高诊断和决策的准确性;二是可以帮助模型跟踪最新进展,持续优化和更新;三是可以识别模型在临床中可能出现的错误,消除不确定性。

(八)建立面向医疗应用的大模型评测体系

大模型经过客观评测后才能付诸医学应用,应建立面向医疗应用的大模型评测数据集、指标体系和方法,以下三个方面值得特别关注。一是除了大模型应用评测,面向大模型训练过程的评测也同样重要。医学大模型的训练过程涉及众多因素,如自监督学习任务的设计、不同类型数据的配比、关键训练参数的设定、医学大模型应用效果与其"炼制"工艺中的关键参数关系等,均需要合理评测。二是训练数据集本身的评估评测。尤其要注重从用户隐私、政治偏见、性别、人种、地域歧视等方面建立数据集的安全性与合规性评测体系,从源头上确保大模型合规、安全。三是兼顾知识评测与能力评测。目前，大模型评测主要针对其掌握知识的程度。但医学大模型要在实际应用中发挥价值，必须能够胜任真实医疗场景中的复杂任务，如读取病理片、分析检查报告、书写病历等，因此评测时要兼顾知识和能力两个方面。

（九）实现医学大模型的持续演进

基于大模型的自治智能体，必须具备持续学习、进化演进的能力。人类医生经过丰富的临床实践才能胜任工作，基于大模型的自治智能体也要通过在虚拟环境中成长、与物理环境交互等模拟人类实践。在医学元宇宙等技术的推动下，医学智能体的虚拟成长环境得到完善。可以预见，大模型驱动下的智能体将在医学元宇宙等虚拟环境中快速进化。在这个过程中，要注重虚拟环境与现实世界的同步。目前，通用的具身多模态大模型已经在日常生活场景中取得一定的应用效果，利用大模型的规划和思考能力使其能够较好地操控机械身体来完成日常工作，如冲调咖啡、清洗餐具等。未来，大模型能否操控专业的手术机器人也将成为重要的研究课题。"身心一体"的医学智能体（具身化大模型）在一定程度上可以被视作医生，具备在现实世界演进的可能性。当然，将虚拟环境和现实世界的反馈内化为驱动大模型演进的动力的相关研究仍然面临挑战，医学大模型仍要经历持续演进，才能接近医学专家的水平，如图 5 所示。

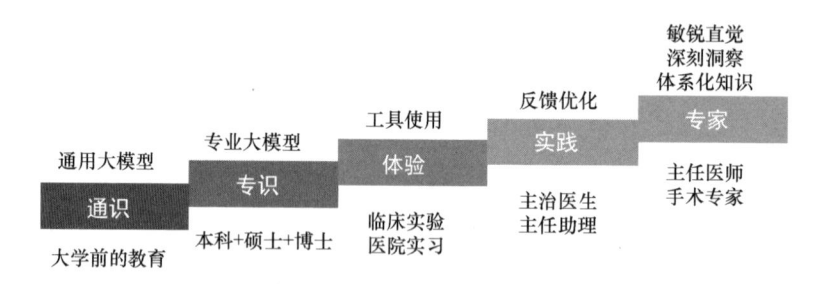

图 5　医学大模型的持续演进

（十）提升大模型的医学推理能力

只有进一步提升大模型的医学推理能力，才能实现更好的医疗决策。医学专家诊断疾病的过程有一套严密的诊断逻辑、排查过程、治疗策略和偏好习惯。这种专业推理能力是当前的通用大模型所不具备的。除了专业推理，日常推理也是大模型需要进一步完善的。有研究表明，GPT-4 在侦探类推理任务中的表现远逊于人类。在疾病诊断中的推理是按照症状、检测指标等线索推断病因，与侦探类推理任务类似。专业医生在诊治过程中的推理过程往往融合直觉性质的日常推理与传统的形式推理，能够根据患者的具体情况完成不同形式的推理。此外，还需要注意在日常健康咨询与疾病诊治时中西医思维方式与推理方式的差异。

（十一）提升大模型的安全性

相比于通用大模型，医学大模型对输出内容的安全性有更高的要求，医学领域的规章制度、医学伦理合规、用药安全、计量准确等方面对输出内容的要求都极为苛刻。提升大模型的决策合规性尚需深入研究。大规模生成式语言模型的生成内容在精准度与逻辑合理性等方面仍与人类专家存在显著的差距。此外，医疗决策反映出不同的社会文化与伦理，大模型应对"普世价值"、道德规范等有一定理解，才能辅助医生进行决策。

（十二）提升大模型的可靠性

大模型是一种概率统计模型，难免出现事实错误、逻辑错误等问题，存在安全隐患，例如较难针对药物剂量安排给出精准的答案等，其可靠性有待进一步提升。由于医疗领域对错误零容忍，因此需要制定大模型的兜底方案，特别是人机结合的综合方案，由人类专家对大模型的错误进行审核与纠正。

（十三）提升大模型的稳健性

大模型的输出内容受到输入指令的影响。这个问题在多模态输入时更为严重，例如，患者的医学影像在不同色差下可能会使大模型产生不同的决策结果。这种对输入扰动、输入噪声的敏感性，是大模型亟待解决的问题。在疾病诊断过程中，患者可能使用模糊甚至错误的医学词汇描述病情，这就要求模型对非专业描述的输入具备一定的理解能力，防止因判断偏差和方差过大造成错误诊断。同时，大模型应该具备抗攻击能力，即在接收到恶意注入的特殊提示词汇时，仍能正常工作，给出符合事实的答案，这也是提升医学大模型的稳健性需要关注的问题。

（十四）提升大模型的公平性

大模型的公平性问题包含多个方面。训练数据分布不均匀带来的大模型偏见是首要问题。大模型的学习语料往往存在较严重的分布偏差。医疗数据本身可能分布不平衡，例如地方病在不同地区语料中的丰富程度不同，欠发达地区的医疗数据可能相对稀缺。这都会造成大模型呈现出不公平的特性。虽然我国的医疗数字化发展基础较好，但也要充分关注各地区间发展不平衡的问题。

（十五）加强数据与用户隐私保护

ChatGPT 从海量数据中学习，其生成内容中可能包含个人隐私信息，在生成答案的过程中，存在个人隐私泄露风险。在使用大模型的过程中，用户提交的问题也可能涉及隐私。一方面，应该在数据源头加强治理，确保患者的隐私数据不参与训练；另一方面，模型服务方应在患者明确授权的前提下采集用户数据。大模型的隐私防护困难，与大模型内在机理的不透明高度相关，需要进一步加强大模型的内在机理与可解释性研究，以提升隐私安全的防护水平。

（十六）提升大模型的人类价值对齐能力

在医学和伦理问题上，专家们可能存在不同的观点。大模型面临的难题是如何在不同专家的观点之间保持客观，同时提供有用的信息，帮助用户理解不同的观点并做出判断。某些医学伦理问题存在"边缘地带"，如安乐死、基因编辑等。这些问题可能涉及道德、法律、文化和宗教等多个维度，在不同的社会和文化背景下的人可能对这些问题有不同的看法。大模型需要避免倾向性，同时提供关于不同价值观和观点的信息，以帮助用户形成全面的理解。一个具备共情能力的医学模型能够更好地理解患者的情感、痛苦及需求，从而提供个性化的医疗建议和支持。医学模型应该能够从患者的言语、语气和表情中识别和理解其状态，从而更好地回应患者的情感需求，大模型需要准确对齐医患的偏好、价值观、道德倾向与情感诉求。

医疗行业的智能化发展走上由大模型驱动的技术路线势在必行。大模型为医疗智能化提供了强大的通识知识基础和高级认知能力，是实现医疗认知智能的基础设施。然而，大模型仍然存在幻觉等问题，难以直接胜任医学领域的复杂决策应用，需要多方面优化才能使其成为推动医疗行业高质量发展的先进生产力。未来，应进一步发展以大模型为核心的数据驱动、以知识图谱为代表的知识驱动深度融合的双系统认知范式，加强与重视医疗大模型的数据治理与认知评测。

第 3 篇
产业篇

以生成式大模型为代表，人工智能发展迅速，渐有酝酿成技术革命之态势。这样一场技术革命所带来的生产力革命和产业升级是任何企业、国家所不能错失的。如何发展以大模型为代表的生成式人工智能，如何推动人工智能与实体行业的深度融合，是本篇希望回答的问题。

反思过去两年我国大模型产业的发展，先后经历了百模大战、千模竞技、To B 与 To C 之争、价格战等一系列热点事件。ChatGPT 一经推出，就吸引了众多跟随者，几乎所有的人工智能头部企业都进入了大模型的竞争赛道。百模大战、千模竞技是当时的真实写照。《不要让大模型变成一场华丽的烟花秀》就是在这样的背景下完成的。大模型是作诗聊天，还是做事解决问题，本质上是大模型的 To B 与 To C 之争。事实上，大模型带来了一场基础技术革命，将广泛影响人类生产与生活的方方面面。To B 与 To C 都是大模型的变现赛道。由于 ChatGPT 率先在消费者市场发力，现在对于大模型能否在企业服务市场中发挥作用还认识不足。《大模型产业发展：机遇、挑战与未来展望》和《走向千行百业的大模型》就是在这个背景下完成的。到了 2024 年，大模型厂商纷纷降低价格，价格战打响，市场抢夺进入白热化阶段。《大模型竞争下半场》就是以价格战为契机对大模型产业发展的中场进行盘点的。

以大模型为代表的人工智能产业发展是数字经济发展的重要组成部分，同时在整个数字经济发展过程中起到了引擎作用。为此，在《大模型行业落地的问题与对策》和《推动大模型与实体产业深度融合发展》中对大模型与数字经济之间的关系进行了思考和解读。

大模型为各行业的高质量发展带来了哪些新的机遇？大模型如何在千行百业落地生根，会遇到哪些问题，又如何应对？围绕这些热点问题，选择工业（《大模型赋能工业智能化的机遇与挑战》）、医疗（《ChatGPT 能够代替医生看病吗》）、教育（《知识图谱与大模型在教育智能化中的探索、实践与思考》）、海洋碳汇（《人工智能技术的进展及其在海洋碳汇中的应用初探》）、传媒（《生成式人工智能给传媒行业带来的机遇与挑战》）、数字人文（《大语言模型赋能数字人文建设》）、人力资源（《人工智能变革下的人力资源新变局》）等领域阐述了大模型带来的新机遇以及遗留的新问题。最后，以《大模型的发展趋势及展望》对大模型产业发展进行了总结与展望。

不要让大模型变成一场华丽的烟花秀[①]

自 2022 年 11 月 OpenAI 发布 ChatGPT 以来，国内外人工智能产业界掀起了轩然大波，一场以生成式人工智能为核心的通用人工智能产业风暴席卷而来。国内相关研发机构与企业纷纷跟进，投入巨大资源发展类 ChatGPT 的各种大模型与产品。据不完全统计，在 ChatGPT 发布后的短短 4 个月时间里，国内已经有至少 30 个研发机构与企业纷纷推出自己品牌的大模型与相关产品。一时间，整个产业圈热点纷呈、争先恐后，"类 ChatGPT" 漫天飞舞，"国内首发" 比比皆是，资本市场闻风而动、风起云涌。然而，越是表面热闹，越容易掩盖内里的空虚；越是噱头不断，越需要冷静地思考。热闹景象背后是一系列令人担忧的问题，只有不断发现问题、总结问题、解决问题，才有可能保障这个产业健康有序地发展。

作为亲身经历者，我们正在见证着由通用人工智能所带来的前所未有的技术革命。通用人工智能是人类历史上第一次关于智能本身的革命。历次技术突破只是人类智能的产物，而唯独通用人工智能是"智能"本身的革命。我们有可能在人类历史上首次见证一个全新智能物种的出现，它具备人类水平的智能，甚至有可能超越人类的智能。这样一种关乎智能本身的革命是一种元革命，是历次技术革命难以比拟的。我们见证了生成式语言模型席卷全球，以 ChatGPT 为代表，其在两个月之内吸引了数亿名用户；我们见证了 Midjourney 以假乱真的图文生成；我们甚至见证了谷歌发布的 PaLM-E，第一个多模态的具身的大规模语言模型，它能够用语言模型操控机械臂并完成复杂的操控任务。机器已经从单纯的模拟人类大脑的智能逐步发展到与身体相结合的智能，这将引发机器智能持续的、连锁的革命。如果机器智能仅限于实现人类的大脑，即便是超级大脑，其作用也仅限于逻辑世界，只能起到辅助决策作用，但是一个武装了身体的大脑，就完全具备对物理世界进行肆

[①] 2023 年 5 月，本文发表于澎湃新闻"未来 2%"专栏。

意改造的可能。出于保障人类安全的考虑，必须足够重视通用人工智能，极力规范与控制其发展。

这一波通用人工智能产业浪潮始于大规模生成式语言模型，也就是人们常说的大模型。国内各大人工智能厂商纷纷发布自己的大模型，可以说是热点纷呈。以往人类历史重大事件的发生一般会用年、月作为度量单位，从来没有像今天这样，需要以天为单位来记录某个变革事件。这一现象本身就意味深远，人类社会可能已经经历了未来学家们曾预言的奇点时刻，回过头来看，这可能是人类历史发展史上非常重大的历史事件。我们也看到了诸多产业界巨头纷纷布局自己的大模型战略，可以说"不入局，就出局"已经成为人工智能企业发展的基本态势。

大模型的诞生宣告了整个人工智能进入全新的重工业时代。回顾人类历史上的历次技术革命，多始于初始的相对低级的"手工作坊"模式，经过漫长的发展周期，最终形成了成熟的重工业发展模式。比如纺织业，早期的纺织业是典型的家家户户都可以从事的手工作坊模式，为了进一步提高质量与扩大规模，最终演变成重工业化的生产模式。人工智能产业发展也正在经历这样的模式转变。传统的人工智能产业发展多采取面向场景与任务进行有针对性研发的模式，需要精心地设计、审慎地论证，需要领域定制与客户适配，很难形成通用的产品或平台。但是，随着通用人工智能的发展，使用大模型作为统一底座，再经领域知识注入、任务指令调优、人类价值对齐，就可以形成解决领域中特定任务的求解能力，并具备一定的伦理与价值安全性。这种统一架构、统一范式是人工智能技术规模化的强劲推进器。这样一种新的生产模式完全是重工业化的生产模式。我们要投入大量的人力，使用大量的设备、数据去"炼制"一个重型装备，这就是起着底座作用的大模型。底座大模型作为智能的通用平台赋能各种各样的应用。

重工业化的人工智能有三个鲜明的特征：大模型、大算力和大数据。

1. 大模型（大模型的名称本身表达的就是大规模参数化的模型）

作为人工智能最为重要的分支之一，机器学习旨在让机器模拟人类从经验中进行学习的能力，其在过去二十多年取得了长足的进步，带动了整个人工智能产业的发展。机器学习经历了从传统统计模型到深度神经网络、从单一学习方式到综合学习方式、从有监督到无监督等一系列转变，最终集中呈现在从小模型到大模型的演变上。为什么模型会越来越大？这本身就是一个值得深入思考与严肃回答的问题。20世纪以来，现代科学与人文经过上百年的充分发展之后，变革了人类对于世界的理解，世界图景逐渐从确定性转变为不确定性，认知方式从分析转变为综合，建模范式从线性转变为非线性。这些转变为人工智能、机器学习的进步与发展奠定了必要的思想基础。近十年，数据的充分准备、算力的持续发展，最终为大模型的到来备好了最后的"嫁妆"。可以说，大模型的到来是技术发展的必然。

2. 大算力

随着大模型参数量的持续增长，大模型对算力的需求越来越迫切。算力已经成为大模型玩家的准入门槛，成为制约大模型发展的主要瓶颈。如果说模型和数据都是虚拟化、数字化的软资源，那么算力就是实体化、现实性的硬实力。从本质上讲，数字世界的发展是建立在实体世界的基础之上的。实体世界决定数字世界是二者的基本关系。数字经济的发展与竞争归根结底将是算力的竞争。算力就是国家竞争力，就是企业竞争力。几乎所有的大模型玩家都缺算力，大家要么在买算力，要么在买算力的路上。大模型行业生态中最稳定的赢家必然是算力供应方。夯实算力基础，实现算力自主可控，具有全局战略意义。

3. 大数据

大模型需要数据作为原料。过去的大数据时代为大模型的发展奠定了必要的数据基础。大数据时代的发展为人工智能时代大模型的训练准备了充分的原料，大模型也成为数据价值变现的重要方式之一。传统的数据挖掘与分析方法需要极高的专家成本，需要专家标注样本、设计特征、构建模型、评测模型，才能捕捉大数据的统计规律，构建有效的预测模型，进而实现数据驱动的价值变现。很多甲方客户不单单要出资，还需要积极投入巨大精力输入行业知识。可以说，传统的数据价值变现之路是艰难的，是成本高昂的。而今天，大模型无疑成为数据价值变现最有效的方式之一，使用户不再需要重度参与，就能享受技术价值。躺在若干服务器上"沉睡"的大数据，经过必要的清洗与加工，就可被丢进大模型的冶炼炉里，最终通过训练出的大模型实现行业统一赋能。大模型为数据价值变现蹚出了一条"端到端"（无人干预，至少是无客户干预）的道路，加快了数据价值变现的进程，为数据价值变现提供了一条新路径。基于大模型的数据价值变现给我国数字化转型带来了全新契机。

除了以上三个鲜明的特征，这里想强调一个十分重要但是还未引起足够重视的因素，那就是工艺过程。

工艺过程是所有重工业发展至关重要的因素之一。传统的制造业给过我们很多有益的启发。我国是制造业大国，但在某些领域，我们的制造水平仍然有限，限制其发展水平的往往不是原料和设备，而是工艺过程。也就是说，用相同的生产原料与设备，经过不同的工艺过程会得到不同质量的产品。重工业的高质量发展离不开先进工艺。当前，我国大模型产业发展在数据方面是有优势的，在算力方面是有基础的，在模型方面也不存在什么秘密，唯独有关大模型训练的先进技术过程是我们所缺乏的，是短期之内难以跟上或者超越的，是需要付出巨大代价进行摸索的。几乎所有核心部件的关键工艺过程，比如芯片封装，企业都将其束之高阁并视作最高机密。企业的核心竞争力往往就是成熟的、先进的工艺过程。OpenAI 真正秘而不宣的核心就是它的工艺过程，包括数据配方、数据清洗、参数设置、流程设计、质量控制等，这些工艺过程从根本上决定了大模型的效果。所以任何重工业，包括人工智能，一旦进入重工业模式，都要尤为关注其工艺过程。

放眼世界，我们看到西方世界围绕着大模型已经初步形成相对完整的产业生态。根据 theresanaiforthat 网站（该网站的名称本身就值得玩味——任意一个现实问题或应用总能由人工智能解决）统计，截至 2023 年 5 月 5 日，全球涌现出近 4000 家人工智能创新企业。自 2022 年 9 月以来，新的人工智能企业的诞生数量随着时间呈指数级增长。这些创新企业中有相当数量的是围绕大模型周边产品的生态企业。这些犹如雨后春笋般涌现出的生态企业，多围绕着大模型落地"最后一公里"中的应用痛点问题进行市场定位，解决特定场景的大模型落地痛点问题，以及大模型在行业应用中的痛点问题。可以说，大模型对于整个生态发展的引领与带动作用是巨大的。生态企业的发展进一步反哺大模型自身，周边与核心双向拉通、连锁反应，势必带动整个人工智能产业的发展。可以说，ChatGPT 的出现是人工智能产业发展的分水岭。ChatGPT 之前，人工智能产业处于手工作坊阶段，需要经历漫长的原始积累与技术储备，不断消磨人们的耐心。ChatGPT 之后，人工智能产业进入重工业时代，迎来了快速发展、规模化聚集的新阶段，躬身入局、时不我待或许是当前从业者心态的最真实写照。此刻，即使以全部的热情与精力投身于人工智能辉煌发展的新时代也是不过分的。

反观国内的大模型产业，从表象上看是热闹非凡、模型林立，但是剥开外壳，从内里看是发展无序与内核空虚，不免让人担忧。一方面，国内人工智能产业的所有重要企业与研发机构几乎都纷纷推出了自己的类 ChatGPT 大模型。这说明，大家都意识到了生成式大模型的重要意义，意识到了短板与落后，正在发奋图强，奋力追赶。另一方面，大模型产业发展已经出现一些问题，包括技术路线同质化严重、数据生态不完善、算力掣肘、模型创新有限等。当前的大模型产业发展很像 20 世纪 50 年代的"大炼钢铁"运动，轰轰烈烈的全民大炼钢铁运动造成了人力、物力、财力的极大浪费。大模型产业发展应该极力避免再走大炼钢铁的旧路，需要统一规划、合作协同、立法保障、有序发展和健康发展，避免因全民大炼模型而使大模型成为一场代价高昂的华丽烟花秀。

第一，技术路线同质化严重。比如很多机构都基于 Stanford Alpaca[①]的工艺过程去做底座大模型微调，并利用 ChatGPT 等当前相对廉价的 API（应用程序编程接口）生成数据来喂养自己的大模型。同质化的技术路线导致同质

---

① Stanford Alpaca 是一个 Instruction-following 的 LLaMA 模型，即一个对 LLaMA 模型进行指令调优后的结果模型。

化的大模型。虽然跟随是战略发展的必经阶段,但是绝不能停留在这一阶段,要尽快形成自己的特色与核心,才有可能最终实现超越。

第二,数据生态不完善。我国仍然要以优先发展中文大模型为主要目标。然而,中文大模型的研发生态还存在很多问题。首要问题就是中文数据规模与质量仍存在不足。有数据统计,在互联网公开语料中,中文数据只占百分之一点几,这极大地限制了中文大模型的效果。除规模有限之外,中文数据的质量也存在问题。互联网开放环境中的中文语料数据,其质量远不如深网或者企业内部的数据。然而,中文数据的这些问题本身也孕育着新的机遇。行业数据、企业数据通常较为优质,但大都是私域数据,不对外开放。如何充分利用这些私域数据激发中文大模型的潜在价值,是发展中文大模型过程中值得深思的重要问题。我们已经欣喜地看到一些数据联盟组织(如非营利数据联盟组织:MNVBC)正在积极推动中文高质量数据的汇聚与清洗。总体而言,完善的数据生态需要大家的共同努力。

第三,算力掣肘。英伟达高端 GPU 对中国供应受限,例如新型 H100 显卡对我国禁售。我们的国产算力虽然也很争气,但总体而言,与国外算力仍有差距。这些差距表现在国产算力生态不完善、单核算力总体性能相对较弱、对 16 位浮点数运算等底层计算技术支持不完善等诸多方面。其中,尽快健全国产算力生态尤为重要。从硬件到软件、从厂商到用户,算力生态需要各种角色共同努力与积极营造,才能让国产算力变得更可用、更易用。

第四,模型创新有限。我们现有的模型多依赖国外开源社区的模型实现,在 Transformer 架构的基础上进行微量创新,或者针对特定硬件和底层软件的 Transformer 架构进行优化。如果国外开源社区的模型实现对我们限制,或者存在底层调用链安全隐患,则会给国产大模型产业带来损耗。因此,必须防患于未然,积极发展自主可控的中文大模型开源社区。

针对以上问题,我们应该如何应对呢?我们需要系统性地回应这个问题,需要从数据共享、算力协作、开源生态、人才培养、评测体系、成本控制、应用探索与技术研究等各个方面推动大模型发展。

第一，积极推动数据联盟（数据交易所）的建设，促进优质数据的共享与传播。事实上，我国在数据流通和交易方面还是走在国际前列的，成立了很多数据交易中心、数据交易所。在政策方面，还有"数据二十条"（2022年12月19日印发的《中共中央 国务院关于构建数据基础制度更好发挥数据要素作用的意见》）来保障数据的规范化交易与开放。那么，依托我国相对完善的数据交易体系，为大模型产业发展量身定制相应的数据联盟与交易机制，就是一个值得优先发展的思路。同时，在数据交易的过程中，应该做好顶层统一规划，规范数据格式。大模型发展对于统一规范的数据标准要求尤为迫切，比如统一的语料格式、统一的指令（Instruction）格式、统一的标注数据格式。数据的规范化可以极大地降低大模型的数据治理代价。

第二，大力推动算力联盟的建设，促进优质算力共享与协作。对于大模型产业发展而言，当前算力呈现出分散与异构的显著问题。在实际大模型研发中，GPU（大模型计算的主流算力）往往分散在不同的机房、不同的数据中心，有着不同的网络架构、不同的权限归属，对大模型的分布式联合训练提出了较高要求。传统超算中心往往存在多卡互联带宽不足的问题，制约了算力效能的发挥。迫切需要将传统集群网络升级为使用多卡链接新技术的NVLink、IB等网卡，同时需要加快推进大模型在异构网络环境下的分布式训练等关键技术的研究。对于国产算力，应制定相关政策鼓励发展。总体而言，国产算力可以走一条数量换质量、空间换时间的战略路线。单卡能力不足则通过多卡来提升，以构建更大规模的显卡集群。为显卡设计超一般规格的显存，以容纳更大的模型，避免模型切分，来加速模型训练。大模型的算力发展，也要考虑到我国算力网络建设的整体发展战略。

第三，推动模型实现开源，完善国产大模型的开源生态。在图文生成领域，既有Midjourney这样封闭的公司化运作的成功案例，也有开源社区自发维护和研究的Stable Diffusion模型。并且，开源模型由于参与者众多，结果更可控，应用场景更丰富，模型演化更迅速。图文生成领域的发展，对于大模型的发展具有重要参考意义。唯有开源生态才能对抗以ChatGPT为代表的封闭生态。需要凝聚国内外一切有志于开源运动的力量，形成开放的大模型技术社区，打造中文大模型统一底座，积极开展基于底座大模型的各种应用实践，充分发挥我国数据资源丰富、应用场景丰富的优势，着力提升通用人工智能的可控性、功能性，以应对来自 OpenAI 的挑战。

第四，创新培养方式，培育大模型产业人才。人才匮乏是当前制约大模型产业发展的关键问题之一。业内人士预计，"国内能够进行（大模型）相关技术研发的人才应该不超过 1000 人，保守一点儿说，仅有两三百人"。客观地讲，通用人工智能的到来速度是始料不及的。放眼全球，学术界与工业界都没做好迎接的准备。除 OpenAI 和微软等少数赢家之外，大部分企业和研发机构都是仓促应对通用人工智能的挑战。而人才培养最需要的恰恰是时间，短期之内是无法培养出能够从事大模型产业的专业人才的。当前，"炼钢炉林立"唯一的正面作用在于培养一批有模型训练经验的专业人才。在大模型人才培养方面，尤其要注重跨学科、跨专业的复合型人才培养。不仅要培养涉及大模型训练、调优、评测、应用等各个环节的专业技术人才，更要培养兼通行业知识的提示工程师，培养兼具人文社科背景的大模型评测与分析专家，培养兼通大模型技术与产品设计的产品经理。在大模型人才培养中要注重构建产学研联动的育人体系。育人与产业的边界日益模糊，做产品的过程也是培养人的过程，要在实战中育人，要"上马能作战，下马能读书"。人工智能产业发展的极高速度对传统的育人与产业脱节的专业人才培养思路提出了全新挑战。

第五，建立大模型的诊断与评测体系，保障大模型产业健康发展。这是保障大模型健康发展的关键举措，同时具有战略意义。掌握话语权的关键在于眼光不能停留在只做运动员（训练大模型）上，而是要积极投身于裁判员（评价大模型）的事业之中。大模型的发展需要系统性的诊断与评测，对大模型的认知能力、解决问题能力、价值观、政治倾向、安全性等需要进行全方位评测。同时要注重建立面向研发环节的诊断体系，需要建立大模型的效用指征体系，建立相应的度量机制，建立大模型的健康评价体系，识别大模型训练过程的关键因素，建立大模型的诊断与优化模型。从诊断与评测两个视角，建立和健全大模型的诊断与评价体系，建立大模型的评测基准，是大模型产业发展所亟须的，是形成差异化发展路径的关键。

第六，研究绿色可持续的大模型训练与应用技术，降低大模型落地成本。大模型的成本问题也是大模型技术形成产业应用闭环的关键问题。大模型的成本巨大，是限制其应用的关键因素。大模型的成本首先是训练成本。虽然互联网开放环境中存在大量语料，但是高质量语料相对匮乏。因此，对于大模型所需要的大数据、大语料，仍需付出巨大的人工成本进行清洗。第二是算力成本。目前主流算力依赖英伟达的 A100 或 A800 显卡，千亿参数模型至少需要千块 A800 显卡，一块 A800 显卡约 9 万元人民币，再加上配套设备成本，千亿参数的硬件成本至少要上亿元人民币。在训练过程中还存在一定的硬件故障，进一步加重了此开销。第三是能源成本。有报道称"大模型训练成本中 60% 是电费"；知名计算机专家吴军也曾说，"ChatGPT 每训练一次，相当于 3000 辆特斯拉电动汽车每辆跑 20 万英里（约 32.19 万公里）。"第四是部署成本。相较于训练，部署时显卡需求量可能更大，才可能应对极高的并发访问量。国内早期公开的类 ChatGPT 模型常因为算力有限，遭遇巨大的瞬时访问量而导致系统崩塌。此外，还需要考虑大模型的维护成本。对大模型的持续学习、可控编辑、安全防护、价值对齐等仍需深入研究。绿色可持续发展、低成本的大模型技术是大模型进一步落地过程中的关键技术。

第七，积极探索大模型的应用模式，丰富大模型的应用场景。大模型的应用模式仍然面临着若干问题。ChatGPT 比较好地实现了机器与人类的开放式对话，也就是闲聊。然而，实际应用场景多需机器的复杂决策能力，比如故障排查、疾病诊断、投资决策等，对错误有着较低的容忍度，需要丰富的专业知识、复杂的决策逻辑，需要具备宏观态势的研判能力、综合任务的拆解能力、精细严密的规划能力、复杂约束的取舍能力、未知事物的预见能力、不确定场景的推断能力等。可以说，从开放闲聊到复杂决策仍有漫长的道路要走。大模型如何在千行百业复杂的商务决策中应用仍是有待探索的问题。我们不能只是盲目跟随 ChatGPT，而是要对其能做什么、不能做什么有清醒认识。要在领域的复杂决策场景中形成核心竞争力，要重新夺回战略竞争中的主动权。

第八，持续研究大模型训练与应用关键技术，完善大模型技术体系。大模型从训练到应用仍存在很多技术问题需要解决。首先是大模型的数据治理问题，这是大模型训练过程中的关键问题。训练数据的有效清洗、偏见消除、隐私保护、数据配比、提示增强、领域适配等仍是大模型训练的关键技术问题。其次是大模型的可控编辑问题，这是大模型应用的关键问题，即如何实现大模型的事实、知识与信念的可控编辑。最后是大模型的高并发服务与低成本部署、大模型的推理优化，以及生成式大模型的幻觉问题。

此外，一个长远的研究目标是持续提升大模型的类人认知能力，比如提升大模型的长文本理解以及全局约束理解能力，提升大模型的高级认知能力，比如自省、自识、规划、记忆等；另一个长远的研究目标是大模型之间的有效协同。

最后，笔者想围绕大模型的产业发展，提出一些开放性问题供大家思考。

问题一：大模型热潮源自美国，我们除了要加速完成技术追赶，能否提出一条具有中国特色的大模型发展的道路，以形成差异化的发展路径和竞争格局？特别地，对于上海的企业而言，能否提出一条具有上海特色的大模型发展之路？在通用人工智能时代，往往只有第一，没有第二。因此，发挥中国特色社会主义制度的优势，比如通过举国体制统筹资源共享，是形成竞争优势的关键所在。

问题二：传统的"先研发、再产品"的软件系统研发模式是否能胜任大模型驱动的智能系统软件？基于大模型的软件系统目前呈现的态势是"先产品、再研发"，或"边产品、边研发"。从研发到应用的节奏显著加快，甚至已经没有了传统意义上的研发环节，"研发就是产品，产品就是研发"。因此，在大模型的带动下，会不会形成一种全新的产品化模式？我们如何做出变革以适应"产研一体化"的全新研发模式？这是未来产品化过程中需要深思的问题。

问题三：如何统筹规划大模型产业发展布局？当前国内的大模型研发处于各自为政的阶段，总体处于跟随阶段，同质化产品多、特色创新不鲜明。

而随着大模型规模的持续增大，单一团队和机构往往缺少足够的数据资源与算力来完成大模型的训练与优化。那么，我们如何破除当前大模型发展过程中小炉子林立的问题？如何有效地促进数据联盟、算力联盟，甚至人才联盟？政府、市场、企业、科研院所、高校在整个规划布局中各自发挥怎样的功能与作用？

问题四：大模型对当前的消费者市场会产生怎样的影响？传统 To C 产品都是功能性的、面向专用领域及专用任务的。而当前的人工智能正在向通用人工智能方向突飞猛进，一些研究工作也让大模型具备了全网信息检索与应用接口调用的能力。大模型发展到今天就好比一个全科医生，什么都知道一些，但是一旦遇到了专业问题，可能还是需要咨询专科医生。换言之，大模型的入口功能显著。入口的本质是用户接入、交互与分流，而这恰恰就是 ChatGPT 类产品最擅长的能力。那么，当前的很多互联网专用功能性平台（如购物、打车、订票等）是否会被这个全新的统一入口所取代，而只剩下一个基于 ChatGPT 的统一门户？每一次互联网入口的变换都是互联网行业的一次变革，ChatGPT 类的通用聊天大模型是否会成为各类互联网生活服务的统一入口？在大模型时代，未来 To C 产品的基本形态是否会发生变化？

问题五：大模型对当前的企业端市场会产生怎样的影响？企业端市场也就是我们常说的 To B 市场，它也将会因为 ChatGPT 的到来而迎来一场全新变革。如果与传统的汽车制造业类比，大模型对 To B 市场的首要意义在于智能引擎升级。To B 产品是建立在智能引擎基础之上的，传统的数据驱动、知识驱动或者二者联合驱动的智能引擎，将会被全新的大模型引擎所重塑。然而，正如前文所述，大模型在领域复杂决策应用场景中仍然有明显的短板与不足，尚达不到领域专家的能力。因此，笔者认为未来仍是"以大模型为代表的数据驱动"与"以领域知识图谱为代表的知识驱动"相结合的双引擎驱动模式。由大模型实现领域专家的直觉决策，由知识图谱实现领域专家的逻辑决策，将两者结合才能复现领域专家解决问题的能力。如果与传统的操作系统类比，大模型可以作为 To B 产品的控制器。作为具有一定的领域通识能力的大模型，有能力胜任企业级智能系统的控制器，协调传统的 IT 系统（如数据库、知识库、CRM、ERP、BI 系统等）。然而，在上述远景产品的研发过程中，我们仍然面临许多具有挑战性的问题。比如，如何协同领域知识与大模型，如何实现领域专家的直觉推理，如何实现领域知识与逻辑增强的大模型，如何实现领域大模型的安全与可控。

问题六：ChatGPT 为何没有诞生在中国？如何避免错失下一个"ChatGPT"？相信这两个问题会触发大家太多的思考与感叹。我们鼓励创新，却极少能够宽容失败；我们尊重人才，却又不断建立条条框框；我们在太多无意义的事情上"内卷"与消耗，却极少愿意停下脚步花上片刻欣赏路边的芬芳；我们每个人都似陀螺一样不停地旋转，每一步都是最优的理性决策，却错失了可贵的原始创新。久而久之，我们似乎习惯了追赶的惊心动魄，失去了引领的自信与大度。我们需要彻底反思我们的科研文化、科研生态，要避免在盲目追赶中变得麻木与沉沦，要更多地以闲暇与从容的姿态去思考、去批判。

由 ChatGPT 所引发的通用人工智能产业变革，相信才刚刚开始。我们需要以更深切的思考、更扎实的实践，牢牢抓住大模型以及其他通用认知智能技术给我国数字化转型与高质量发展所带来的全新机遇。同时，我们也要正视发展过程中出现的问题，积极规范与引导大模型产业的健康发展。大模型绝不是宣传文案中的噱头，也绝不能成为一场华丽的烟花秀，而是要成为实实在在能够推动社会发展与进步的先进生产力。

大模型产业发展：机遇、挑战与未来展望[①]

随着 ChatGPT 等大模型的火爆，大模型产业迎来了快速发展期。然而，大模型产业的快速发展也伴随着诸多问题与挑战。如何在大模型的热潮中保持战略定力，推动大模型向千行百业落地，提升我国大模型产业的竞争力，成为亟待解决的问题。本文将从人工智能产业发展战略、大模型变现路径、大模型对社会的深远影响等多个维度展开探讨。

一、人工智能产业发展战略

由 ChatGPT 所引发的大模型产业热度正在持续发酵。一时间，百模大战、千模竞技，生成式大模型成为市场追逐的热点。投资界与产业界出现了向大模型风口看齐的趋势。在这一背景下，大模型是否会挤压现在人工智能（AI）的其他方向和领域研发空间？对于国内新兴的大模型产业而言，盲目跟风是否会造成同质化的产业发展畸形？这些都是当前我国大模型产业发展迫切需要回答的问题。

保持多元化热点的平衡发展。 人工智能的发展，尤其到了通用人工智能阶段，可谓热点纷呈。除了诸如聊天场景（也就是 ChatGPT）之类的热点，还有图文生成（如 Midjourney 这样有代表性的产品），以及具身智能（能够让大模型和机器结合去操纵现实世界），让机器人能够更好地为人类服务。可见，人工智能未来的发展路径是十分多样的。因此，人工智能产业的发展，应该着力避免盲目跟风某个热点，而忽视了其他有潜力的技术形态。也就是说，不能为了追随 ChatGPT，而错失了下一个 "ChatGPT"，不能一窝蜂地炒作一个热点。传统的小模型以及其他新兴技术路线仍然值得关注。不能因为

[①] 2023 年 5 月，笔者在参加数字经济（东湖）论坛期间，应媒体专访，回应大模型产业发展的一系列热点问题。本文根据访谈内容整理而成。

ChatGPT 来了，大家就一窝蜂地搞 ChatGPT，这会分散研究精力，打乱科研的节奏。因此，人工智能研发与产业发展一定要有战略定力，对新出现的热点要在战略上重视，但不能打乱自己的既有布局。

推动合作共享的统筹发展。当前我国大模型产业发展的局面，很像 20 世纪 50 年代"大炼钢铁"的运动，当然也有差别，以前是自上而下的，现在是自下而上的。这说明企业意识到大模型的战略意义，积极主动投入资源，这是值得肯定的。问题主要在于企业各自为政，采取了同质化的技术路线，导致重复投入，造成资源浪费，还浪费了宝贵的时间。浪费时间才是最可怕的，大模型研发本身就是一个很耗费时间的过程，而这又是当前国际竞争的焦点之一，已经到了白热化阶段，慢一拍就会形成非常大的差距。想要避免重复投入的问题，就需要统筹与协调，需要合作与共享。当然，这需要有人去推动，可以是政府，可以是行业协会，可以是非营利组织，也可以是高校，推动大模型训练、应用、评测等方面的联盟与协作，包括数据、算力、工艺等。很多时候企业与企业之间出于利益关系和竞争关系的考虑，捅破不了这层窗户纸，这时就需要非营利的第三方机构出面，来统筹与协调我国大模型研发资源的规划和投入。这是我国举国体制的优势所在，也是我国保持长期快速发展的关键战略。

重视开源生态建设与精神传播。开源社区也是人工智能产业生态发展的重要组成部分，很多人工智能或者大数据 IT 技术的发展都来自开源社区的贡献。我国应加快培育自己的开源社区，如天工开物开源社区，提升开源社区的影响力和贡献度。同时，要优化科研文化，将开源社区贡献纳入科研评价体系，鼓励开源人才的发展，推动"人人为我，我为人人"的开源精神和文化的普及，吸引更多充满激情和创造力的新鲜血液加入我国大模型产业生态的建设中，打通大模型应用的"最后一公里"，建立完整的大模型产业生态链，以成熟的生态带动大模型核心技术的研发。

二、大模型变现路径

在人工智能技术的变现过程中，产业界明显感受到大模型"叫好不叫座"，商业变现困难。另外，特定场景的小模型多为用户所急需，因而有着不错的变现前景。大模型强大的技术潜力与其尴尬的商业变现情形之间存在鲜明反差。理解这一现象是深化大模型产业发展过程中的必答题。

通用大模型和垂域小模型，各有其变现的场景和模式。比如闲聊类的To C应用看上去商业价值不大，但其受众广，很多潜在的商业场景有待深度挖掘。再比如智能玩具、智能手表、智能遥控器、智能音响等，在没有ChatGPT类的大模型时多少有点儿"智障"，而如果能把ChatGPT的闲聊能力接入广泛存在的终端，就能创造巨大价值。还有以前的问答交互类产品，三轮问答下来就不知所云，用户体验很差。而ChatGPT能力的接入可以显著提升这些终端的智能交互水平。除此之外，也有人在利用ChatGPT技术的普及与教育进行变现。国内有很多技术博主在有偿教学ChatGPT，国外的ChatGPT接口动不动就会被封，如果有一个靠谱的国产ChatGPT替代，就可以在ChatGPT类大模型的普及与教育中进行变现。所以通用模型也是可以实现商业变现的，关键是能不能找到合适的落地场景。

当然，更广阔的变现场景就是细分垂域的场景。因为细分垂域落地是在切实解决行业中的痛点问题，实现各行业的提质增效，推动各行业数字化转型与高质量发展。比如记者的日常语音采访工作，需要将语音转成文本后再整理成通顺的文稿。这些工作都可以借助ChatGPT等大模型自动完成。本来需要半小时交稿，现在可以缩短到5分钟甚至更短的时间，这是切实地在提高行业工作人员的工作效率，自然不乏客户付费购买服务。推广出去，千行百业有太多需要提质增效的场景，可以预见其巨大的变现空间。因此，ChatGPT商业变现的重心一定是在千行百业。

事实上，人工智能不是今天才提出来的，人工智能诞生于20世纪50年代，经历了七十多年的发展历程。大数据技术也轰轰烈烈搞了十多年。在早期的小模型时代，人工智能赋能垂直行业的过程非常"重"。这个所谓的"重"，是指需要大量用户的干预，需要用户输入行业知识、梳理业务逻辑、整理知识体系，才能够赋能实体经济，可以说是一种人力成本非常高昂的赋能方式。

而大模型的出现，可以将重复投入的边际成本变成一次性投入的固定成本，这也正是 Y Combinator 的陆奇博士在其报告中传达的一个观点。在传统的小模型时代，每服务一个客户，都需要付出极大的代价将行业知识与经验落实到智能化解决方案中。换一家企业，即便知识体系差不多，也要基本再做一遍。也就是说，每赋能一家企业、每赋能一个行业，都需要巨大的重复投入。现在，大模型解决方案则走出了另一条道路。首先把行业数据尽可能多地收集起来，训练出行业大模型，然后利用这个大模型统一赋能整个行业。针对不同的场景、不同的任务、不同的客户，只需要极小的微调代价就可以实现落地。可以明显地看出，大模型技术本质上是把传统重复投入的知识与信息获取成本转变成了大模型训练所需要的一次性投入成本。因此，大模型将成为行业赋能的统一平台，推动人工智能产业从传统的手工作坊模式发展到重工业模式。可以说，ChatGPT 是人工智能产业发展的分水岭，ChatGPT 的出现宣告了人工智能从过去的不成熟、发展缓慢的状态进入发展的快车道，这对人工智能产业的发展具有深远的意义。

三、大模型对社会的深远影响

随着大模型技术的迅猛发展，其对整个社会文化产生的深远变革已然成为不可忽视的现实。这一变革在各个领域激起了广泛的讨论与争议，乐观者认为这是人类历史上的一次重要科技智能革命，而悲观者则认为大模型在助力行业提质增效的同时，也给整个社会的经济结构、就业机会带来了巨大的负面影响，甚至在推动传统行业"消亡"。

作为一种新技术，大模型首先是一种先进生产力。先进生产力有不可阻挡的发展趋势。任何国家、任何机构都一定会拥抱先进生产力，谁掌握了先进生产力，谁就掌握了生存和发展的优先权，掌握了竞争的主动权。但是先进生产力往往会对人类社会造成非常大的冲击，所以相对于"消亡"，更准确的词应该是"冲击"。ChatGPT 等通用人工智能技术对整个人类社会的影响和冲击，可以被比作一场巨大的风暴，我们要做的就是尽快调整好心态，学习各种技能，做好迎接这场风暴的充分准备。

当前，ChatGPT 等通用人工智能技术对社会的冲击已经显现。首先，大模型发展对教育行业的影响是我们应该关注的首要问题。十年树木，百年树人，教育是人类文明传承最重要的环节之一。而 ChatGPT 的发展，给对人类文明传承如此重要的领域造成了很大的冲击。通用人工智能的每一点进步，都是以其通过人类某个考试来证明的。人工智能正在攻城略地，通过了越来越多的人类考试。考试是出于教育评测的目的，那么通过这种评测能够评价学生的创新能力吗？教育本质上是为了培养有创新能力的人，但是现在的评测方式所筛选出来的是会做题的人，而人工智能一次次证明，机器通过死记硬背再加上简单推理就能考得比人好。这说明当前的很多教育评测机制是有问题的，只能筛选出像机器一样擅长做题的"人才"，而不能识别出真正具备创新意识与创新能力的人才。所以，大模型的发展在倒逼我们重构教育理念、重塑教育形态、革新教育生态。

其次，大模型发展对媒体等广具社会影响力行业的影响也不容忽视。生成式人工智能已经发展到以假乱真的地步，假消息和假内容的生产门槛被大幅降低，这势必导致未来网络空间充斥很多虚假内容，令人难以分辨。那么，能否用 AI 对抗 AI，也就是使用 AI 识别技术识别 AI 生成的虚假内容呢？遗憾的是，AI 识别虚假内容的代价远大于 AI 造假的成本。所以一旦 AI 内容生成技术被滥用，就很难判断新闻的真假，此类行业存在的前提也就不存在了。

人工智能技术的进步某种意义上是在倒逼人类进步，否则人类就会被淘汰。这种淘汰本质上不是机器淘汰人，而是掌握了人工智能等先进技术的人淘汰没有掌握先进技术的人。所以技术给社会发展带来的负面影响不能被简单地归罪于技术本身，其本质上还是人类社会自身的问题。

走向千行百业的大模型[1]

我们显然已经进入一个前所未有的技术加速发展的创新时代。自 2023 年以来，以 ChatGPT 为代表的大模型、人工智能等新技术突破为各行各业发展带来了新的前景。电商、医疗、教育等行业头部企业都在积极探索人工智能+赋能产业发展的新路径。

在这样的时代背景下，大模型的场景与应用是否真正如大家看到的那般，呈现百花齐放的格局与生态？在推进大模型应用的过程中，我们需要承担哪些成本，又能够为企业生产发展带来怎样的价值，以及如何实现大模型更好地落地？

一、无论我们身处何种时代，唯一不变的是变化本身

对于计算机及所有相关行业的从业者而言，自 ChatGPT 于 2022 年 11 月底上线以来，2023 年是梦幻般的一年，在这一年里，我们看到 ChatGPT 在不到 2 个月的时间里就突破了 1 亿的月活（月活跃用户数），而在此之前最快的 TikTok 实现 1 亿的月活要 9 个月。我们似乎一觉醒来就会见证一些新技术的到来。对于 IT 研发人员来说，这一年每天早晨都是一个新的开始，每天早晨最担心的事情之一是，是不是又发生了什么新的技术变革，我们这个饭碗还能不能端得稳。很多新技术的名词层出不穷，我们还没有弄明白一个新概念是怎么回事儿，另一个更新的技术又冒出来了。我们似乎处于前所未有的技术加速发展的时代，而唯一不变的是变化本身。

一项快速变化的技术带来的是日益复杂的世界。整个人类社会逐渐变成了人、机、物融合的复杂系统，这个系统的复杂性前所未有。实际上，整个人类现代文明早就经历了早期的婴童阶段，进入了当下高度复杂的成熟阶段，"复杂"往往可以被视为"成熟"的一个同义词。快速发展、日益复杂

---

[1] 2023 年 9 月，笔者应复旦大学管理学院邀请发表演讲。本文根据财联社相关报道整理而成。

的世界，增加了社会系统的不确定性，我们看到所谓的"黑天鹅事件"和"灰犀牛事件"等频发。当下老龄化的趋势加重，各种自然灾害频发，国际经济的竞争形势也在加剧，气候、环境、病毒等各种因素叠加在一起，为世界发展带来了巨大的不确定性。20世纪90年代，社会学家和经济学家已经警告我们，技术发展有可能使整个社会发展的失速，即所谓的失控风险。可以说，当下摆在全人类面前的最大问题是如何应对日益失控的风险。人是一种智能生物，我们每一个人的认知能力都是有限的。我们凭有限的认知能力难以全面认识当下快速变化、日益复杂、充满不确定性的世界，这是当下人类社会需要迫切应对的重大挑战。我们要把自己的认知能力让渡给机器，让机器在一定程度上也具备人的认知能力，进而开展人机协作的认知，才有可能全面认识这个加速变化、日益复杂的世界。

一旦把认知能力赋予机器，机器的认知能力就可以随着世界复杂性的增长而增强。对于现在的机器智能，只要"喂"给它的数据越来越多，供给它的算力越来越高，它的能力就会持续提升，机器唯有形成认知世界的能力，才有可能与世界复杂性的增长同步。所以，未来的认知模式一定是人机协作的认知模式。

当下很多技术的出现，在某种程度上是时代发展的必然，是时代发展对技术所提出的必备要求。我们必须发展人机协作的认知，而人机协作的认知结果就是大家所熟知的ChatGPT这类大模型，大模型可以被认为是机器认知这个世界的一项技术成果。

严格来讲，我们看到的大模型是大规模的生成式语言模型，已经能够在人类所擅长的绝大部分认知任务中超过人类的水平，甚至达到专家水平，如自然语言处理、理解任务。可以说，生成式大模型的出现具有时代发展的历史必然性，它是机器发展认知智能的必然趋势。

二、拥抱通用人工智能技术革命

在快速发展的技术趋势中，我们看到机器人不仅能理解千行百业的文本，又进一步快速向多模态发展,可以理解图像、指令,并且做出非常精妙的回答,甚至可以操控机械臂,完成一些只有人类才可以完成的复杂规划任务。也就是说,生成式语言模型已经逐步向多模态、具身化快速发展,这一系列的发展趋势形成合力,带来的是一场前所未有的技术革命。我们把这场技术革命称为"通用人工智能技术革命"。通用人工智能已经让一些机器具备了一般人的认知能力,具备了对开放世界的理解能力,而且这种技术革命绝不是传统意义上的某一次技术革命所能比拟的。

这样一场技术革命对各行各业会产生什么样的影响?各个行业为什么在战略上如此高度重视这场技术革命?我们先来看在认识层面上的一些思考。

所谓的千行百业,也就是大家所从事的行业,本质上都是某一种垂直行业。以前做人工智能,虽然做了很多各行各业的智能化解决方案,但是一直以来效果并不好,直到后来 ChatGPT 的出现,我们才发现通用人工智能、通用大模型恰恰是发展领域智能不可或缺的关键。

通用大模型是通过通用语料训练出来的,它汲取了互联网上的各种学科知识,可以说它是一个"通才"。垂直领域的智能化为什么需要通识能力?举个例子,你在和医生聊天的时候,发现医生约有 80% 的概率确定你是健康的,即 10 位病人中可能有 8 位是健康的,只有 2 位需要医生干预。也就是说,要理解什么是疾病,就要先理解什么是健康。推而广之,你不理解美,怎么可能理解丑呢?所以,你想理解某一个领域内的概念,就要先了解领域外的概念。

只有建立起通识能力,才有可能发展专识能力,通识是专识的基础。这一波行业智能化解决方案,恰恰先具备了通识能力。

人类的教育也是这样,首先 K12 基础教育完成通识教育,然后才是大学的专业教育。所以说没有通识能力,是不可能有垂直行业的领域认知能力的。

大模型从本质上带来了哪些新的能力?首先,大模型带来了对开放世界的理解能力。例如，有一个药品说明书，显示了各个年龄层服用药剂的方法。当普通老百姓去询问如何用药时，通常会说："我今年 23 岁了，男性，应该怎么使用这个药？"以前的人工智能技术很难理解这类开放性表达，但是今天的通用大模型有能力准确理解 23 岁是成年男性，可以匹配说明书中相应的剂量做出准确回答。本质上，这是通用人工智能的开放理解能力给我们带来的效果。

其次，大模型带来了强大的任务规划与求解能力，特别是复杂任务的自动规划能力，使很多知识工作的自动化成为可能。例如，让大模型做一个调研，对比分析上海和北京近十年来每年 8 月的平均气温，形成统计结论，并且进行假设检验。如果研究生纯靠自己做调研分析，要找数据，找软件，做分析统计，做假设检验分析，最后形成结论，可能要花大量时间。但是今天借助大模型强大的规划能力，只需要几秒钟时间，就能把原本由人工干的所有活全部自动化干完。这是好事儿，也是坏事儿：好事儿是只要能够熟练使用大模型，就不用花大量时间去手工完成工作；坏事儿是常规的数据分析工作有可能被机器替代。在通用人工智能被大量应用的未来，人相对于机器的独特价值是什么，将是我们需要日益深入思考的问题。

大模型还给我们提供了跨领域、跨专业，尤其是跨系统边界的知识。大模型是巨大的知识容器，尤其擅长一些跨学科边界的知识，而这可能是人类所不具备的。

有一则新闻，说一个小女孩得了怪病，人类近 14 位专科医生都无法准确诊断，最后问了 ChatGPT，ChatGPT 做出了准确诊断。笔者倾向于认为这则新闻是真实的，因为大模型已学会了各个学科的知识，而且它在各个学科的专业知识水平都比普通人显著高出一截。每位专科医生往往在自己的专科领域代表着知识的高峰，但是很难在所有的专科领域都有极高水平。大模型的全域认知水平显著提升后，能够认知病种之间的盲区，这是人类历史上第一次有机会做到这一点。而一个人是很难做到的，对于我们来说，能够擅长某一个领域就已经非常不容易了，但是今天的大模型很可能在很多系统的边界都拥有非常强大的认知能力。

例如，管理上的难题，人们常说跨部门、跨层级、跨专业……一个"跨"字基本上意味着难题所在。每一个人的认知水平有限，只擅长自己的小领域，不同部门、不同学科之间的认知往往是一个巨大的盲区，而大模型所能认知的跨学科知识，很可能是人类从未探索或触及的，所以大模型给我们带来的机会可能是前所未有的。

正是因为大模型具备这些能力，笔者倾向于认为对于行业发展，尤其是对于 To B 行业发展，大模型将带来一次全新的智能引擎升级。这就像车，发展了几百年，还是一个壳子、四个轮子，那么车变革的到底是什么？变革的是它的引擎，从开始的马力到蒸汽，再到后来的油气以及现在的电动，引擎一直在驱动车的变革。

信息化服务、数字化、智能化也发展了几十年，从传统的小模型，如基于少量参数的回归、分类模型，这些小模型的表达能力有限，难以表达复杂的现实世界；发展到知识工程，用专家知识来解决问题，但是一旦遇到开放问题，专家知识就难以胜任，所以传统的引擎多多少少有些缺陷；再到今天的大模型引擎，用整个大模型驱动 To B 的数字化和信息化。在这个过程中，我们一定要重视如下几个问题。

（1）大模型是一次引擎的升级，需要与现有的流程无缝融合。

（2）大模型需要与相关行业的从业者有效协作。

（3）大模型需要千行百业的知识注入，才有可能解决其根本问题，即所谓的"幻觉"问题。

To B 行业应用本质上是一类复杂、严肃的决策任务。目前，ChatGPT 最成功的应用是聊天，但聊天不是一个严肃的应用场景。严肃的应用场景（如医疗决策、投资决策等）都属于复杂决策，不仅要有专业知识，更要有复杂的决策能力。比如在投资决策时，一定要有对宏观态势的研判能力，还要有对综合任务的拆解能力、对复杂约束的取舍能力（要考虑很多约束）、对未知事物的预见能力、对不确定性场景的推断能力等，这些都是我们在做决策时所要具备的能力。从这些条件和要求来看，现在的大模型还有漫长的路要走。

大模型想在千行百业中创造价值，首先要解决的是"幻觉"问题，也就是"一本正经地胡说八道"。如果你问大模型复旦大学的校训是什么，它会一本正经地回答你，但是答案可能是编造的。而且，大模型的这种"一本正经"的文风，会使我们在识别错误时异常困难。这就是在很多严肃的场合大家不敢用大模型的一个重要原因。比如在医疗行业，用大模型写病历，它一本正经地写了一段病历，结果有一个小数点错误，那可能是致命的。这也是在行业中应用大模型时必须要解决的问题。

此外，大模型已经在通用领域学到了很多通用知识，但它往往还缺乏领域忠实度。在行业内使用大模型时，我们一定希望它能够根据行业的规范与知识去回答问题，但它提供的行业知识往往缺乏必要的忠实度，而倾向于使用所学到的一些通用知识来回答问题。这就是大模型缺乏忠实度会给我们带来的问题。

三、百花齐放：大模型的场景与应用

今天，当我们将大模型应用在行业中时，会思考如何让大模型在行业应用中创造价值，也就是场景和应用的问题。事实上，很多人都在思考类似的问题，经常有人问中国的大模型应该如何发展。笔者的一个基本观点是，大模型的赛道是百花齐放的，因此没有必要都专注于通用大模型，通用大模型固然很重要，但是也可以发展很多行业大模型，甚至是垂直的场景化大模型，还有科学大模型。这条赛道足够宽广，每一家企业都可以发现契合自己独特优势的专属竞争机会。

其中，场景化大模型的重要性不容忽视。有一类工作岗位，是只需要工作人员拥有一定的通识能力再加上简单的岗位培训，就可以胜任的，如客服、HR等。这类工作岗位被称为"场景"，所有的行业都需要有HR，所有的行业可能都存在客服。再比如程序员、图书管理员等，这些有可能是被大模型优先代替的职业。大模型具有通识能力，对它进行简单的岗位培训，它就足以胜任相应的工作。

这些场景有什么特点呢？它们多是所谓的"窗口型岗位"。很多工作岗位追求服务的标准与规范，不喜欢创新，必须按部就班，越是这种工作岗位，将来越容易被大模型代替。这些场景的商业机会巨大，所以不一定需要竞争通用大模型赛道，中国企业也应该在这些细分赛道与场景中积极布局。

还有一类可以竞争的是专业大模型。比如做一个化工行业的大模型，必须让大模型先理解什么是化学分子表达式，否则如何真正理解化工行业呢？诸如化学分子结构这种专业大模型，还有基因大模型、代码大模型等，将来都是我们可以积极有所作为的新赛道。

在大模型应用赛道中，有一种非常重要的产品形态是场景化的认知智能体。实体机器人或者具备一定环境自适应的自治能力，能够根据环境的反馈做出相应的动作来适应环境的智能体（Agent），被称为具备环境自适应能力的"自治智能体"。

"智能体"并不是今天才有的概念，从人工智能诞生开始就有了，但是早期的智能体仅限于与物理环境做一些简单的交互。如今，智能体最大的机会在哪里呢？大模型可以作为智能体的"大脑"，有了"大脑"的智能体就可以与环境做复杂交互。未来的机器绝不只是简单地与环境做一些物理交互，而是可以与环境做非常复杂的认知交互，成为"认知智能体"。将来会有各种各样的认知智能体，比如有着和人一样的言行与思维方式的智能体，它们可以代替人在网上聊天、阅读新闻等；再比如研发一个 Travel Agent，对它讲你打算去加州旅行，它就会给你调用互联网上各种各样的工具，如谷歌地图、计算器、机票 App、酒店 App，会考虑各种各样的约束（比如你肯定不希望反复游玩同一个景点），并且充分考虑你的个人偏好。这类智能体将来会在我们的日常生活中被大量应用。

试想一下，我们现在做的工作将来会变成由 Agent 完成，比如行政助理预订会议室可以用行政助理 Agent，人力资源面试工作可以用 HR Agent，在网上查文献可以用文献检索 Agent，等等。未来会有各种各样的 Agent 来完成各类自动化服务。To B 企业现在已经有自己的信息门户，但它仅仅是一个信息集散地，交互方式还不够智能，用户会迷失在"信息迷宫"中，找不到所需要的信息或者只能解决特定的问题。未来的企业信息门户将是智能化的 Agent 形式，能够根据用户的意图与企业现有的信息系统打交道，并且能够跨越不同的系统来完成任务。笔者曾经组织学生做了一个复旦大学的信息门户 Agent，帮助同学们搜寻各种校园服务，比如针对打球的需求，这个 Agent 会自动去各个校区寻找可以预订的体育馆、羽毛球馆等。

从场景和应用的角度来讲，我们一定要注重数字经济的发展，我国正在大力推动数据要素市场化。数据从静态的变成流通的、可交易的，会创造出非常多的新机会。目前，数据要素资产化过程并不流畅，缺乏智能化手段，数据治理仍然困难重重。但实际上，大模型已经在一定程度上具备了智能化的数据治理能力，我们可以利用大模型来推动数据的智能自动化治理。比如，提供给大模型一些数据，然后问它这些数据有什么问题，它可以准确识别出这些数据存在的问题。再比如，在"张三是小明的父亲，他出生年份是 1978 年，小明出生年份是 1980 年"这句话中，父亲不可能只比孩子大两岁，大模型可以识别出这组数据是错误的。通常，由人工写规则很难覆盖各种各样的情况，而今天用大模型基本上就可以做到。

四、大模型的成本与价值

大模型有可能成为使数据要素释放价值的一个非常重要的工具，但是在推动大模型进入各行业应用时，必须要考虑成本和价值的问题。

大模型降低了传统智能化实现路径的成本。以前要想实现智能化，需要标注数据、定义特征，而这些都需要成本。大模型通过零样本学习（Zero-Shot Learning），不需要或者只需要少量的标注数据，就能学到解决问题的能力。因此，传统的特征工程样本标注的成本就被节省了。

我们要关注的是大模型本身的训练和使用成本。例如，像 GPT-4 这种规模的大模型一次训练就需要 6300 多万美元。除了训练成本不容忽视，大模型的使用成本也值得关注，尤其是千行百业使用大模型时，使用成本十分突出。例如，一家公司每天要分析 100 万篇互联网文档内容，如果使用大模型，如 GPT-4 的 API，一天大概要花费 26 万元人民币。此外，大模型还有一个让人难以接受的成本，就是其生成过程需要的时间成本。例如，大模型处理 100 万篇文档，完整的生成过程需要 15 天时间，处理文档的速度远远跟不上产生文档的速度，这个时间成本在现实应用中是令人难以接受的。

在各行各业拥抱大模型的当下，一定要关注成本问题。那么，如何降低大模型的使用成本呢？其中一种方法是采用大小模型协同。我们并不需要在任何场景中都使用大模型，在很多情形下使用大模型属于"杀鸡用牛刀"。小模型也有其用武之地，为什么不能在简单的情况下使用传统的小模型，从而降低成本呢？笔者提出了一个控制成本的原则是"非必要，不直接使用大模型"，否则应该怎么降低成本呢？

GPT-4 Turbo 版本在发布时，成本比前一版本下降了三分之二。一般认为其采用了大小模型协同，而且大小模型协同绝不单单是出于成本的考虑，也是出于效果的考虑。小模型在可控、可理解等方面有着大模型不可比拟的优势。大模型不可控，它学到了什么是一个令人无法解答的问题。可以说，未来的商业价值取决于能否使擅长通识能力的大模型和擅长专识能力的小模型实现协同。

这里尤其要注重传统知识库的积累。知识库的积累十分重要，知识可以缓解大模型的幻觉，降低大模型的使用成本，这是一个非常重要的思路。在大模型应用的各个阶段，包括提示阶段、生成阶段和评估阶段，都要用好先验知识，才能让大模型廉价、高效地为我们服务。此外，要注重大模型的小型化，真正在一线提供服务的往往是经过压缩的小模型，而不是真正意义上的大模型；还要注重时效性，马斯克的大模型之所以受到关注，是因为其解决的是时效性问题。

五、对策与路径：如何让大模型更好地落地

第一，要把大模型的整个训练过程变成科学的过程。现在大模型的训练方式非常像传统的炼金术和炼丹术，把所有的数据准备好往服务器里一丢，然后祈祷它炼出好的结果，整个过程是不透明的。要想把训练过程变得透明、科学，仍然需要努力。其中很重要的努力是对语料进行精准刻画，用什么样的语料能够训练出什么能力，要构建起它们之间的因果关系，真正把大模型的训练方式从炼金术发展为科学的方式。在这个过程中，跨学科研究尤为重要。大模型的能力发展与人类的认知发展理论之间存在高度可映射的关系，人类认知什么时候发展出注意力，什么时候发展出信念，什么时候发展出欲望……人类认知过程的术语被大量应用在大模型训练中。为了推动大模型训练工艺变得更加科学严谨，这种跨学科研究的视角非常重要。

第二，在训练行业大模型的时候，尤其要注重数据的选择，不能盲目配比数据。例如，到底把什么数据配给大模型，它才能够具备金融从业者的专业认知水平，这是一个非常有意思的问题。事实上，用一些金融行业的基础数据去训练大模型是不够的，用一些非常细节的数据（如每时每刻的股票交易价格）去训练大模型也是不必要的。我们可以思考一下，一个普通人是如何成长为金融从业者的？他是因为学到了什么知识才能够成为金融从业者的？我们可以通过回答类似的问题而获得启发，进而指引行业大模型的训练过程。

第三，在大模型的训练过程中尤其要注重高质量指令数据的收集。高质量指令数据可以释放底座大模型的价值；反之，如果指令数据质量差，则会伤害底座大模型的能力。行业大模型的能力在很大程度上取决于指令数据的质量。

第四，在大模型的训练过程中，还需要进一步提升大模型的多模态认知能力。比如，上传一张票据，问其中包含的鸡蛋、菜品的价格一共是多少。再比如，拍一张网线接头乱七八糟的照片，问哪里出了问题，将来的大模型在一定程度上可以具备解决此类问题的多模态认知能力。

第五，要发展面向领域的、科学的大模型评测体系。若要让大模型成为金融专家，就必须有金融行业的评测。我们需要发展面向知识的评测，测试大模型是否掌握了金融知识；更需要发展面向能力的评测，有知识不代表有能力，现在有太多高分低能的大模型。除了要测试大模型是否掌握了知识，测试它是否能够像人一样具备解决实际问题的能力，还要测试它是否有足够的智商和情商。比如，你对大模型说"我去药店买药"，它的回复是"祝你购物愉快"，这种情商让很多人难以接受，但是 GPT-4 在这方面做得还比较不错。

最后，值得指出的是，大模型的行业落地路径与行业专家的演进路径十分相似。比如，一个医生要成为行业专家，首先要完成通识教育，现在的通用大模型就能够帮助人类完成通识阶段的教育；然后进入医学院学习专业知识，这是专业大模型干的事儿；接着进一步使用各种各样的工具，这是让大模型变成智能体；接下来要在实践中获得反馈，成为实习医生；最后经过实践反馈，获得行业洞察，形成敏锐的行业直觉，成为真正意义上的专家。因此，大模型在千行百业的应用，本质上就是利用大模型实现专家水平的认知智能的过程。

总结：在推动大模型进入千行百业应用的过程中，一定要合理定位、正确认识、面向多元场景、积极开辟新赛道，要注重大模型的成本和价值，促进大模型和千行百业的深度融合，大模型的训练绝不应该只停留在炼金术阶段，而是要变得科学严谨。大模型必须与行业深度融合，才有可能实现真正的可持续发展。

大模型竞争下半场[①]

价格战开打，标志着行业洗牌进程已经开启。如果说此前大模型的发展还是各企业积蓄动能、积攒家底，那么价格战无疑打破了这种岁月静好，开启了"战国时代"。近期，大模型厂商之间的价格战似乎进入了白热化阶段，阿里巴巴、百度、科大讯飞、腾讯纷纷宣布大模型产品降价，甚至免费。价格战按下了大模型应用的加速键，吹响了大模型竞争下半场的号角。这场大模型价格战的表象背后还隐藏着更深层的原因。

如果一百年后回头看今天的大模型价格战，它很可能是人类社会这一"火箭引擎"的点燃时刻。很快，人工智能（AI）引擎就将以"宇宙航速"而非"地球速度"，将整个人类社会推动到高速发展阶段。虽然大模型产业目前的商业闭环还不多、盈利甚少、负面声音不绝于耳，但这只是暂时的，我们应从更长远的趋势和更高的高度来审视由大模型所推动的人类社会演进进程——人工智能必将很快把人类带入"宇宙航速"时代。

我国大模型产业发展从追求大模型刷榜、更大规模的参数、更长文本的输入，到现在的价格战，表面看热点纷呈，实则多是企业为了兑现资本与政府的期望，而不得不为之的一时之计。

从表面看，大模型价格战无疑是后来者的一种有效竞争策略。由于缺乏先发优势，与国际先进大模型相比尚存一定差距，通过价格优势来弥补能力不足成为获取竞争优势的可行途径。

价格战是当前大模型产品能力趋同的一种表现。经过一年多的研发，除了 OpenAI 传说中的 GPT-5 还未揭开神秘面纱，其能力我们不得而知，其他绝大多数大模型"后来者"在能力特性方面并无显著差异。在这种情况下，

[①] 2024 年 6 月，笔者接受《瞭望东方周刊》专访，分析大模型厂商之间的价格战。本文根据访谈内容整理而成。

价格优势就变得十分显著。

能不能打响价格战，反映出企业的资本实力。大模型研发要耗费巨大的成本，同时价值变现仍存在诸多不确定性，因此大模型的价格战将是一场长期的消耗战。

大模型的价格战间接体现了企业的技术水平，尤其是低成本的大模型训练技术。当前，大模型训练需要巨大的算力与能源消耗，比如浩大而繁重的数据工程、琐碎而冗长的评测工程。低成本、绿色化大模型训练技术将是支撑大模型价格战长期持续的核心能力。

这场大模型价格战的未来趋势如何？针对这个问题，有三个方面需要关注。

首先，随着大模型作为人工智能产业基础设施的地位凸显，其价格必将持续降低。正如三大运营商长期努力降低作为国家基础设施的通信网络成本，不断压低上网费用那样，基础设施发展的基本规律就是通过低成本、大规模使用来巩固其作为基础设施的地位和作用。大模型也会遵循这一规律，通过持续降低使用门槛，使多数企业和个人消费者能够用得起各种大模型基础设施。

其次，产业发展的基础设施都具有显著的垄断特性。价格战的扫尾阶段，往往是产业资源向头部企业集中、巨头企业对中小企业兼并的过程。只有头部大模型才能在长期投入巨大而收益甚微的情况下存活下来。在全球范围内，经过大浪淘沙而存活下来的通用基础大模型供应商必定是少数，国内的情况也类似。眼下价格战付出了代价，未来势必会通过长期的市场支配地位而获得相应的回报。作为国家基础设施，我国的大模型供应权必须被牢牢掌控在代表国家和人民利益的机构或组织手中。

最后，随着价格战愈演愈烈，以及大模型持续下沉为基础设施，大模型应用将加速发展，大模型将快速普及，围绕大模型将加速形成产业周边形态，普通消费者和使用者将因价格降低而受益。人工智能技术加快与人类社会生产生活全面融合，将推动智能时代的加速到来。

大模型竞争的下一阶段是从基础能力竞争转向模型应用竞争。大模型价格战直接刺激的是大模型应用的发展，能否围绕自身的大模型尽快形成完善和丰富的应用生态，是未来大模型产业发展的焦点。千行百业的高价值应用、人民群众的日常需求应用，都是激发大模型价值的源头。

大模型的商业应用基本上可分为面向消费者（To C）和面向企业服务（To B）两种类型。

To C 应用虽然需要大规模市场验证，但我们已经看到大模型在提升个人消费产品智能水平方面的巨大潜力。比如一些新型人机交互硬件，包括可穿戴设备中植入的个人助理，以及对传统智能硬件（如手机、手表、个人语音助手等）的智能化升级。未来，大模型有望真正成为智能助理，为人类生活提供更加智能、更加贴心的服务。此外，大模型还会在情感社交、游戏等面向个人消费者的应用中发挥巨大价值，比如个性化的虚拟人工伴侣正在吸引越来越多的用户。

相对而言，To C 应用的变现速度较快，但需要与消费者的使用习惯及其对人工智能的接受程度、人机交互方式等进行磨合。眼下，许多 To C 应用已经显现出效果，不过其发挥更大价值和大规模应用仍在过程中。

To B 应用，本质上是基于大模型的能力对企业数字化和智能化架构进行重塑，推动企业经营管理和决策过程发生根本性、革命性的升级。这是相对缓慢的过程，一方面，需要调整企业的生产流程、行业形态以适应大模型；另一方面，需要从大模型的角度重新审视企业和行业的发展经营。制造业、金融、医疗等行业均有望在决策分析、运营优化、风险防控等环节借助大模型实现质的飞跃。

无论是 To B 还是 To C，都需要教育用户、培养用户了解和学习大模型的原理，这需要时间。人们对大模型的观念更新也需要时间，比如是否愿意将社交等权利交给虚拟分身。这牵扯到当下社会关系如何适应大模型这种先进生产力的问题，涉及价值观念、工作方式、生产关系等上层结构的调整。因此，大模型的商业变现仍需要过程和时间。

大模型若要走进千行百业，仍有很多技术问题需要解决，如幻觉生成、训练成本高、推理成本高、可控性差、过程不可解释等问题。总体而言，通用大模型仍难以满足特定领域复杂决策任务所需的专业性要求，大模型仍难以理解行业数据与私域数据，大模型离行业专家的水平仍相距甚远，大模型仍难以在高价值行业应用中发挥显著作用。

在大模型竞争的下半场，需认真解决三个关键问题，才能真正推动大模型在行业落地。

首先，加快行业训练语料与数据集的建设。大模型发展的下一阶段重点是从通用走向专用，从开放走向私域。大模型能否解决金融决策辅助、医疗决策辅助、生产流程优化、产品质量提升、运营风险管控等问题，决定了其价值密度。大模型一旦能在千行百业发挥作用，就将释放更大的产业能级。随着数据要素市场的完善，私域数据、垂直领域的高价值数据将成为大模型训练的重要来源，使大模型有可能成为各行业的行家里手，进而从根本上缓解各行业的专家资源稀缺问题。

其次，加快大模型行业应用的关键技术突破。需要重视行业语料集的构建技术，针对行业中广泛存在的结构化数据、复杂文档、设备日志、生产现场的音视频文件等，如何形成大模型训练语料，仍有待深入研究。需要重视大模型的行业认知能力提升技术，如何设置合理的课程提升大模型的特定行业认知水平，也有待深入研究。此外，如何提升大模型在行业认知中的准确性、逻辑性，提升大模型与人类专家、知识库、小模型的协同水平，这些问题都需要尽快突破。

最后，积极打造大模型与行业深度融合的产业生态。具体包括：加强大模型等人工智能技术赋能产业发展的培训与教育，从理念源头扫清障碍；鼓励行业头部企业以更加积极的姿态开放多样的大模型领域应用场景，与大模型技术团队形成紧密合作伙伴关系；加快大模型应用试错与验证的步伐，开展典型案例的征集与宣传；在全社会范围内积极营造以大模型促进产业变革的氛围，促进大模型与应用场景的深度融合。

总体而言，大模型是科技大国新一轮竞争的重要赛道，不能对其存有任何幻想，自主创新是唯一可行之路。美国最近在推动开源大模型的限制政策，这未必是坏事，可让一些存有幻想的从业者清醒地认识到当前严峻的竞争形势，从而早日踏上自主研发大模型、掌握核心关键技术的自力更生之路。

大国科技竞争就像两个高明棋手的对弈，不可能也无须在每一条赛道上都力求战胜对手，如果在通用大模型的竞争中暂有劣势，那么可以通过积极开辟多元化的技术竞争赛道，在其他领域形成优势来抵消和弥补。就像赛马运动，自己的良驹未必比对手的骐骥更具竞争力，但其他赛道上的马匹如能形成优势，依然能够获得全局的竞争主动权。

首先要积极开辟通用人工智能多元化技术竞争赛道。通用人工智能作为即将到来的技术革命，将呈现百花齐放的生态格局。在这个大花园里，可采摘的鲜花种类很多，如具身智能、群体智能等，这些都是潜在的可能形成优势的赛道。

即便只看大模型自身，也有几条值得高度重视的多元化赛道。大模型涉及多个关键因素，如模型、数据、算力等。大模型发展至今，数据有可能成为取胜的关键因素。相关企业可以充分借助国内数据要素市场的发展契机，利用相对健全的数据要素制度，在大模型训练数据方面形成竞争优势。尤其是在高价值的垂直行业数据方面，目前这些数据对于提升大模型能力的价值还未得到充分释放，这可能是我们的潜在优势。

其次是资源和能源消耗。我国一直大力倡导可持续发展，随着大模型规模日益庞大，算力能耗已成为制约大模型进一步发展的瓶颈。如果不能突破这一瓶颈，走出一条绿色、高效、全能的大模型发展之路，那么大模型前景将受到极大制约。在国际范围内，绿色化、高效化、节能化的大模型发展路径在理念和技术上的竞争才刚刚开始。

最后是大模型风险管控。随着大模型在生产生活中大规模应用，将会引发大量社会问题。作为先进生产力，大模型全面渗透至整个行业并产生革命性影响是不可避免的趋势。这就要求整个社会的上层建筑，从生产关系到价值观念、文化教育等各个方面，都要做出变革和适应性调整，才能很好地适应这种先进生产力的到来。

中国在统筹社会发展方面拥有着西方国家无可比拟的优势，要充分发挥这一制度优势，在生产关系调整、教育体系革新等方面做出富有前瞻性和建设性的系统谋划，积极、严密、细致地推进相应的布局调整，使社会能够以一种和谐的方式适应大模型这一先进生产力，避免出现剧烈的冲击和较大的社会震荡。

总之，在通用人工智能时代，我们应当积极主动开辟多元化的竞争赛道，借助自身独特的体制机制优势，在一些关键领域发力，努力形成新的战略主动，力争在未来的大模型竞争中占据有利位置。

大模型行业落地的问题与对策[①]

近年来，人工智能技术迅猛发展，已成为推动全球经济社会变革的关键力量。人工智能必须与实体行业深度融合，赋能千行百业，才能真正发展成为先进的新质生产力。2024年，政府工作报告首提"人工智能+"行动，各行业加速探索"人工智能+产业发展"新模式。然而，在大模型落地的过程中，却面临诸多挑战。一方面，大模型在行业知识、算力、数据样本、应用经验等方面存在不足；另一方面，数据安全、成本高昂等问题制约了其与企业数据的深度结合。这些难题亟待解决，以实现人工智能与实体行业的深度融合，推动大模型从理论走向实践，真正成为先进的新质生产力。

一、生成式大模型面临的困境

目前突出的问题是大部分生成式大模型仅在聊天应用中取得了良好效果，难以胜任复杂的认知决策任务。例如，金融投资、医疗诊断等领域的决策都具有严肃性和复杂性，这些并非聊天式的生成式大模型所能胜任。作为行业专家，需要具备专业知识、复杂逻辑推理能力、任务分解能力、规划能力以及不确定性推断能力，才能胜任这类复杂的决策任务。

生成式大模型还存在"幻觉"问题，即可能产生不准确或虚假的信息，这个问题已经困扰业界很长时间。在医疗应用中，如果给病人开具的药方或服药的剂量出现错误，哪怕是单位从"克"变成"毫克"或反之，都可能造成致命的后果。因此，如果不解决大模型的"幻觉"问题，就无法真正实现行业应用。

大模型在行业应用中还缺乏对特定领域的忠实度。虽然大模型通过互联

[①] 2024年9月，笔者应信百会研究院邀请出席外滩大会分论坛，并发表演讲。本文根据演讲稿整理而成。

网的通用语料学习了大量的通用知识，但是在将其应用到特定行业时，我们希望它能够根据行业规范和专业知识来解决问题。然而，大模型往往倾向于使用从通用领域学到的知识来回答问题，缺乏对特定领域的基本忠实度。

大模型是一种统计模型，因此具有不可控和难以编辑的问题。随着知识的不断更新，如何高效地更新模型中的知识成为一大挑战。大多数严肃的行业应用都需要不断更新知识，如金融、医疗、司法等领域的知识都在持续变化。因此，可控性和可编辑性仍然是非常关键的。

在将大模型应用于行业时，它难以理解行业专有数据和企业私域数据。大多数行业数据具有高度专业性，如工厂中的传感器数据，需要专业知识支持才能理解。此外，许多企业内部数据反映了企业自身的业务习惯和命名规范，对于这些私有性很强的数据，大模型也难以真正理解。

大模型还面临成本问题。虽然大模型降低了在行业中训练不同模型的成本，但它也带来了巨大的训练成本。例如，像 GPT-4 这种规模的大模型训练一次就需要 6300 多万美元，这不是一般企业所能承受的。此外，大模型在生成答案时速度较慢，这在大规模在线应用中可能造成严重的时间成本问题。

二、应对策略与解决路径

为了解决大模型在行业中落地的这些问题，需要采取系统性的应对措施。首先，要合理定位大模型。在商业应用场景中，大模型应被视为智能引擎，其作用是驱动企业数字化转型和高质量发展，聊天功能只是一种较低价值的应用。为了充分发挥大模型作为智能引擎的作用，需要将其与企业流程无缝融合，并与人类员工进行有效协同。

其次，持续向大模型注入领域知识是解决行业问题的关键。需要对企业中使用的智能进行解耦，将智能分解为知识、能力和价值三个维度。只有这样，才能将大模型作为新的智能引擎，重塑企业的信息化和数字化形态。

再次，对企业流程进行解耦也很重要。一些世界 500 强企业已经开始使用大模型来重塑整个企业的数字化架构。当前的数字化系统往往较为臃肿，难以实现敏捷性目标，无法适应快速变化的需求。因此，重塑数字化架构是必要的。在重塑过程中，关键是将流程解耦为提示、生成和评估三个基本环节。其中，可以将生成环节交给大模型来完成，而人类则负责提示工作和评估工作。

最后，在探索大模型的行业落地模式时，不应局限于简单的聊天界面。一种更有效的 To B 行业落地模式可能是：使用大模型进行离线处理，结合知识图谱组织信息，再通过小模型提供在线服务。这种方式可以充分利用大模型的能力，同时保证服务的可控性和效率。

在推动大模型向行业落地时，需要注重几个关键方面。首先要完善大模型的数据科学和数据工程。大模型落地的重点是数据工程，80%的资源和工作量都用在了数据整理上，其中包括数据的收集、汇集、清洗、转换，以及指令数据的构造等。在这个过程中，既要重视数据规模的重要性，也要注重数据质量。研究表明，使用 5%的优质指令可能比使用 100%的普通指令效果更好。

此外，还需要注重特殊类型数据的使用。例如，为了激发大模型的某些特定能力（如反思、逻辑推理等），需要合成相应的数据。建立行业大模型训练语料和指令集的评测标准与筛选机制也很重要，这是目前整个行业的一个痛点。事实上，我们的一些学科设置、课程设置对这件事情很有意义。当前一些头部企业正在合作开展利用人类的教育学理论，积极建立大模型行业语料的评测标准与筛选机制，我们需要尽快建立起以数据为中心的大模型研发体系。

大模型的研发应该以数据为中心，而不是以模型为中心。目前，大模型在模型方面的创新相对有限，关键在于数据的质量和数量。很多大模型只有知识，而缺乏真正的理性思维能力。为了提升大模型的强思维能力和强理性能力，需要大量合成模拟人类思维过程的数据。

注重大小模型协同也是降低成本的关键。在很多情况下，可以使用大模型去增强小模型，或者使用大模型去调教小模型。小模型在训练成本、使用成本、推理速度，以及可控性、可编辑性、可理解性和可解释性等方面，都具有大模型所不具备的优势。因此，大小模型协同使用，才能真正创造价值。很多传统任务（如问答系统等）有很多人在做，实际上并不是所有的问题都需要用大模型来解答，80%的常规问题使用小模型就可以解决，"杀鸡焉用牛刀"，20%需要用"牛刀"的问题再使用大模型，所以大小模型协同是行业落地的关键。

大模型与传统专家知识的协同，特别是与知识图谱的协同，也很重要。知识图谱中的知识是可理解的、可解释的和可控的，而大模型中的知识是难以理解和控制的。二者协同的基本方式有三种：一是使用知识图谱中的知识挖掘思维链，增强大模型的思维方式；二是将知识图谱作为知识来源，使用检索增强方法改善大模型的生成结果；三是利用知识图谱中的知识约束和检验大模型生成的结果。

建立大模型的数据治理体系也很重要。这是一个双向的过程：一方面，需要从合规、安全、隐私、版权、偏差等方面治理大模型的训练语料；另一方面，大模型也可以用来支持数据治理工作，如验证知识库中知识的正确性，或清洗规范化数据等。

解决大模型的"幻觉"问题是行业落地的关键。这需要从预训练语料的准备、指令集的构造、检索增强、事后检验等多个环节入手，系统性地提升大模型的知识的准确性。例如，提升大模型引经据典的能力、自知之明的能力、置信度表达的能力等，这些都有助于降低幻觉的发生概率。

此外，还需要系统提升大模型的认知能力，其中包括增强对复杂指令的理解能力、数量推理能力、单位换算能力、逻辑推理能力等。这些能力对于大模型在金融、医疗等行业的应用至关重要。

建立健全的评测体系也很重要。需要从多个维度对大模型进行评测，包括面向领域的评测、面向知识的评测、面向能力的评测、面向智商的评测、面向情商的评测等。

最后，推进智能体的落地是大模型行业应用的重要方向。智能体是大模型行业落地的重要产品形态，能够自动化完成很多常规工作。这需要提升大模型的规划能力、约束理解能力、角色设定忠实度等。

总的来说，大模型的行业应用体系框架已经很成熟。不仅要完善大模型本身，还需要从数据、知识、能力三个维度去优化它，同时做好评测工作，实现大模型与小模型、知识图谱的协同，最终实现低幻觉的行业应用。大模型行业应用的难点是低幻觉，把这件事情做好，能真正推动大模型在行业中应用。大模型是推动各行各业高质量发展的实实在在的先进生产力，我们必须抓住这个新的发展机遇。

推动大模型与实体产业深度融合发展[①]

以 ChatGPT 为代表的通用人工智能大模型在全球范围内掀起了一股热潮，各大科技厂商纷纷入局，发布自家的大模型产品。实体产业作为国家经济命脉，也因此受到了巨大的冲击。社会各方如何充分发挥各自的优势，推动大模型与实体产业深度融合，使其在千行百业中发挥价值，成为当前十分值得关注和讨论的问题。

一、大模型生态的多样性

对于其他实体行业而言，大模型产业既是挑战者，也是赋能者。一方面，以 ChatGPT 为代表的通用人工智能已经到来，任何行业的任何企业都无法忽视这一趋势。在通用人工智能的加持下，可能创出对行业产生巨大冲击甚至颠覆性的变革，如果企业不入局，就可能出局。因此，没有任何企业会在这种形势下坐以待毙。另一方面，大模型产品打破了现有的商业模式和格局，带来了新的机遇。作为一个天然的人机交互入口，ChatGPT 可以通过聊天的方式解决人类的各种需求，影响着人们日常生活中的衣食住行等方方面面，对于当前以流量为王的各大平台来说，这是无法忽视的重要趋势。同时，从企业规模来看，OpenAI 仅 200 多人，就能研发出 GPT 系列模型，并在大模型的加持下不断推出极具创新性的产品，让很多中小企业和创业团队看到了巨大的商机。通用人工智能在一定程度上将所有玩家拉到了同一起跑线，只要有创新性的想法，就可能有变现的机会。

可见，大模型虽然有门槛，但生态非常丰富，呈现出百舸争流的态势。不同的入局者可以打造不同的行业大模型，比如实力非常强的企业可以做通

[①] 2023 年 7 月，笔者接受"南方+"专访，探讨大模型与实体产业融合发展之路。本文根据访谈内容整理而成。

用底座大模型，普通玩家则可以借助开源，结合自身的特色数据做行业大模型。大模型类型多样，技术路线丰富多元，这是大模型风起云涌的重要原因，不同的玩家在自身资源可承受的范围内，可以选择适合自己的路线。除了模型本身，大模型的应用形态也是至关重要的。对于 ChatGPT 而言，它是有着广泛目标群体的 To C 产品，产品设计的思路是通过聊天的方式展示大模型的能力，并利用海量的聊天记录及反馈对大模型的能力进行优化训练。对于其他实体行业而言，如果要形成"杀手锏"级别的应用模式，仍有很漫长的路要走，目前 OpenAI、微软、谷歌等也都在努力研发相关产品，推动大模型面向千行百业的应用。

二、鼓励原始创新，有更多"首创"

大模型产业发展带来的不仅仅是实体产业生产力的变革，更是经济、文化思维的突破。不可否认的是，从专利、论文的数量来看，我国的人工智能技术已处于全球前列，但如果看"质"，则还有很大的提升空间。客观来说，国内的不少研究在紧盯国际前沿、努力追赶，并且最终能够接近国外水平，这是一个飞跃式的进步。接下来，我们的科研文化要深入走向原始创新，推动研究走向"首创"。

从科研文化的角度，要鼓励原始创新，允许失败。鼓励一切从 0 到 1 的原始创新，对于一些在当下看来不可行的点子，都可以去支持。OpenAI 坚持通用人工智能，之前没有多少人看好，更多的人认为这就是一个疯狂的点子。10 个疯狂的点子，可能做成的只有一个，但只要是积极在探索、论证，就应该积极支持。

另外，需要改变教育方式和评价机制。老师喜欢的是各科都优秀又循规蹈矩的学生，如果有一些思路奇怪的学生整天质疑老师们的教学内容，这些学生就很难被认为是好学生。只有容忍甚至鼓励学生的质疑精神，才能让很多天才人物涌现出来，才可能让我们不再被动跟随创新，有机会产生更多的本土创新。其实，现有的很多通用大模型还是冲着考高分去的，这种评价价值导致大模型"高分低能"——擅长做考题但不善于解决实际问题。

三、做聪明的追随者

虽然原始创新至关重要，但在全球科技竞争的背景下，我们同样需要审视如何在已有的技术框架下找到差异化的发展路径。关于人工智能对实体产业的价值，笔者想引用一些专家的观点，"我们往往高估了一项技术在短期内的影响，而低估了其长期的影响。"在短期内，要承认以大语言模型为代表的人工智能技术存在能力天花板，有其局限性，也存在一些它难以解决的问题。但是，从长远来看，一旦这些问题被我们识别和定义，很快就会有相应的解决办法。我们会不断弥补它的短板和缺陷。这是一个不断发展的过程。一方面，需要人工智能自身技术的逐步发展与完善；另一方面，需要与各行各业应用的磨合。因此，我们需要保持耐心，给予人工智能技术一定的发展与完善时间。

在这一过程中，先行者和追随者的关系非常重要。必须承认，当前人工智能的技术创新大多源自美国，尤其是硅谷的一些企业。我们应肯定先行者在人工智能的原始创新方面做出的贡献，认可他们在试错过程中付出的艰辛。同时，其他国家，包括中国和欧洲部分国家则在快速追赶，逐步缩小与先行者之间的差距。值得注意的是，所有技术都将遇到发展天花板，人工智能技术也不例外。例如，2024 年 Gartner 的技术发展曲线显示，人工智能的热度已经开始有所回落，特别是在 OpenAI 发布 GPT-4 之后，生成式人工智能的创新动能明显减弱。同时，随着高质量数据的逐渐枯竭，生成式人工智能的能力也逐渐接近天花板。

就这一轮技术浪潮而言，很遗憾我们没有成为先行者，但在实体产业智能化的道路上，我们可以选择更加垂直的细分领域，积极开辟差异化赛道，成为聪明的追随者。同时，我们要注意当前人工智能技术除大模型以外的技术形态，如多模态智能、具身智能、群体智能、科学智能等，这些技术意味着新的突破与新的机遇。

四、大模型与实体产业深度融合

大模型赋能千行百业，始终是复杂决策的应用场景。例如，面向金融行业，需要提供投资决策；面向医疗行业，需要做疾病的诊断治疗决策。商务智能主要是为了辅助决策，对大模型的能力要求非常高。目前，ChatGPT 还只是集中在对话上，这种形式与行业需要的知识、不确定性判断能力、复杂的思维方式以及最终形成综合决策，还有一段距离。

大模型本身有一些先天性缺陷，需要借助外围协作工具来弥补不足。就像每个人的力气是有上限的，但是给你一个杠杆，你也能举重若轻，先天能力的不足可以通过工具来弥补。同样地，大模型也有很多不足，也需要借助工具（如数据库、知识库）来弥补。大模型不可能知道所有的知识，很多企业内部的知识是秘而不宣的，有些知识也需要被授权使用。在打造大模型的过程中，一定要向千行百业的落地需求进行拓展，弥补大模型本身的不足。

大模型能否发挥价值，取决于它与实体经济的融合程度。在这个过程中，也离不开地方政府的布局与支持。实际上，政府部门的数字资源建设、数字生态建设往往是地区内最为完善的，完全有可能基于数据积累，形成智慧政务相关产品。例如，政府政策文件或办事指南等与百姓办事流程相关的公文，普通百姓很难用合适的搜索词检索到。如果能够通过检索增强生成（RAG）等技术实现面向该类文件的问答交互，为百姓提供精准的政策咨询、办事指南等智能服务，就能显著减少政府热线的工作量。另外，各地政府的一网通办也可以加上大模型外壳，让百姓通过自然语言问答的形式来推进办事流程，而不是在线上点击一个个按钮尝试或去线下的一个个窗口咨询，要将海量的重复性窗口化工作交给机器来完成，将办事人员解放出来。

在政府先行试点积累了一定的经验且让大多数群众体验过大模型的智能便利后，再根据地方特色产业制定相应的政策，进行布局、辐射和推广。以广东省为例，广东省的制造业基础雄厚，可以推动大模型技术在制造业的各个环节真正发挥作用，如智能运维、辅助设计等；在制造业终端产品方面，将电子产品、机器人等接入大模型，提升交互体验，是推动大模型深入实体的关键一步。大模型模拟了人类大脑的逻辑能力，这种智能能力是看不见、摸不着的，而将其与智能终端连接，可以让大家感受到大模型是实实在在存在的。

从长远来讲，虽然生态、数据、算力这些基础都很重要，但最重要的仍是人才。大模型与实体产业的深度融合，本质上是数据与实体的融合，是技术和应用的深度融合，需要跨学科的人才，需要既懂技术又懂业务或者应用的复合型人才。当前，具备多学科能力的复合型人才仍非常稀缺，有的人非常擅长技术但是不懂业务，有的人很懂业务但是对技术的理解有限。复合型人才的稀缺在一定程度上阻碍了行业智能化建设的脚步。所幸，我国拥有丰富的人才资源和广阔的地域优势，应注重发挥各地区在人才、科技和产业等方面的特色，推动高校与产业的深度融合，形成具有中国特色的大模型发展与变现路径。

大模型赋能工业智能化的机遇与挑战[①]

工业系统是典型的复杂系统。现代工业系统在规模和复杂度方面远超以往，已经成为复杂的巨型系统，这造成了人类认知与理解的困难。与此同时，全球正经历着前所未有的技术变革，变化成为常态。市场变化、环境变化、需求变更、用户变更等既为企业与社会发展带来全新机遇，也带来巨大挑战。变化与变更往往引起旧系统的错配与故障，系统的复杂性和不确定性会带来失控的风险。提升对系统失控风险的管控能力是主要问题之一。然而，人类智能的发展相对缓慢。人类有限的认知能力难以认知日益复杂、快速变化、不确定性加剧的工业系统，这构成了工业发展所面临的根本矛盾之一。

发展人机协作的认知模式，是应对系统失控的新思路。与人类认知能力不同，人工智能（AI）的认知水平随着数据和算力的增长而提升。自 2022 年 11 月底 ChatGPT 发布以来，生成式人工智能快速发展。随着训练算力和数据的增长，大模型的能力也在持续提升。一旦人工智能达到人类的认知水平，具备了认知工业系统的能力，那么这种能力是可能随着算力和数据的增长而持续提升，并随着工业系统的日益发展而持续进化的。发展工业认知，是应对工业系统巨大的复杂性和不确定性的重要思路之一。

一、工业认知的困境

（一）数据获取与治理困难

工业互联网缺少大规模高质量的工业数据。首先，工业数据呈现出高度的复杂性。工业数据来源多样，包括工业设备、制造执行系统（MES）/企业

[①] 2024 年 11 月，笔者接受《企业改革与发展》杂志专访，探讨大模型在工业领域的机遇与挑战。本文根据访谈内容整理而成。

资源计划（ERP）系统、计量仪表/传感器、数字孪生体、各类文档数据、行业标准等。工业数据类型复杂多样，包括非结构化、半结构化的数据，可以表达为数值、文本、图像、语音、序列等不同模态。工业数据多源异构，可以被存储于传统事务型数据库、数据仓库、文本数据库、图像数据库、分布式文件系统等。其次，工业数据治理代价高昂。工业大数据多为生产、经营、加工与管理结果数据，缺乏过程性信息、背景知识、机理与机制。工业数据治理也极为困难，人工代价高。训练各类模型需要工业数据标注，往往只有人类专家才能胜任，导致高质量的标注数据稀缺。

（二）知识表示与获取困难

首先，隐性知识表示与获取困难。隐性知识来源于专家的长期实践积累与个人感悟，难以通过语言明确表述。其次，工业知识体系庞杂。工业知识涉及专家经验、基本事实、领域知识，还包括行业规范、标准和制度。复杂的工业知识体系往往涉及物理、化学、流程、工艺等多个学科的专业知识。另外，工业知识受众面窄。工业知识具有高度的专业性，通常由少数专家所掌握，工业知识体系的梳理工作也只有极少数领域专家才能胜任。

（三）智能应用与服务困难

首先，工业应用场景多样且复杂。工业应用涵盖了产品生命周期的各个阶段，涉及生产、组装、诊断、测试和运维等多个阶段。每个环境与场景都有着不同的应用需求，比如运维阶段对故障的精准定位与方案推荐有着强烈需求，智能化服务与应用需要充分考虑场景的特殊性和需求的多样性。总体而言，工业领域应用场景十分细碎，研发通用、普适的智能化解决方案极具挑战性。其次，工业场景对知识的应用方式复杂。大型设备故障分析涉及的因素众多，需要经过长程推理才能找到根因。在消费互联网上，成熟应用的搜索和推荐方法难以满足工业需求。工业复杂性往往需要智能系统实现复杂问答、可解释性决策支持以及探索式交互，其知识应用的密度、深度和复杂性都是互联网应用难以比拟的。

二、大模型：工业智能化的新机遇

（一）大模型的意义

作为通用人工智能的代表，大模型正在引领新兴技术变革。生成式大模型具备对世界模型的建模能力，为理解复杂的现实世界和工业系统提供了可能，进而为工业智能化的发展奠定了坚实基础，使实现专家的直觉思维成为可能。

第一，大模型成为工业智能化的基础模型。具体而言，大模型通过其庞大的参数规模，实现了对复杂世界的建模，表现出卓越的泛化能力。与依赖有限数据集的传统小模型相比，大模型显著减少了对高质量标注数据的依赖，只需通过有效提示或者少量示例，就能快速胜任新任务，这种泛化能力使大模型成为工业智能化的基础模型。

第二，大模型奠定了工业的通识能力基础。大模型通过海量通用语料进行训练，这些语料涵盖了不同的学科和领域，使大模型具备了通识能力，而通识能力是实现领域认知的前提。人类是先发展出了通识能力，才能继而发展出领域认知能力、专业认知能力的，比如医生在大部分情况下是在排查疾病。理解疾病的前提是理解健康，理解健康这种通识能力优先于理解疾病这种专业认知能力。因此，没有通识能力，就没有领域认知能力、专业认知能力。对于工业认知智能系统的实现而言，必须先借助生成式大模型夯实其通识能力。

第三，大模型成为工业智能化的能力引擎。从大模型的功用来看，大模型成为海量工业知识的容器，实现了海量工业数据、信息与知识的有效编码。大模型成为模拟人类心智能力的认知引擎，具备常识理解、概念理解、推理规划、自识反思等认知能力。大模型也常被用作驱动智能体与环境交互的大脑，使工业智能系统成为高度自治的认知智能体。大模型进一步可以协同不同的人工智能组件与工具，成为用户访问各类复杂信息系统与工具的统一入口。大模型在人机自然交互方面能力出色，可以实现有效的人机协作。

第四，大模型有望实现专家的思维能力。人类专家经过长期学习与实践，既能够通过直觉思维（人脑系统一所实现的快思考）做出近乎直觉的推断，也能够通过理性而审慎的推理进行缓慢而严谨的思考（人脑系统二所实现的慢思考）。近期，OpenAI 推出的 o1 大模型更是在复杂推理任务中达到了专家水平，彰显出大模型的强大思维能力。大模型在实现了人脑系统一能力的基础上，进一步提升了其系统二的能力，为实现工业专家水平的认知智能带来重大机遇。从长远来讲，使用大模型再现专家认知能力的曙光已现，这对缓解我国工业发展过程中的专家资源稀缺问题具有积极意义。

（二）大模型在工业中的新应用

在生成式大模型这一新引擎的推动下，一些新颖的工业智能应用成为可能，一些长期的难点问题有望被突破。

1. 实现工业数据的理解与统一处理

大模型有望实现对各类工业数据的理解与统一处理。工业数据形态多样，包括文本、表格、日志、脚本、视频、音频、序列等，经过领域数据微调的大模型有望理解不同类型的数据。大模型的泛化能力也使统一处理复杂多样的数据成为可能，比如传统日志分析方法需要训练任务特异的小模型，难以泛化到不同的任务环境，在处理不同的日志源和格式时，往往需要重新设计和训练模型。借助"预训练+微调"范式，大模型能够实现对多个日志分析任务的统一处理，从而提高了模型的适应性。

2. 工业文档智能化管理与应用

文档是工业知识体系的最大载体，驱动了工业企业生产与经营的全过程。设计、生产、经营、运维都离不开各类文档，如设计图纸、作业指导书、设备维修手册和质量检验规范等。文档的智能化管理与应用是工业智能化落地的重要形态。工业文档类型多样，分散存储在不同的设备与系统中，缺乏统一的管理和共享机制，导致信息检索和获取困难，进而影响生产效率和决策的及时性。传统集中式的文档管理平台统筹设计难度高，实施代价巨大。大模型凭借其强大的自然语言处理能力，能够理解复杂的用户问题、访问分散组织的各类文档并深入分析文档内容，从而提供精准的信息检索和内容生成服务。特别是，通过检索增强生成等技术，可以实现海量文档的智能检索与服务，从不同的文档、不同的片段中选择相关信息，综合生成满足用户需求的答案。

3. 设备与系统的自然语言交互

由于工业场景和任务目标的差异，不同的设备与系统往往有着专业的操控语言，这些语言有较高的学习门槛，容易导致新手操作错误，从而影响生产效率与质量。大规模生成式语言模型能够有效实现从自然语言到专业语言或者设备命令之间的转换，操作人员可以使用自然语言与设备及系统交互。自然语言交互方式不仅简化了操控方式，还降低了操作风险。传统的软件系统需要程序员设计大量的软件界面供用户操控数据与系统，费时耗力，难以适应用户的即时需求，而大模型让使用自然语言直接进行数据与系统的交互成为可能。此外，经过信息化阶段的发展，企业积累了种类繁多的软件系统，用户往往难以找到合适的信息系统。使用大模型智能体（Agent）技术可以实现统一的、智能化的信息交互门户，理解用户需求，进而将任务分发给相关的信息系统。智能体还具备一定的调度与规划能力，协同不同的软件系统完成复杂任务。

4. 设备与系统故障的智能诊断

工业领域存在各类大型装备、设备、网络与系统。自动化的设备与系统运维，特别是故障的智能诊断是工业智能化的重要应用场景。传统的依赖人类专家的诊断方法在诊断范围、效率、效果等方面具有明显的局限性，难以应对日益繁杂的场景与复杂的故障所带来的挑战。大模型通过对工业设备数据、运行日志、故障案例等数据的学习，习得了故障现象与根因之间的因果关系、设备与模块之间的复杂关联关系，以及故障在物理关联网络上的级联传播模式，从而具备精准的故障定位、诊断与干预能力，甚至可以进行预测性维护。大模型智能体也可以沉淀业务专家的排障逻辑与诊断过程，从而模仿人类专家进行故障诊断。

5. 专业大模型与具身大模型提高研发效率

专业大模型与具身大模型显著提高了工业企业的研发效率，比如专业的蛋白质大模型显著加速了 RNA 病毒多样性的研究，为病毒学和相关医学研究领域带来了深远影响。进一步地，具身大模型能够操纵机械臂完成复杂任务，大幅提高了基于机器人自动化实验与检验的效率，也降低了人类在复杂或危险环境中实验的风险。有数据表明，在具身大模型的加持下，自动化实验室使用 5 天时间完成了传统借助人力 6 个月才能完成的催化实验。可以预见，实验检验密集的工业门类（如钢铁、冶金）将迎来研发效率提升、检验周期缩短的重大机遇。

6. 基于图像大模型的工业质检

在生产制造过程中，利用视觉模型对产线上的产品或部件进行质量检测，已经是自动流水线的"标配"。然而，传统的视觉质检模型由于缺乏对特定领域背景知识的深入理解，往往难以适应多变的生产环境。这种局限性使传统模型在面对复杂或未知的缺陷类型时，难以做出准确的判断和反应。相比之下，大模型凭借其泛化能力，能够在少量样本微调下，快速适应和胜任不同领域与场景的质检任务，通过大模型也可以生成优质的质检数据，用这些数据训练小模型，可提升小模型的质检能力。

7. 工业数据库的自然语言访问与分析

各种关系型或非关系型的数据库存储了工业系统中的绝大部分数据。大模型给数据库系统的智能访问与分析带来了重大机遇，能够以较高准确率实现从自然语言向结构化查询语言（如 SQL）的转换，使用户能够以自然语言而非专业 SQL 语句访问数据库，降低了数据库系统的使用门槛，减少了数据管理的编程需求。同时，大模型也在一定程度上实现了智能化的数据库系统调优与诊断。大模型智能体技术在智能数据分析场景中展示了高度适应性和广泛的应用前景，能够自动规划数据分析任务，调用数据查询、分析与绘图工具，生成分析结果、结论与图表，大幅提高数据分析效率。

8．生成式仿真

2024 年 3 月，OpenAI 多模态生成式大模型 Sora 诞生，显示出强大的世界模型的建模能力，为工业仿真带来了全新机遇。传统的工业仿真依赖有限的实验数据和特定的机理模型，难以模拟复杂的现实世界。相比之下，生成式大模型能够通过对真实世界进行全面建模，生成更接近现实的合成数据，特别是极端情况以及多要素混杂情形下的数据，从而提高了仿真效果。无人驾驶等领域已经在使用生成式大模型对复杂的路况与天气环境进行仿真，提高了仿真度，降低了物理实验成本。

三、生成式大模型的挑战

大模型的行业落地与应用存在很多共性挑战，包括生成过程不可控、不透明，生成结果不可靠、不正确，大模型知识难编辑、难更新。总体而言，大模型仍然难以胜任工业领域的复杂问题求解、严肃认知决策等应用。对于这些共性问题，这里不再赘述。下面从认知能力和数据问题两个角度论述大模型的不足。

（一）认知能力

大模型尽管在各行业应用中展现出巨大潜力，但在认知能力方面仍存在局限性。首先，大模型仍然难以胜任工业领域的复杂决策任务。人类专家能够胜任复杂的决策任务，是因为其具有丰富的领域知识，具有对不确定场景的推断能力、未知事物的识别能力、复杂策略的取舍能力、精细严密的规划能力、综合任务的拆解能力以及宏观态势的研判能力。这些能力在故障排查、疾病诊断和投资决策等严肃应用场景中尤为重要。然而，当前的大模型在这些方面仍显不足。其次，生成式大模型存在诸多固有缺陷。主要问题包括幻觉生成、缺乏领域忠实度、专业知识匮乏、复杂推理能力有限、复杂规划能力有限、缺乏可解释性、评测体系不完善以及推理成本较高等，这些问题反映了大模型在行业应用中的局限性。总体而言，实现大模型驱动的工业复杂认知决策仍需要长期的努力。

（二）数据问题

大模型在利用工业数据时仍面临着诸多挑战，包括技术层面和数据生态层面的挑战。技术层面的挑战集中体现在其数据理解与处理能力不足，限制了高价值工业数据的使用。工业数据大多存储在数据库系统中，这些数据库包含大量高质量、各种形态的私域数据和行业数据，如何将这些数据转化为大模型的训练语料是一个重要问题。私域数据有着较强的私有性和专业性，为大模型理解数据进而利用数据造成了困难，比如很多程序员个性化的数据编码，大模型是难以理解的。如果没有背景知识的支撑，大模型也难以理解专业性极强的传感器参数、医疗诊断数据等。

在数据生态方面，数据要素市场尚不健全，私域数据的汇聚和交易流通困难，使大模型难以利用高质量的私域数据。如何建设完善的数据要素市场，让数据供得出、流得动，仍然缺乏制度保障。此外，在当前的隐私保护法规背景下，大模型在使用数据的过程中必须谨慎，以确保数据处理符合隐私保护法规。唯有在数据安全和合规的基础上，方能有效利用数据训练大模型。

综上，大模型为工业智能化带来了重大机遇，有望解决长期困扰工业领域的复杂性和不确定性问题。然而，大模型在认知能力方面，尚未完全具备专家级的复杂决策能力。在数据方面，大模型对专业性强、结构复杂的工业数据理解不足，且数据要素市场不健全、隐私保护要求等因素限制了高价值工业数据的使用。未来，为了使大模型更好地在工业领域应用，需要在提升认知能力、完善数据生态、确保安全合规等方面持续努力。同时，应注重人机协作，充分发挥大模型与人类专家各自的优势，共同推动工业智能化发展。

ChatGPT 能够代替医生看病吗[①]

在当今的数字化时代，人工智能技术正以前所未有的速度改变着我们的生活与工作方式，其中 ChatGPT 作为一项突出的成果，引发了社会各界的广泛关注。医疗领域作为关乎人类生命健康的关键行业，对新技术的引入始终保持着审慎又期待的态度。本文旨在深入探讨 ChatGPT 在医疗领域的应用现状、潜力与挑战，剖析其技术优势与局限性，以及未来发展的可能方向，以期为医疗行业的从业者、研究者及政策制定者提供有价值的参考与启示，共同推动人工智能与医疗的深度融合，为人类健康事业开辟新的道路。

一、ChatGPT 在医疗领域的应用现状与潜力

在医疗领域，众多学者正积极探索 ChatGPT 的边界。ChatGPT 不仅在一项研究中通过了美国执业医师资格考试，还被用于心血管疾病、阿尔茨海默病等疾病的诊疗。ChatGPT 作为面向自然语言问答的生成式大规模语言模型，具备对文本及用户问题的理解能力，能够提供精准的问答服务，同时拥有强大的文本生成能力，可赋能多种应用场景，展现出平台化能力和产业化应用前景。OpenAI 推出的面向聊天任务的 GPT（ChatGPT），未来可能衍生出多种任务形态的 GPT，如医疗场景中的诊断 GPT。

多年前，医疗界就设想过以聊天助手的应用形式向患者提供医学知识科普或告知就医流程，但当时在技术上有很多瓶颈。时至今日，ChatGPT 的语言理解能力和交互能力显著提升，可以更为流畅、智能地完成很多助理类的工作。例如，患者到医院的第一件事情是导诊，根据患者的症状和描述，ChatGPT 可以给出合适的科室。ChatGPT 也可以成为医学专家助理，帮助专

[①] 2023 年 3 月，笔者接受澎湃科技采访，解析 ChatGPT 在医疗领域的应用。本文节选自根据访谈内容整理而成的稿件。

家查找一些文献，还可以根据病情及问诊记录自动生成病历或摘要。慢病管理、医疗健康咨询类的职业也有可能被 ChatGPT 之类的产品所取代，比如它们可以通过问答形式为用户解答关于用药限制、注意事项的问题。ChatGPT 对药品行业的智慧研发也有很大帮助，比如它可以跟踪某种药品最近的专利情况，将某方面的科技情报形成一个概要描述。

随着 ChatGPT 的能力越来越强，未来它也可能具备超越助理类工作的能力，成为接近专家水平的医生，胜任普通医生的工作，比如通过问答交互形式，完成常规疾病的诊断或提出医疗建议，以及对类似疾病过往案例的搜索与推荐。可以预见，医生的时间和精力可以在 ChatGPT 类似产品的协助下得到极大的解放。从这个意义来看，它对缓解优质医疗资源分布不均衡的问题有着积极意义。

二、ChatGPT 在医疗领域应用需慎重考量的因素

相比其他领域，医疗对信息的准确性、安全性和用户隐私、人文关怀、医学伦理等要求极高，在医疗领域应用 ChatGPT 需格外慎重。学术界和工业界还需花费时间探索如何规避道德与伦理风险，才能让 ChatGPT 在医疗中发挥积极作用。

目前，很多人向 ChatGPT 询问各种医学知识，得到的回答多为基础知识概要。这涉及 ChatGPT 技术的目标应用场景问题，需要考虑其被应用于通用领域还是特定垂直领域。ChatGPT 的第一轮主要应用场景主要是像微软这样的通用平台，用在 Bing 通用搜索或 Office 等通用办公软件中，专业性相对不高。

在通用场景中，ChatGPT 表现尚可，但若应用于垂直领域，尤其是对知识专业性和深度要求高的医疗领域，则需要进一步向其注入医疗数据、领域知识乃至专家经验，并进行有针对性的训练与优化。当前版本的 ChatGPT 在尝试中被发现犯了很多事实错误和逻辑错误，如认为人有两个心脏，原因在于其通用语料中的医学类知识稀缺，未接受医疗领域数据的专门训练。其他

领域应用也面临类似的情况。

从具体实现的技术路线来看，面向领域的优化路线已十分清晰，不存在太大的障碍。只要准备好医疗数据与医疗知识库，对大模型进行体现领域特点的持续训练，它就能快速学到更多的医疗领域专业知识。不过，领域数据的有效治理、领域知识的植入、领域大模型的廉价训练等问题仍有较大的研究空间。此外，医疗数据敏感，涉及用户隐私，这是一个不可回避的问题。

三、ChatGPT 成为专业医疗模型需解决的关键问题

对于医疗大模型，患者最关心的是其可靠性。要让通用版 ChatGPT 变成专业医疗版 ChatGPT，需要解决诸多问题。首先，医疗知识有限，需要付出极大的努力注入领域知识。在过去十多年中，医疗领域已建立起很多大规模知识库，为向 ChatGPT 等大模型注入领域知识做好了准备，但仅有这些知识还不足以胜任医生角色。

其次，大模型本质上是一种统计模型，任何统计模型都有出错的概率。在医疗领域，即便是出现概率极低的错误，也是令人难以接受的，一次重大医疗事故就足以毁掉病人的家庭和医生的职业生涯。因此，仍需要发展大模型的兜底方案，特别是人机结合的综合性方案，发挥大模型在自动化诊断方面的高效率，同时由人类专家对出现概率极低的错误进行审核与纠正。

最后，大模型的可解释性也是一个问题。通常，病人看病不单单需要一个诊断结果，更需要对诊断的详细解释。作为统计模型的大模型擅长做出结果判断，但在过程解释上仍然差强人意。不过，在思维链（Chain of Thought）等技术的助力下，ChatGPT 在结果解释方面已经有了极大提升。

另外，大模型作为机器医生与人类交互，还需要解决与人类共情的难题。毕竟在看病的过程中，病人总希望得到医生在心理上的安慰与同情。这些都是以 ChatGPT 为基础的智能医疗应用场景需要深入考虑的问题。

四、ChatGPT 面临的其他问题及应对策略

（一）公平性问题

大模型的公平性问题包含多个方面。首先是训练数据分布不均衡带来的结果偏见问题。比如近几年一提到传染病，公众倾向于认为是新冠感染，但事实上传染病绝不仅仅这一种，只不过由于近几年新冠疫情暴发，绝大多数媒体数据提到的传染病都是新冠感染。将这样一种具有"暴露偏差"的数据"喂"给大模型，会误导大模型认为传染病就是新冠感染，从而在被提问艾滋病之类的传染病时，ChatGPT 也会匹配到与新冠感染相关的答案。

其次，公众所关心的公平性往往涉及技术的民主性问题，也就是拥有技术能力的人群因受益于人工智能，而比没有技术能力的人群更具竞争优势，从而导致机会不公，有失民主。在某种意义上，能够操控人工智能技术的人在淘汰不能操控人工智能技术的人，是一个已经发生的事实，也是必须正视且尽快回应的问题。这是技术伦理研究者密切关注的问题，相信他们会在未来给出完美的方案。

（二）数据基础与地区差异问题

建立大模型的前提是数据，数据资源越丰富、数据分布越均衡、数据质量越精良，数据治理能力就越强，大模型能力就越出众。在某种意义上，大模型是机构乃至国家人工智能核心竞争力的集中体现，是检验其数据治理、模型研发、工程实现等能力的重要场景。这与一个国家或地区的信息化、数字化与人工智能的技术发展水平密切相关。如果一个国家或地区还没有发展到相应的阶段，甚至连必要的数据基础都不具备，那么大模型就很难体现这个国家或地区的人群疾病的相关特征。

好在病理和药理是对整个人类适用的，大模型不会因为人群的不同而习得不同的病理与药理。但是对于健康管理和公共卫生等与生活环境密切相关的医疗问题，大模型因地区发展水平差异而呈现出的能力差异是无法回避的。总体而言，我国的医疗数字化发展基础虽然较好，但是也要充分关注各地区

间医疗数字化发展不均衡的问题。

(三) 技术层面的问题

在人工智能与医疗融合的探索中，ChatGPT 面临诸多技术层面的关键挑战。首先，ChatGPT 的泛化能力至关重要，即能否对未出现在训练数据中的医疗样本做出准确预测，实现举一反三。其次，ChatGPT 常出现事实错误和逻辑错误，如回答历史人物的生辰信息不精准、回复前后不一致等。最后，ChatGPT 存在与人类价值观对齐的问题，比如在喝酒是否有益于健康、对安乐死的态度等医学伦理边缘地带，应遵循何种价值观。此外，用户隐私问题不容忽视；遗忘能力是大模型的难题，因大模型的记忆是通过神经网络分布式存储的，难以追踪，记住事情容易，忘记事情难。

1. 泛化能力

要持续关注 ChatGPT 在医疗领域的泛化能力，即统计模型对未出现在训练数据中的样本做出准确预测的能力，也就是举一反三的能力。人类智能体在学习少量样本后，能在未来未见过的类似样本中做出准确判断。大模型通过统计关联解决问题，在将能力迁移到没见过的问题上时会有困难。ChatGPT 成功的重要原因是其基础模型 GPT-3 系列在充分的数据训练下，涌现出了高度泛化的语言理解能力，但能否将这种能力持续迁移到特定领域，如何在不遗忘通用语言能力的同时，合理适配医疗领域，仍需技术检验。

2. 事实错误和逻辑错误

要密切关注 ChatGPT 的事实错误、逻辑错误等问题。作为一种神经网络模型，ChatGPT 接收某个输入问题时所激发的神经网络运算模式，非常接近人脑接收文字或语音输入后大脑神经元的激活与放电模式。客观地评价，这是一个了不起的进步。但是，人类智能的进化毕竟经历了漫长的岁月洗礼，ChatGPT 所生成的内容在精准度与逻辑合理性等方面仍有差距。事实上，如何通过神经网络有效实现人类慢条斯理的逻辑推理过程，仍然是一个难题。

如果将事实错误归结于知识缺失，那么未来优化 ChatGPT 的重要思路之一是知识植入,特别是领域知识,以缓解事实错误。逻辑错误包括命题逻辑、数理逻辑、计算逻辑等方面的错误,如何在统计生成过程中规避逻辑错误,是热门的研究领域。总体而言,需要研究与发展模拟人类大脑双系统认知结构的认知智能技术,才有可能缓解这一问题。这或许是 ChatGPT 后来者居上的关键所在。

3. 价值观对齐问题

ChatGPT 还存在与人类价值观对齐的问题,比如对于喝酒是否有益于健康这一问题,不同的专家有不同的观点,大模型到底应该支持哪一派的观点呢?再比如对于安乐死,ChatGPT 应该持什么态度?在医学伦理的一些边缘和模糊的地带,大模型应该与哪一种价值观对齐,这是一个难以回避的问题。

4. 用户隐私问题

ChatGPT 需要从海量数据中进行学习,其生成的内容可能来自某一个人的隐私信息。在回答问题的过程中,有没有可能暴露特定个人或人群的某些隐私,会暴露多少?是否存在着某些漏洞,比如通过特定的提示能够诱导出敏感内容?对于这些问题,我们现在还不清楚。但是,就像当年的大数据应用无意中侵犯了人类隐私一样,我们必须十分警惕大模型应用侵犯人们的隐私,甚至暴露国家敏感信息。

5. 遗忘能力问题

让大模型记住一件事情是容易的,但是让它忘记一件事情很困难。大模型的记忆是通过神经网络分布式存储的,某个事实一经存储,就会分布式地嵌入它的"神经网络"中,我们甚至难以追踪相应的负责记忆该事实的神经元。所以在某种程度上,大模型一旦训练完成,消除特定事实就会变得相对困难。当然,一种直接的方法是从语料中清除特定事实,但这种做法会使大模型的训练成本高昂。我们为什么要让大模型学会遗忘呢?因为人类社会总有些敏感的事实,只有彻底遗忘才能不犯禁忌,这是人类文化的一种典型现象。大模型要想为人类服务,迟早要学会这种能力。对大模型的遗忘问题再进一步拓展，还涉及大模型的事实可控编辑问题、大模型的知识更新问题等，这些问题都有待于深入研究。

6. 元认知与高阶认知问题

元认知是指对于某个主题的知识，评估自己并理解自己真正知道什么及不知道什么的能力。而大模型既不知道自己知道什么，也不知道自己不知道什么。高阶认知是指对人类情绪、情感、幽默等丰富的表达形式进行回应和共情的能力。目前，大模型普遍缺乏伦理心态，既无法通过他人的表情、肢体语言"读懂"其想法或感受，也无法进行换位思考。大模型与人类之间要形成高质量的交互，离不开认知能力的提升。

（四）应用层面的应对策略

尽管 ChatGPT 存在诸多问题，但并不妨碍其大规模商业应用。几乎没有哪种技术要等到 100% 完美才能大规模应用。事实上，很多产品在设计思路、工程中采用人机结合方案，可以有效规避或者弥补上述问题。比如，可以对应用场景进行区分，在非严肃的应用场景中，自动生成偶尔会犯错的文本，再经过人类修正，便能够大幅提高人类工作效率。

第一，应用路线的融合。ChatGPT 在搜索引擎中应用时，很快就会与检索模型相结合。信息检索技术仍然是当前搜索引擎的核心，帮助我们解决了从海量数据中精准检索相关事实的问题。"老老实实"的检索恰好可以弥补"随性而为"的生成式大模型的缺陷，从而更好地为人类用户服务。

第二，大模型的数据治理工作。不管是使用通用数据还是垂直领域数据，其实大模型的最终质量和效果都取决于"喂"进去的数据本身质量高不高、规模大不大。具体来说，在数据治理方面还要做很多事情，比如样本纠偏、噪声清洗、价值对齐、多模态融合、领域适配等。

第三，大模型的可控编辑。是否可以像操作数据库一样，让大模型记住、删除和更新特定事实？如何有效地为大模型注入领域知识？这些都是需要进一步深入研究的问题。

另外，还有一个很重要的问题——算力问题。大模型的成本特别高，如果将大模型向各行各业推广，成本问题是一个很重要的瓶颈。如果每训练一次大模型，就花几百万美元，那么没有几个机构能承受得起。因此，如何廉价地实现大模型的训练与部署，也是一个需要深入研究的问题。事实上，高质量的数据、丰富的知识以及精心设计的训练任务很可能会大幅降低大模型智能涌现的门槛，这是一个极为重要的研究思路。大模型的智能涌现十分接近宗教信仰中的顿悟与科学研究中的灵感，这两类认知现象对研究大模型智能涌现现象或许有着极大的启发意义。

五、对 ChatGPT 发展的态度与展望

ChatGPT 虽有弊端，但已远超以前的人工智能水平。前几年，问答系统就已经落地在很多产品中，比如国内厂商推出的带有问答功能的音响、玩具。但是，用户很快发现，经过几个回合的问答交互后，它们很容易就答不出来或者答非所问，给人一种"人工智障"的感觉。比如提问刘德华的生日，它的回答是"香港"。如此一来，很多用户就会果断弃用。虽然 ChatGPT 仍会犯事实性的错误，但是基本上不会偏移提问的主题，因此"智障"感大幅降低。

ChatGPT 经过人类专家的精心调教，掌握了人类常见问题的回答策略，其回答问题的策略与结构达到了人类专家水平。比如提问人工智能是否会超越人类水平，它的回答是有结构的，会先给出结论，再逐条列出理由。针对专业水平的问题，即使由学生来回答也未必如此有条理。此外，ChatGPT 具有一定的自知之明和反思能力。如果它认为你提的问题不合理，它就拒绝回答；如果反馈说它错了，它会反思自己哪里错了。两三年前，笔者在《机器能否认知世界》等报告中展望过"问答系统要向具有人类高级认知水平的智能系统演进，要具备自知之明，要具备拒绝回答不合理问题的能力，要与人类价值观对齐等"的目标，在当时被认为过于理想且不切实际，现在却已悄然在 ChatGPT 上实现。

ChatGPT 这类大模型作为人工智能基础设施的趋势十分显著。也就是说，大模型有望像电网、电信网络一样，用户或者终端只要接入，即可享受智能服务。基础设施十分容易形成垄断地位。在人工智能产业化过程中，往往只有第一，没有第二。从这些意义来看，以 ChatGPT 为代表的大模型对人工智能核心竞争力的形成具有决定性作用，对人工智能产业形态的塑造具有重要作用，其所带来的一系列连锁反应将逐步渗透到各行各业。以 ChatGPT 为代表的具备智能涌现能力的大模型，既是人工智能发展的一个重要里程碑，也是信息技术变革人类社会的一个重大事件。

最后，我们应该以一种怎样的态度来对待 ChatGPT 的发展呢？之所以要谈这个问题，是因为 2023 年 2 月前后，媒体界无异于发生了一场 8 级地震，各行各业的人都从各种角度对 ChatGPT 这一变革性技术进行了解读，可谓热闹非凡。笔者想借用比尔·盖茨曾经说过的话来回应这一问题："我们总是高估短期的变化，却低估了中长期的变革。"

从短期来看（未来 5 年到 10 年），我们必须在战略上充分重视大模型技术的发展，但是要注意保持冷静的心态，不要盲目乐观。从事人工智能研究的技术人员往往盲目乐观，认为大模型很快就能做很多事情，甚至代替人类从事科学发现；与之形成鲜明对比的是，不从事人工智能研究的外行盲目悲观，认为大模型很快就要取代他们的工作。这两种心态的产生在根本上有着相同的原因。事实上，以大模型为代表的人工智能的进展，很多时候不是在证明机器有多智能，而是在间接证明人类社会当前的很多行为设计有多愚蠢，比如经过各种"复制+修改"就能胜任的文案工作。很多机构利用 ChatGPT 先后通过了各种专业资格考试，这诚然是技术进步的一种体现。受益于大模型的思维链等技术，大模型的推理能力得到极大提升，因而在考试这类需要一定推理能力的任务中取得显著进展。然而，这种推理能力仍然十分有限，至少与人类专家的直觉推理水平仍有较大的距离。更为讽刺的是，这个进展证明教育的评测方式偏离了教育的初衷。"死记硬背+有限推理"，似乎就可以通过当下大多数考试。与其赞叹大模型的进展，不如深刻地反思人类社会自身发展过程中的诸多问题。以立德树人为根本目的的教育，能否由当前这种评测方式准确评价？我们应该充分抓住人工智能发展的契机，对人类社会的诸多设计进行深刻反思，促进教育等行业的高质量发展。

从长期来看（未来 20 年甚至 50 年），我们必须在战略上警醒人工智能对人类社会发展的影响，并对其开展细致、深入的研究，而不是在人工智能遭遇了人类的调戏后轻蔑地下一个"不过如此"的结论。人工智能的发展已经不是第一次在挑战人性的底线了。不管是人类的动物性还是社会性，都在持续地被机器模拟、实现，从计算到游戏，从听音识图到能说会道，从写诗到作画。认知智能研究仍在持续将人类的高级认知能力，如幽默认知、情感认知、社会认知等赋予机器。到底哪里是人性不容侵犯的领地呢？抑或真像某些哲学家认为的那样，"人是机器"？宗教认为人类的本性是"自我超越"，然而，这一特性似乎也会受到机器智能的挑战。对这些问题的深入讨论，要比对"机器是否会消灭人类"的空洞唱和更有意义。

知识图谱与大模型在教育智能化中的探索、实践与思考

"为什么计算机改变了几乎所有领域,却唯独对学校教育的影响小得令人吃惊?"苹果公司前 CEO 史蒂夫·乔布斯对计算机技术在教育领域的应用如是评价。随着人工智能技术的迅猛发展,作为培养人才、传承文化的重要领域,教育也终于迎来了与人工智能深度融合的崭新机遇。一方面,国家层面不断推行人工智能+教育的相关政策,促进教育智能化的落地应用;另一方面,相关企业也在从学、教、评、测等多个环节,从课堂内外等多个维度,深挖需求,打造各类课程资源或工具平台,推动教育模式、教学方法及教育管理等方面的变革。

知识图谱与大模型作为人工智能的两大核心技术,对教育智能化的推动作用显著。知识图谱通过图谱的形式组织和关联海量信息,为教育领域提供了精准、全面的知识支持。它不仅能帮助学生快速获取所需知识,还能为教师推荐个性化的教学资源,从而提升教学效果。大模型则是实现教育智能化的新引擎,能够理解和生成人类语言,实现与学生的智能交互,为学生提供个性化的学习辅导和答疑解惑,辅助教师生成和优化教学内容,减轻教师的工作负担,提高教学效率。二者的结合,不仅能为学生提供更加个性化、智能化的学习体验,还能为教师提供更加高效、精准的教学支持,共同推动教育智能化的蓬勃发展。

一、知识图谱赋能教育

知识图谱对实现教育智能化的积极意义体现在以下几个方面。

(一)知识图谱是承载与表达教育知识体系的重要工具

从技术角度来说,知识图谱本质上是一种结构化的语义知识库,它通过

图谱的形式呈现知识，清晰地揭示了知识之间的关联关系。在教育领域，知识图谱能够将零散的教学资源、知识点、学科概念等有序地关联起来，构建一张庞大的知识网络。借助这张网络，教师和教育管理者可以精准把握教学全流程，为教学活动的智能化提供支撑。

（二）知识图谱实现了教学过程中的复杂推理与认知

基于知识图谱，我们能够实现知识点间的上下位推理、同义词关系推理、实体关系推理、多跳推理等。这些推理过程的实现，是当前有关推理、推荐、问答等应用的核心，也是人类教学和认知过程中的重要环节，能够辅助建立人类智能。费曼学习法中提到，"在不同的概念之间强行建立联系，是大脑的特长。大脑会对一切可以对比的事物进行匹配，以便建立一个合理的解释"。而知识图谱对碎片化教育数据的关联与融合，正是在模拟人脑基于概念关联的解释机制。知识图谱中所富含的各类概念关联是其在应用中创造价值的关键。

（三）知识图谱有益于个性化学习

在真实的教育场景中，知识图谱能够根据每个学生的学习情况和知识掌握程度，推荐个性化的学习路径。通过分析学生的学习数据，识别出学生的薄弱环节和兴趣所在，然后从知识图谱中筛选出与之相关的知识点和学习资源，为学生量身定制专属的学习计划。这样一来，学生就可以有针对性地学习，提高学习效率，教师可以实现因材施教。

（四）知识图谱优化教育决策

通过对学生学习状态的实时监测和分析，知识图谱能够及时反映学生的学习情况，为教师和教育管理者提供准确的数据支持。教师可以根据知识图谱提供的信息，调整教学策略和教学内容，使教学更加贴合学生的需求。教育管理者则可以依据知识图谱的分析结果，制定更加科学合理的教育政策和资源配置方案，提高教育管理的效率和质量。

然而，知识图谱在教育中的应用也面临着一些挑战。

从数据层面而言，教育知识图谱的构建需要大量的高质量数据作为支撑。

然而，由于学科和学力的差异，存在着各种不同类型的数据，需要不同的知识表示方式和知识处理手段；同时，即使是同类的知识也有粒度粗细之分，不同的知识粒度需要不同的处理手段，尤其在采用自动化手段挂载教学资源时，知识的粒度有着重要影响。另外，教育数据往往呈现出复杂的多模态特性，存在大量面向教学的示意图、表格、公式、流程图、原理图等，需要特殊的处理和解析方式。

从图谱层面而言，图谱的质量控制一直是教育知识图谱落地的关键，人工构建的方法耗时耗力，且存在架构设计、知识粒度难以统一等问题；而在自动化的构建方法中，由于数据来源良莠不齐，不可避免地会产生错误，因此，需要一套针对教育知识图谱的质量评估和控制方法，对教育知识图谱形成统一的评价基准，并有效指引整体质量的优化。另外，图谱的持续更新也应得到越来越多的关注，尤其在高等教育中，需要更关注理论与技术前沿，持续更新恰是常态，要能有效识别出图谱中需要更新的知识，并评估知识更新所带来的影响，在将新的知识点和教学资源及时融入知识图谱的同时，保持其准确性和稳定性。

二、大模型进一步提升教育智能化能级

大模型的出现无疑是对教育智能化的一次智能引擎升级，势必会进一步提升教育效率。在知识图谱已经落地应用的教育场景中，大模型几乎都可以发挥作用。大模型在开放性方面有着更出色的表现，而知识图谱在可控性、可解释性等方面表现更佳。所以，二者对教育智能化而言是互补而非替代的关系。此外，大模型的出现重塑了知识图谱的构建技术路线。传统的知识图谱构建主要依靠人工定义的规则或者由少量标注样本训练的小模型。如今，只需在详尽的提示、少量精心准备的示例下，大模型就能出色完成知识图谱构建所需的各项繁杂的信息抽取任务。

在教育内容的生成与评价等方面，大模型能够显著提升教学效率。例如，教师常常需要付出大量的时间和精力来准备课件，而大模型可以轻松地按需定制各类知识点的学习课件，并且很容易根据需要变换课件的具体形式（如

不同的语言、不同的学龄层次）。大模型最擅长的任务之一就是题目解答，已有不少中小学尝试引入大模型辅导课后作业，将老师从繁重的作业辅导工作中解放出来。大模型在教学评测方面也有不少应用。以自动判卷为例，传统的判卷方式需要教师花费大量的时间和精力，而且容易受到主观因素的影响。而大模型可以通过训练大量试卷批改案例，掌握不同题型的评分标准和规律，从而实现对试卷的自动批改。它不仅能提高判卷的效率，还能保证判卷的客观性和一致性，减轻教师的工作负担。

总体而言，大模型在面向教学环境的应用中有着积极意义。但是对于面向学习者的大模型应用，则需要谨慎设计，否则可能起到适得其反的效果。比如基于大模型的英语口语训练、面向儿童的基于大模型的故事生成等，这些都是有着积极意义的应用。但在这个过程中要注意防止学习者对大模型形成依赖，沉溺于此，避免学习者的自主学习能力因大模型的大量使用而减弱。

大模型将通识知识、学习者的个人兴趣以及教育的社会化需求有效融合，打破了传统模板化的教育框架，为实现效率与公平兼顾的新型教育体系带来了全新机遇。

三、人工智能赋能的教育实践

在教育智能化中，知识图谱与大模型并不是孤立存在的，它们之间可以相互补充、相互促进。知识图谱可以作为核心的概念框架，有效关联和组织教育资源和教学知识；而大模型可以作为能力引擎，驱动知识图谱的建设与更新，提升其智能水平。二者的结合将大幅提升教育智能化的水平，为教育的发展带来更多的可能性。

当前，我国的教育体系以教材和课程为核心抓手，为学生提供从理论到实践的全面培养。其中，教材是知识传播的重要媒介，是最重要的学习资源，代表了知识体系的标准化和权威性，也是指导知识图谱构建的重要依据；课程是学习体验的重要途径，是能力培养的过程，代表了逻辑思维锻炼和综合素质提升的路径，当前大模型的发展路径与之相契合。教材与课程的有机结合，一直以来都是教育智能化的重要目标。2023 年，《教育部办公厅关于组织开展战略性新兴领域"十四五"高等教育教材体系建设工作的通知》印发，其中提到"……加快建设体现时代精神、融汇产学共识、凸显数字赋能、具有战略性新兴领域特色的高等教育专业教材体系……"以及"……进一步梳理有关新兴领域的核心课程及相应课程的知识领域、知识单元、知识点，构建各门核心课程的知识图谱……"。具体而言，新型教材的内涵体现在以下三个方面。

（一）知识互联

随着科学研究走入深水区，现代技术发展以多领域融合创新为主，跨学科、跨文化的知识互联成为一种重要的精神和能力。目前，高考试题中已经出现明确的学科交叉题目，如以电路图的形式制作西方国家议会体系图；还出现了生物医学工程——一类医学、计算机、生物学、机械工程、材料工程等多学科交叉的新兴学科。这些不同类型的知识资源的互联，是推动教育变革的重要途径。

（二）容量扩展

教材中的资源来源相对封闭，只包含了教材本身所拥有的内部资源。然而，当前互联网媒体资源丰富，研究机构或个人爱好者创作的大量高质量资源，能够作为现有内部资源的补充，增加知识的广度。另外，将教材中枯燥的文字内容与生动的视频、语音模态进行链接和拓展，能够为读者提供更直观、形象的学习体验。比如在介绍一种方法的原理时，给出具体的运行案例图和视频，会让读者产生更直观的感受。

（三）持续更新

随着学科的发展，很多教材中的知识内容已不能满足读者的需要，需要持续更新教材中的知识，保证教材的时效性。比如在 2018 年出版的人工智能书籍中，BERT 是当时最新的语言模型，它只是有可能激发读者兴趣的一个技术点；而如今，BERT 是人工智能初学者的必学内容之一，需要详细的内容介绍，包括数学推导、论文介绍、代码实现等。

在教育实践中，教学资源是否能用、易用决定了学习者对教育智能化的接受程度，将海量的学习资源自动挂载到图谱的知识点中，是教育知识图谱建设的关键。利用大模型实现题目、视频等资源的逐层挂载，能够有效解决传统方法的误差累积和规则修正等问题，使自动化建设高质量学科图谱基本可行。

在推动人工智能赋能教育的过程中，必须重视评测体系的建设。无论是基于知识图谱，还是基于大模型的智能教育解决方案，均需要建立起相应的评测体系，包括评测标准、过程、指标、数据集等。通过建立明确的、可量化的评测体系，指引教育智能化的发展方向。评测体系不局限于知识图谱与大模型本身，还应充分重视其在应用中的效果，要建立起客观的能够反映技术应用效果的评测体系。总体而言，需要从多个维度、不同视角建立相应的评测体系与标准。通过建立客观、可信的标准，推动教育智能化的有序与健康发展。此项工作艰巨且复杂，下面以教育知识图谱评测为例，介绍其核心评测体系。具体指标如表1所示。大部分针对知识图谱的评测都能迁移到大模型中。

表1 教育知识图谱的评测指标

指 标	说 明
准确性	知识图谱中的信息应该准确无误，不包含错误或误导性的数据。确保实体、属性和关系的描述准确
一致性	知识图谱应该在不同部分之间保持一致。确保相同实体和关系的描述在整个知识图谱中一致
完整性	知识图谱应该涵盖相关领域的所有重要概念、实体和关系。确保没有遗漏关键信息
时效性	知识图谱应该及时更新，以反映新的知识和变化。定期维护和更新知识图谱，确保其与现实世界保持同步
可用性	知识图谱应该易于访问和使用。确保知识图谱的查询接口友好且易于理解
关联性	知识图谱中的实体和关系应该能够相互关联，形成有意义的网络。这有助于发现新的知识和关联
颗粒度	知识有粗细粒度之分，教育层级体系必须有足够的深度才能满足教学需要
多模态	知识图谱是否支持不同模态知识的表达
时空表达	知识图谱是否能表达物理、地理、历史等学科中的时空逻辑与语义
可扩展性	随着知识的不断增长，知识图谱应该能够容纳新的实体和关系。在设计知识图谱时要考虑到未来的扩展需求

总之，在教育智能化的探索与实践中，知识图谱与大模型展现出了巨大的潜力和广阔的应用前景。它们正在为教育的发展注入新的活力，推动教育向着更加智能化、个性化、精准化的方向迈进。未来，随着技术的不断进步和完善，知识图谱与大模型在教育中的应用将更加深入和广泛，并为教育事业的发展做出更大的贡献。

四、人工智能重塑教育形态

在大模型时代，人类的教育应该如何发展，是一个值得深思的问题。叶茂必须根深，根深才能叶茂。人工智能是人类的造物，其能力是人类能力的延续。当工具变得强大时，工具的使用者也必须足够强大，才能驾驭工具。人的内在发展与强盛是应对人工智能重塑世界所带来的诸多挑战的关键。人工智能的持续发展与广泛应用也势必引发教育目标和教育观念的深刻变革。

（一）教育应该培养怎样的人才

目前，人类的认知分布呈金字塔结构，顶尖知识领域的专家稀缺，而人工智能智识水平的持续增长并不断逼近最高点，但人工智能在短期内还难以实现顶尖专家的专业技能和思维水平。因此，未来人类的学习应致力于拓展认知广度，充分激活人工智能在各领域的应用潜力；同时，深化认知深度，培养超越人工智能的洞察力、理解力和思考力。这包括鼓励原始创新、颠覆性创新，以及融合创新、跨学科创新，以应对复杂多变的未来挑战。跨学科思维的培养尤为关键，它可以提升人类综合运用多学科知识的技能，解锁并扩展大模型的知识框架与认知能力。在大模型时代的教育中，重建关于世界本原的整体性认知，是教育工作者肩负的重要使命，也是促进社会整体性平衡发展的关键。

（二）人应该具备怎样的能力

教育的价值体系需要被重塑。相比于传统的教育体系，大模型时代的教育将更加强调人机分工的基本原则，即把机器能做的工作交给机器，人做剩余的工作。因此，教育的目标也发生了相应的变化。**评价比生成更重要**，机器生成的内容是否符合人类价值观,需要由人类做最终和最重要的评判。**提问比回答更重要**,历史上那些推动技术和社会进步的伟大提问,如牛顿对苹果落地的疑惑和苏格拉底对哲学的探讨,都源自人类对世界的深入观察和思考,这是通用人工智能(AGI)短期内难以企及的。**质疑比遵从更重要**,质疑精神促使人类从权威迷信走向实证主义,在人工智能时代,批判性思维尤为关键,不加质疑地信任机器可能带来风险,正如伽利略通过比萨斜塔实验质疑传统观念一样,只有质疑才能打破对 AGI 的神化与盲从。因此,人类在评价、提问和质疑方面的能力,是当前 AGI 所无法替代的宝贵特质,它们共同构成了人类在智能时代的核心优势。

(三)未来教育培养怎样的人

相比于具体的知识点教育,在大模型时代,"框架"比"细节"更重要。现实世界中的数据浩如烟海,人没有能力也没有必要把握全部细节,在 AGI 时代,培养总揽全局,建立高屋建瓴的纲领、体系与框架的能力更为关键,框架性知识往往决定了人的理性思维,是在教育过程中所要培养的核心能力。在大模型时代,**"智慧"比"知识"更重要**。需要实现从"知识"积累到"智慧"升华的转变。在信息量呈爆炸式增长的今天,我们需要记住所有的知识吗?授人以鱼不如授人以渔。有经验的专家不需要记住所有的知识,但他们知道按需获取知识的策略。此外,**保持童心与天真同样重要**。尽管大模型在诸多领域展现出了强大的能力,但它难以展现出强烈的好奇心和求知欲,在追求知识与智慧的道路上,人类独有的创造力与探索精神始终是不可或缺的宝贵财富。在教育过程中,要始终坚守人类天马行空的想象力和刨根问底的好奇心,勇于突破传统认知边界与框架的束缚。

(四)教育管理机构管什么

这可能是一个更重要的话题。对于教育领域而言,随着 AGI 技术的发展,大模型的能力会越来越强,一定要预防学生对先进工具的依赖和沉迷。现在大模型的能力有限,我们往往还会质疑其生成的答案的真伪,但随着大模型的能力日益强大,人类对大模型的信任只会持续增长。久而久之,人类的质疑精神渐少，对答案的评价能力渐弱，人类智能倒退会不会成为一个趋势？这是需要我们积极预防、极力避免的。工业时代的到来，人类的四肢活动大幅被机器代替，我们还可以通过加强运动来弥补；但如果人类的心智能力因为被智能机器大量代替而倒退，那么可能会带来人之为人的本性的丧失以及整个文明的崩塌。从这个意义上讲，政府和监管机构要担负起相关责任，必须积极预防人工智能在教育中的错用、误用以及滥用。

综上所述，在 AGI 时代，教育领域发展的关键是回归本质。回归本质是人类对世界探索的起点和终点。人工智能营造的世界日益纷繁复杂，人类认清问题本质日益困难。我们需要深挖问题本质，从零开始思考问题。马斯克的第一性思维原理就是回到问题本质，从零开始思考。对于细枝末节的过度追求，会使事物的发展偏离其本质与初心。教育被异化为对考分的追求，偏离了教育的初心。

以大模型为代表的 AGI 时代的到来，倒逼人类回归价值本源。对于教育和科研工作者而言，需要从应用实践的角度深挖科学问题，深入理解问题的关键矛盾及其本质，形成对问题的深刻洞察。

在 AGI 时代，由于参考对象发生了根本变化，我们研究和学习的对象从动物变成了具有人类水平的智能机器，我们不得不从人工智能的视角重新检视人与人类文明，并在人类最初融入社会的教育阶段开始不断学习和变革，从而更好地适应人机共生的时代，实现人类文明新的辉煌。

人工智能技术的进展及其
在海洋碳汇中的应用初探

在科技飞速发展的当下,人工智能(AI)技术正以前所未有的速度和广度,深刻地改变着我们生活的方方面面。从日常的衣食住行到各行各业的生产实践,人工智能的触角无所不及,为我们带来了前所未有的便利和高效。对于科学研究,人工智能技术同样展现出巨大的潜力和价值。海洋碳汇是关乎全球气候治理和可持续发展的相对新颖的重大问题,借助人工智能研究海洋碳汇等新兴领域同样有着巨大的潜力。

一、海洋碳汇基础研究

海洋碳汇,是指海洋生态系统通过生物地球化学循环过程将大气中的二氧化碳固定并长期储存的能力。海洋作为地球上最大的碳库,其碳汇潜力巨大,对缓解全球气候变化具有重要意义。然而,人类对与海洋碳汇相关的科学认知仍相对有限,大量工作有待深入开展。在这一过程中,数据科学、人工智能等新兴技术,特别是在各领域取得显著应用效果的生成式大模型技术,将发挥愈加显著的作用。

首先,数据科学有助于完善海洋碳汇的数据要素体系。海洋碳汇研究与落地涉及诸多学科的交叉研究与应用,包括海洋学、生态学、环境科学、遥感科学等多个领域。海量的数据分散在不同的学科和研究机构中,数据类型多种多样,如海洋观测数据、海洋资源数据、环境监测数据、渔业管理数据、地理遥感数据等。在传统的工作中,需要科研人员按照不同的场景和任务逐一对相关知识与数据进行分类整理,而借助大语言模型技术,我们可以建立多维度的海洋碳汇数据要素框架,关联融合这些分散、异质的海洋数据,形成健全的海洋数字评价体系。同时,结合数据地图等技术,我们可以对不同来源的数据进行整合和可视化，从而更直观地了解海洋碳汇的分布和变化情况，为海洋科学研究的发展以及碳汇核算机制的完善提供有力支撑。

其次，人工智能技术有助于提升海洋碳汇的智能化监测能力。海洋动植物是地球生态系统中固碳和储碳的关键，是碳汇机制建立与应用的核心。如何对海洋动植物进行有效保护和储碳规模计算，是海洋碳汇核算及发展的重要基础工作。基于深度学习的涉水图像修复算法为水下科研提供了强有力的支持。结合大模型的推理分析能力，能够实现对鱼类及浮游动植物的精确检测，并对水下目标进行立体跟踪，为碳汇计量提供可靠的、实时的量化依据。这不仅提高了监测的精度和效率，还为海洋生物多样性的保护和海洋生态系统的可持续发展提供了有力保障。

二、海洋碳汇交易市场建设

海洋碳汇交易市场的建设与发展也面临着诸多挑战。相比于其他碳汇机制，海洋生态系统固碳效果持久，但碳循环周期长，需要长期的监测和研究。同时，业界对海洋碳汇机制的了解还不够深入，缺乏精确的碳汇计量和监测手段，整体评估难度大。这为海洋碳汇交易市场建设带来了巨大挑战。利用大语言模型对海洋碳汇交易中的监管主体、生产企业和养殖主体三者的运行机制进行仿真模拟，探索海洋碳汇交易机制，从多个角度为海洋碳汇市场化提供可参考的规则框架，使完善海洋碳汇的市场化制度成为可能。

对于海洋碳汇交易的行为模拟而言，传统市场行为模拟的方法存在诸多局限，如基于规则、封闭、不能应对开放和复杂的市场环境、假设严格、对市场主体进行了过度简化等，整个模拟环境与现实世界存在严重的割裂，难以模拟交易过程中不同层级、不同特性的异质主体思路，无法运用历史经验。而基于大模型智能体的市场行为模拟则能够有效克服这些局限。大语言模型内化了丰富的世界知识，善于应对开放、复杂的市场环境，利用人设模块在不同的层次构建异质主体，利用记忆和推理能力对观察到的历史数据进行总结、反思、记忆。同时，大语言模型具有天然的可解释性，可以在现实数据的基础上进一步仿真，也可以将真实的人类决策行为与大模型智能体进行交互协作，还可以灵活建模宏观政策调控等外部干预，从而将虚拟仿真市场和真实世界市场机制有机融合,能够更加真实地反映市场宏观态势与微观行为，能够对反事实场景或极端场景进行仿真建模。总体而言，大模型智能体的市场行为模拟更真实，因而效果更理想，同时在成本上具有传统的社会学实验难以比拟的优势。可以预见，大模型将给社会科学研究带来一场革命。

此外，人工智能技术还为国内外碳汇政策谈判提供了有力工具支持。无论是国内还是国外碳汇市场机制的完善，都需要经历艰辛的谈判过程，才能推动碳价、绿证和绿电价格国际互认，加快"显性化"隐性碳成本，推动更广泛的互认。此类谈判过程涉及的背景知识众多（包括政策、习俗、国情、地貌等），背后更是体现了复杂的国际博弈态势，是大国角力的重要赛场，给相关从业者带来了巨大挑战。有研究团队开发的 AI 辅助的国际碳汇谈判支持系统正是应对这些挑战的有益尝试。充分利用大模型的通识知识，并进一步在通用大模型的基础上注入碳汇背景知识以及谈判策略，让 AI 成为谈判专家的助手，将人类谈判专家从海量知识、政策以及复杂谈判策略的迷宫中解放出来，使他们更好地把握谈判原则与方向。此类研究对于提高我国在国际规则制定中的话语权，加速国内低碳产业高质量可持续发展具有积极意义。

无论是竞价、谈判、博弈、协作等哪种具体场景，基于大模型智能体的复杂社会行为模拟均是其背后的核心技术。在人工智能领域，已经有一些相关工作对此做了简单总结。在竞价方面，目前大模型智能体已经展现出多种有效参与拍卖所需的技能。在真实世界的交易中，要综合考虑目标、预算、利润、优先级调整等诸多因素。因此，大模型智能体要结合预算规划、协商出价、交易执行、结果反馈、重新规划等交易流程，以及竞价者的目标和策略，模拟出复杂动态社会的完整交易过程。

在谈判方面，目前大模型智能体能够在多方谈判场景中进行对话推演和策略调整，在复杂的多轮谈判中平衡各方利益，推动达成最优协议，提升谈判效率与决策精准度。海洋碳汇政策谈判往往涉及多个议题和目标，需要各方通过对话协商形成综合性的共识，以促成最优的共赢协议。在谈判过程中存在价值不对称的问题，即各方对同一内容存在不同的价值函数，且无法看到他人的偏好策略，需要通过谈判获取信息并争取对自己最有利的分配。另外，谈判的对话轮次是有限的，各方需要尽快达成协议，未能达成协议将导致各方得分为零。

在博弈方面，大模型智能体需要在各类博弈场景中模拟并预测对手的策略，通过自我学习和迭代优化，应对复杂的市场竞争环境。博弈论中有很多经典的博弈场景，如合作博弈（猜平均数的 2/3、El Farol 酒吧问题、金钱分配任务，考察大模型智能体在合作情境中的表现）、背叛博弈（公共物品游戏、餐馆困境和密封竞标拍卖，测试大模型智能体在竞争或背叛情境中如何处理利益分配）、顺序博弈（大逃杀游戏和海盗游戏等，考察大模型智能体在顺序决策和多轮互动中的应对能力）等。

在协作方面，大模型智能体需要具备模拟异质的劳动和消费主体的能力，以便更准确地参与市场行为。这意味着模型需要能够理解不同主体的特征、偏好和行为模式，从而在模拟市场环境中进行有效的互动。例如，模型可以模拟具有不同的收入水平、消费习惯和风险偏好的消费者，以及具有不同的规模和行业背景的企业，从而更全面地反映市场的多样性和复杂性。通过观察宏观经济现象和规律，大模型智能体可以学习到市场行为的内在逻辑和动态变化趋势，从而实现市场行为策略的自主涌现。例如，模型可以通过分析历史数据和实时信息，识别出市场供需关系的变化、价格波动的规律以及竞争格局的演变，进而制定出适应市场变化的策略。这种能力使大模型智能体能够在不断变化的市场环境中，自主地调整和优化其行为策略，以实现更好的经济效益和社会效益。

三、海洋碳汇方面的人工智能技术应用

（一）机器学习算法

一直以来，基于数据科学的机器学习算法在海洋碳汇领域都具有广泛的

应用，如深度神经网络、卷积神经网络、对抗生成模型、长短期记忆网络等。这些算法能够深入理解碳汇机制，分析碳汇过程，预测碳汇结果。例如，对抗生成网络可以利用渗透率场作为输入，预测碳在海洋中的迁移状态，生成逼真的碳迁移图像，从而辅助碳汇过程的可视化和分析。此外，有大量的机器学习方法可用于碳泄漏分析，通过从大量的历史数据中学习碳汇的规律和模式，提高碳汇预测的准确性和可靠性，为碳汇管理和决策提供有力支持。

（二）遥感大模型

遥感大模型是基于遥感图像数据定制化训练的多模态大模型。传统的遥感影像理解技术往往侧重于针对单一模态、单一任务建模，缺乏对多模态数据、时间序列、地理先验知识的综合建模和利用，这限制了其在海量数据和多种任务中的泛化能力。而遥感大模型能够综合几十种遥感分析算法，给出综合的分割、识别、判断等结论，显著提高了碳汇计量和监测的自动化和精确度。例如，在自然资源耕地保护与耕地资源监测应用中，利用大模型分割、识别类型多的优势，一次识别耕地范围内的"非农化"矢量图斑。同时，通过遥感识别玉米、水稻、小麦等主粮作物，对全域作物的种植分布和面积进行动态监测，及时快速地掌握作物种植情况，辅助指导种植结构调整，具备业界领先的算法精度与泛化能力。

（三）数字孪生与仿真技术

在海洋碳汇场景中，大量的研究和实验需要通过仿真的形式完成，因此数字孪生与仿真技术发挥了重要作用，有效解决了海洋碳汇在监测、评估和管理方面的难题。数字孪生技术通过构建海洋碳循环的数字孪生模型，整合卫星、无人机、雷达、声呐等多种数据采集来源的数据，形成精准的计算模型，对海洋的各类指标进行评估分析，以优化相关决策，并帮助预警和应对台风、赤潮等灾害。粤港澳大湾区示范区海洋数字孪生应用系统就是一个典型的例子，它能够实时监测海洋环境变化，模拟不同情景下的碳汇动态，为海洋碳汇的科学管理和决策提供有力支持。

生成式仿真技术可以根据真实数据的特征高度泛化出在相同条件下相似

设备数据的特征，实现不同学科机理的融合，更加接近真实的工业环境。它能够有效平滑地根据少量离散的真实数据生成连续的完整数据，实现原始数据的高质量补全。在这个过程中，传统的基于机理模型的仿真仍然重要，而"真实数据+小模型仿真数据+生成式大模型合成数据"的融合路径，是人工智能技术赋能工业仿真的关键。三类数据的融合能够进一步提升仿真结果的准确性和可靠性，为碳汇相关领域的研究和应用提供更有力的技术支持。

四、总结

人工智能技术在海洋碳汇领域的应用前景广阔，其在科学研究、交易市场建设和具体技术应用等方面均展现出巨大的潜力和价值。通过大语言模型、机器学习算法、遥感大模型以及数字孪生与仿真技术等，人工智能不仅能够助力我们更深入地理解和监测海洋碳汇过程，还能够为海洋碳汇的市场化和政策制定提供有力支持。随着技术的不断发展和完善，人工智能将在海洋碳汇领域发挥越来越重要的作用，为全球气候治理和可持续发展贡献智慧和力量，为我们应对气候变化挑战、实现绿色发展提供更多的可能性。

生成式人工智能给传媒行业带来的机遇与挑战

随着互联网技术的飞速发展，人们获取信息的渠道日益多元化，传统传媒的影响力逐渐被削弱。受众对内容的需求在不断升级，他们渴望获取更加丰富、多元、个性化的内容，对内容的质量、时效性和互动性提出了更高的要求。与此同时，传媒行业的内部竞争愈发激烈，各大媒体平台为了争夺有限的受众资源，纷纷加大内容生产和创新投入的力度。然而，传统的内容生产方式存在诸多局限，如成本高昂、效率低下、难以满足个性化需求等，这使传媒行业亟须一场深刻的变革。

AIGC（人工智能生成内容）等生成式人工智能技术通过深度学习、自然语言处理等算法，自动生成或辅助生成各类内容，包括文本、图像、视频等。AIGC 为传媒行业注入了新的活力，能够大幅降低内容生产成本，提高内容生产效率，快速产出大量高质量的内容，满足受众日益增长的内容需求，极大地拓展了传媒行业的业务内涵，但也给传统传媒行业带来了巨大的冲击和前所未有的挑战。

一、AIGC 给传媒行业带来的机遇

内容作为传媒行业的核心，AIGC 将显著提升内容的质量和生产效率，为传媒行业带来全面智能化的变革。对于媒体从业者而言，AIGC 能够大幅提高工作效率，如自动撰写稿件、编辑辅助及内容审核等。对于用户来说，AIGC 能够增强用户黏性，通过精准推荐和深度阅读等方式，提供更符合个人兴趣和需求的内容。而对于管理者而言，AIGC 能够实现高效监管，包括内容监管和舆情监测等。

首先，AIGC 可以实现全模态的内容自动创作。利用大模型的多模态交互能力，AIGC 实现了自然语言指令驱动不同模态的内容自动创作，包括文

本生成、图像生成、视频生成等。同时，AIGC 也降低了不同形式的内容生成代价。利用大模型的文本生成能力，AIGC 能够帮助传媒行业生成更丰富的内容形式，高质高效地创作不同形式的内容，如多媒体内容快速生成、个性化创作、风格化生成等。例如，可以使用 ChatGPT 将某篇稿件改写成适合不同人群（如青少年、老年人等）的文本。

其次，AIGC 能够显著提升内容采编和文案整理的效率。借助大模型的指令理解能力，AIGC 能够协助传媒行业完成更专业的文本处理任务。通过人机协作的方式，工作效率得以大幅提升，具体包括采访提纲生成、采访对话摘要整理、文本校对、多语言翻译以及背景信息补充等。这些功能的实现，使媒体从业者能够更专注于内容的创意和深度，而将烦琐的文本处理工作交由 AIGC 来完成。

最后，AIGC 能够有效缓解信息过载的困扰。借助大模型的综合与归纳能力，AIGC 能够帮助信息消费者对热点信息和过量信息进行系统性的归纳与总结，从而使读者更好地理解事件的来龙去脉。例如，利用大模型可以快速梳理出重大事件或人物的时间线，或者对相似主题的内容进行合并与提炼。

此外，AIGC 还能够创造出多样化的传播形式。例如，永远在线且具备多语言技能的数字主播，通过大模型的多模态生成能力，可以根据不同用户的需求采用相应的传播形式，从而提高信息传播的效率。还有虚拟主播、语音助手、个性化主播以及拟真互动主播等。以 AI 虚拟主播为例，它们能够使用多种语言播报新闻，为用户提供更便捷和个性化的信息服务。

在内容监管方面，AIGC 借助大模型的比对校验能力，为传媒行业提供多维度、全面的监管支持。通过内容筛选、监测预警、数据分析以及舆情监控等手段，AIGC 能够有效监管媒体内容，大幅提升内容的合规性和严谨性。例如，大模型可以辅助核查新闻内容中的事实，通过比对不同来源的信息，精准识别并指出其中的矛盾与冲突，从而确保新闻报道的准确性和真实性。这种智能化的监管方式不仅提高了工作效率，还为传媒行业的内容质量提供了有力保障。

在内容推荐方面，AIGC 借助大模型的分析与规划能力，为传媒行业提供更精准的内容推荐服务。通过用户画像与大模型实时交互，AIGC 能够更深入地理解用户的行为模式、关注焦点和个人偏好，从而不断地优化推荐策略，提升用户体验。例如，有研究工作利用具备不同偏好和意图类型的用户个性化指令数据对大模型进行微调，使大模型具备个性化的新闻推荐能力；还有研究工作利用大模型理解用户画像和历史交互行为来提高推荐的精准度。这些创新应用不仅丰富了内容推荐的方式，还显著提升了传媒行业的用户黏性和满意度。

在影视创作方面，AIGC 正推动形成人机协作的内容生成新生态。AIGC 降低了影视创作的门槛，使更多的人能够参与到影视创作中来。然而，这也对影视创作者的创新能力、创意水平和专业素养提出了更高的要求。例如，使用提示词"通过对一片叶子的微距镜头，展示微小的火车在叶脉中穿行"，可以生成令人惊叹的视觉效果。国内的文生视频 AI 动画片《千秋诗颂》便是这一趋势的生动体现。未来，人机协作的内容创作模式将被分解为"提示+生成+评估"三个关键阶段，其中提示阶段和评估阶段仍需要人类专家的深度参与和把控。这种模式不仅能充分发挥人工智能的技术优势，还能确保内容的创意性和艺术性。

二、AIGC 给传媒行业带来的挑战

相较于 AIGC 给传媒行业带来的机遇而言，其所带来的挑战更值得关注。

（一）内容可控编辑问题

内容可控编辑是传媒行业的根本要求。"编辑"这个职业就道出了传媒行业的基本特征。内容安全规范要求媒体内容可编辑、可修改。可控编辑更频繁地体现在事实更新以满足时效性这一基本要求方面。然而，大模型本质上是一个巨大的分布式神经网络，其对事实的记忆呈现出分布式特征，很难追踪溯源，因而对其特定事实或观念进行定向编辑存在巨大挑战。即便人类明确提示大模型需要修改对于某个事实的观念，它仍然容易像"死鸭子嘴硬"

一般不肯修改问题。另一个极端则是"墙头草"式的摇摆不定问题，也就是大模型有时太容易受到人类的误导而轻易改变对正确事实的观念。

（二）事实正确性问题

AIGC 能够快速生成大量内容，但这些内容的真实性和可信度可能存在问题。传媒行业的生命线就是事实正确。然而，AIGC 降低了创作门槛，使谣言等虚假事实、偏见内容泛滥成灾，触及传媒行业的生命线。大模型生成内容的过程本质上是一个统计推断过程，无法确保一次性生成的事实百分之百正确。所谓事实正确，本质上是向人类世界的对齐。虽然人工智能能够做到生成的内容具有一定的合理性，但无法判断内容是否符合人类世界正在发生的事实。一旦内容不可信，就可能误导公众，从而损害传媒行业的公信力。

（三）内容趋同与平庸问题

AIGC 的创作与人类由情感、好奇心、内在动机等驱动的创作截然不同，它是一种由数据和算法驱动的缺乏自驱力、无目的的表达。AIGC 的创作，是一种通过海量数据学习出的统计分布上的概率生成，即在给定的提示词下输出概率最大的内容的过程。其所生成的内容取决于海量语料中的多数或均匀表达，因而体现的是人类的集体意志。例如，AI 生成的白领男性形象多是数据中占比大的白人男性，很少生成黑色皮肤的男性白领形象。AIGC 通常会对与提示词相关的内容进行拼接，容易造成内容的趋同与平庸。这与传媒行业所追求的内容的独特性、原创性背道而驰。

（四）治理代价增大问题

在 AIGC 技术被广泛应用之前，内容治理一直是传媒行业中成本巨大的一项工作。如今，AIGC 降低了内容生成的成本，势必引发虚假新闻泛滥、AI 诈骗盛行等问题，增大了内容治理的难度与代价。内容治理是对抗与博弈的过程，AIGC 无疑增加了内容治理方对手的能力。即便使用 AI 最新的能力治理智能内容，也会面临着"道高一尺，魔高一丈"的困境。在 AIGC 时代，内容治理势必会成为一片飘荡在传媒界头上久久挥之不去的乌云。

（五）版权与隐私问题

版权侵犯问题不容忽视。大模型的训练数据难溯源，生成的结果与人类产生的内容难以区分，对大模型无限制地使用可能导致恶意后果，如抄袭、剽窃等，产生侵犯版权的问题。虽然有研究试图通过特定的模型标识或水印技术来解决侵犯版权的问题，但效果有限。隐私泄露是另一个需要关注的伦理问题。大模型的训练数据集规模庞大、来源广泛，难以保证每一条数据的安全性。训练数据中可能包含敏感信息，如身份证号码、电话号码、地址等。大模型可能在其输出中反映出某些隐私细节，造成隐私泄露。

（六）价值观与文化偏见等问题

媒体具有建立公序良俗的社会责任，必须以坚定的立场宣传普世价值观、社会主义核心价值观，要成为态度鲜明、立场坚定的正能量媒体。然而，一旦使用 AIGC，就难免会产生包含偏见（如性别、地域、种族等偏见）、违背主流价值观（如传播西方主流媒体的价值观）、违背文化习俗（如冒犯宗教风俗）的内容。例如，一些图像生成模型生成的女性多是身着比基尼或低胸上衣的形象。总体而言，大模型的此类偏见来源于数据。从数据源头确保内容的合理合规仍需付出巨大努力。

（七）信息茧房问题

AIGC 打破了传统推荐算法基于用户行为大数据所构筑的信息茧房，但同时带来了基于大模型的信息茧房问题。例如，当提及"苹果"时，ChatGPT 只回答出水果苹果和乔布斯的苹果公司，但天眼查显示仅中国境内就有 106 个与苹果有关的品牌或机构。大模型所造成的茧房效应，远超基于大数据的推荐系统。大模型所构筑的信息茧房更具欺骗性与迷惑性，其一本正经地生成内容，很容易取得使用者的信任。大模型情感类应用所构筑的情感茧房更是危险，有可能让青年人沉溺其中。

（八）意识形态风险问题

大模型是有立场的，有其所偏好的意识形态。本质上，大模型的意识形态来自训练者"喂"给它的数据。当前的大多数大模型，如 ChatGPT，是在从互联网收集的大量文本语料库上进行训练的。而这些语料库由西方社会中有影响力的机构所主导，如主流新闻媒体机构、知名大学和社交媒体平台等。因此，ChatGPT 的意识形态和政治倾向很容易偏向于西方语境。因此，构建体现社会主义核心价值观的语料库是十分重要的。唯有如此，才能训练出"根正苗红"的大模型，而不是言必称西方、"外国的月亮比中国圆"的大模型。

综上所述，AIGC 技术如同一把"双刃剑"，在给传媒行业带来降本增效、满足个性化需求等重大机遇的同时，引发了事实准确性、内容生态治理、版权伦理、信息茧房等一系列挑战。这不仅是技术层面的考验，更是对传媒行业价值观和社会责任的深刻拷问。未来，传媒行业需携手各方力量，以技术创新为驱动力，以制度规范为保障，积极探寻平衡之道。在充分发挥 AIGC 技术优势的同时，坚守真实、客观、公正的传媒准则，突破信息茧房的束缚，共同塑造一个健康、繁荣、可信的传媒新生态，让技术的红利真正惠及社会大众，为构建和谐稳定的信息传播环境贡献力量，引领传媒行业迈向高质量发展的新征程。

大语言模型赋能数字人文建设[①]

在数字化浪潮的推动下，人工智能技术尤其是大语言模型正深刻地改变着我们的生活与工作方式。ChatGPT 等大语言模型的出现，不仅在技术层面引发了广泛关注，而且给数字人文领域带来了前所未有的机遇与挑战。本文将深入探讨大语言模型如何赋能数字人文建设，分析其在科研工作、语料库建设、数据伦理等方面的应用现状与潜在影响，以及我们应如何应对这些挑战，实现技术与人文的和谐共生。本文旨在为数字人文领域的研究者、实践者及政策制定者提供有价值的参考与启示，共同推动数字人文建设迈向新的高度。

一、ChatGPT 给数字人文带来的机遇

可以说，ChatGPT 已经成为科研工作中的重要工具之一，在一定程度上可以胜任科研秘书的一些日常工作。例如，对文献的简单综述，对某个领域科研进展的总结等，以及生成标题、文字润饰等文本工作都可以借助 ChatGPT 来完成。

总体而言，与传统的数字人文工具相比，ChatGPT 的智能水平更高。传统的文本挖掘和分析工具仍需较多的人力干预才能具备一定的能力，如数据标注、特征工程、模型调参等。ChatGPT 作为通用的、面向聊天优化之后的大模型，可以做到"开箱即用"，不再需要消耗人力对不同的任务进行有针对性的数据标注与模型训练，只需要少量提示，就能让 ChatGPT 以对话方式完成各种形式的复杂任务。可以预见，ChatGPT 很快就会成为提高科研生产力的必备工具。

[①] 2023 年 5 月，笔者应上海图书馆邀请进行专家访谈。本文根据访谈内容整理而成。

ChatGPT 在一定程度上是一个"通才",对于不同学科的数字人文问题,都具备一定的理解与回答能力。人文社科门类众多,从业者特别是新手在刚刚接触某领域时,往往需要快速建立对某个特定学科或问题的框架性认知。这正是 ChatGPT 类的大模型所能胜任的。同时,我们也要客观地评价其能力,它仍存在能力天花板。总体而言,其能力难以超越领域专家,特别是领域专家的创新思维与深刻洞察仍然是 ChatGPT 难以比拟的。

对于人文学者而言,要积极拥抱这一先进工具。纵观人类历史,先进生产力是无法阻挡的,每个人必须适应先进生产力而不是盲目拒绝,才不至于被社会淘汰。拥抱 ChatGPT 是一个必然趋势,同时要审慎地评价其能力,将其应用在合适的场景中。例如,在文案编辑(如个人发言草稿的整理、报告摘要与题目的生成等)中,可以大量使用 ChatGPT。但是原创的学术思想、深度的洞察与解读,仍需要由人类专家通过艰辛的思考与钻研来获得。总体而言,人文学者在利用 ChatGPT 时要做到"有所为,有所不为"。

二、大模型与数字人文汉语语料库建设

图情领域有着海量的优质图书资源,很容易被加工成高质量语料。图情领域是否能在大模型发展过程中发挥积极作用?图情领域有着大量的语料数据需要处理,大模型是否能为图情领域的语料处理带来新的机遇?在大模型发展背景下,这些是图情领域普遍关心的问题。

图情领域的语料库建设对于实现机器智能显然是十分重要的。以 ChatGPT 为代表的大规模生成式语言模型,在一定程度上就得益于海量的高质量语料。但是,当前 ChatGPT 所学习的语料大多来自互联网上的公开语料。公开语料的质量是无法与图书馆中优质的馆藏数据资源相提并论的。因此,从数据的规模和质量角度来讲,图书馆海量的优质馆藏数据资源对大模型的训练或优化极为有利。优质的图书数据资源一直是高质量大模型训练所渴求的数据来源。相信在不久的将来,图书馆将成为大模型产业生态中的重要角色之一。对于图书馆而言,可借助大模型将自己的馆藏资源的数据价值激发

出来，将图书资源切实转换成数据资产。

为了抓住这个机遇，图书馆等公共文化服务领域首先要充分理解大模型对图书数据资源价值变现的重要意义。其次，可以制定数据标准和规范，降低使用图书数据资源训练大模型的门槛。图书馆在一定程度上只是图书、文献、报刊等资源的汇聚地与查询入口，并不具有相应资源的所有权。从数据的共享与流通机制等层面，应研究图书等优质数据资源的合规汇聚，进而为优质大模型的训练打下基础。

此外，我国的图书馆馆藏在中文文献方面有着得天独厚的优势，可能会在大模型的中文水平理解方面发挥独特作用。与英语相比，汉语是一种表意语言，每个汉字都有着丰富的内涵。我们利用五千多个常用的汉字表达复杂的现实世界。因此，汉语的复杂程度比英语更高。这一点也决定了对于同样的语言任务，ChatGPT 在英文上总体好于中文，尤其是涉及古汉字、文言文的任务。对于 ChatGPT 而言，中文的引经据典仍然十分困难。此外，汉语语料总体上少于英语语料，这也对中文大模型提出了挑战。总体上，在一些专业的中文语言任务，特别是与古汉语相关的任务中，中文大模型的效果仍然不尽如人意。我们仍需付出极大的努力，完善汉语语料资源建设，优化中文大模型。

数字人文领域有着悠久的语料库建设传统。不同专题语料库的建设初衷主要是为某类专题的数字人文研究的开展提供便利。这些专题语料库的作用可能会受到大模型的冲击。随着大模型学习的语料日益增多，大模型有可能习得了其中大量的数据。有证据表明，很多通用大模型一旦学习过公开媒体语料，那么关于媒体语料库建设的意义就被淡化了，相关领域的研究者完全可以使用大模型获取相应的信息。当然，专题语料库往往在某类专题的数据覆盖率、组织性方面比大模型更具优势。

此外，传统语料库的建设过程涉及繁重的语料收集、清洗、汇聚和分析工作，效率低下，成本高昂。在这种情况下，可以借助 ChatGPT 强大的语言理解能力提高语料库建设的效率和质量。例如，开展基于 ChatGPT 的语料格式统一、错误检查、去重检测等，实现语料的清洗、规范化、对齐、融合、纠错、评估等。与传统方法相比，大语言模型的语言理解能力并不局限于特定领域，可以被广泛应用在不同领域的语料库建设中。总体而言，语料库建设方法将从传统的小模型或者基于规则的方案转变成大模型驱动的新范式。ChatGPT 类的生成式大语言模型对于降低语料库建设成本、缩短建设周期有着积极意义。

三、数据伦理

大语言模型的隐私泄露和版权侵犯是 ChatGPT 应用的极大隐患之一。但是从法律意义上讲，大语言模型的隐私泄露和版权侵犯极难明确界定。ChatGPT 这类模型本质上是一个概率化的生成式大语言模型，它的生成过程是随机的，不是直接复制和粘贴，而是对不同来源的文字或内容的随机拼接。正因为存在随机性，人们很难像传统的基于连续文字的重复程度或者思路的相似程度来认定剽窃与侵权，甚至难以追溯其剽窃来源。可以说，生成式人工智能对传统的知识产权保护提出了巨大挑战，现有的法律框架已经难以适应 AIGC（人工智能生成内容）的快速发展。

图书馆在推进大模型应用时应该做好两方面工作：一方面，做好数据来源的确认，尽可能避免侵权事件的发生，从数据源头上进行版权保护；另一方面，注意保护自己的数据不被非法或恶意窃取，要加强对私密数据的保护意识。一旦公开优质数据，就很难再根据大模型的结果认定大模型对版权的侵犯。目前，在法律和技术上都缺乏必要的手段去界定侵权行为，所以在这个时间点做好防护是非常关键且必要的。有关部门应该积极推动制定相应的管理办法，保障数据所有者的权益，同时不能因为数据防护，将大模型产业扼杀在摇篮之中。

目前，大语言模型生成的内容是否受版权保护，仍然是一个处于争论中的问题。美国司法部门给出了一种比较开放的态度：既不认定侵权，也不予以保护。这样界定的原因在于，生成式人工智能的随机生成过程不同于传统刻板的复制和粘贴，大模型生成的本质是不同统计模式的随机组合，存在风格的迁移、框架的借鉴或思路的拼接。针对风格、框架、思路在思想层面的雷同，在当前的法律框架下是很难认定侵权的。因此，知识产权领域的很多专家对此也感到十分困惑，目前对这个问题还没有形成定论。

人工智能变革下的人力资源新变局

目前，通用人工智能（AGI）曙光初现，以 ChatGPT 为代表的大规模生成式语言模型，凭借其强大的数据处理能力，能够生成针对各种问题的答案。这预示着大部分文案工作将被重新定义，各类机器人、数字人有可能代替人类工作，人力资源行业需要被重塑，以应对人工智能发展所带来的巨大挑战。同时，人工智能发展也给优化人力资源行业带来了全新机遇，能够优化人力资源配置，提高人力资源服务效率，实现更精准的人岗匹配，提高招聘的效率和质量，并提升员工的工作效率和绩效。

一、人力资源面临的挑战

如今，人工智能等技术正深刻影响着人力资源领域。一方面，技术的不断进步使人力替代现象愈发普遍，从产线工人到脑力劳动者，都面临着被机器或大模型取代的风险，这促使我们不得不重新审视未来的劳动力结构；另一方面，自 2022 年 11 月 ChatGPT 发布后，世界变化加速，技术的飞速发展增加了系统的复杂性和不确定性，导致人才供需失衡加剧，教育与市场需求脱节愈发严重。此外，大模型的出现更是给就业带来了巨大冲击，常规性、重复性的工作首当其冲，而一些需要长期实习训练才能胜任或与实体经济关联较大的岗位受到的影响相对较小。这些对人力资源领域提出了前所未有的挑战，亟待我们深入研究和应对。

随着技术的发展，人工智能替代人力的现象愈发明显。过去是产线工人被机器取代，如今脑力劳动者面临着同样的命运。未来将形成怎样的劳动力结构，这是人力资源专家亟须解决的问题。技术进步导致人才供需失衡加剧，高校和市场化的人才培养体系难以跟上市场需求的步伐，新兴技术领域的人才稀缺性日益凸显。

（一）世界加速变化带来人才供需结构失衡

自 2022 年 11 月 ChatGPT 发布以来，在人工智能等技术的推动下，世界科技进步呈加速态势，仿佛迎来了奇点时刻。对于人力资源而言，技术的进步首先导致人才供需失衡加剧，学校培养的人才与市场需求脱节的现象愈发严重。一方面，各类高精尖人才、新兴技术人才稀缺；另一方面，传统技术人才大量过剩，被快速淘汰。教材的编写速度、学习者的学习速度已经跟不上技术的发展速度，教育领域和人力资源领域都面临着前所未有的挑战。

（二）生成式大模型进一步冲击人力资源市场

OpenAI 作为率先意识到大模型对人类工作影响的企业，其研究人员在 2023 年 3 月对 ChatGPT 可能给就业带来的冲击进行了调研。研究发现，常规性、重复性、文案性、需要较少职业化培训的信息处理类工作极易被大模型取代；而需要长期实习训练才能胜任的岗位，以及与实体经济关联较大、需要严肃思考的岗位，受到的冲击较小。从具体岗位的角度来看，翻译、文员、秘书等岗位受到的冲击最大，而运动员、汽车修理工、厨师等岗位受到的影响最小。从教育的角度来看，通识教育加上简单培训就能胜任的岗位将受到巨大冲击，这类岗位的特点是追求规范化和流程化的常规性工作，如人力资源、客服等窗口型岗位。

（三）AGI 所带来的劳动力结构调整

可以说，自 ChatGPT 问世以来，人类劳动力结构便开始经历主动与被动交织的调整和升级进程。很多人对 AGI 所带来的劳动力结构调整不以为意，毕竟每一次技术革命都会造成就业结构、经济结构的调整或升级。先进技术在消灭旧的岗位的同时，势必会创造新的岗位与就业机会。在经过适度的结构升级所带来的阵痛后，人类必然进入新的阶段。然而，此次 AGI 的冲击关键在于，其消灭人类传统岗位的速度远远超过了其创造新岗位的速度。AGI 的大规模应用在消解人类的工作需求。那些传统意义上满足全人类所需要的物质与精神工作的需求，只需要少量人加上大量机器就可以实现。这是人类即将面临的幸福的烦恼。如何安置剩余劳动力，是我们需要回答的问题。

（四）重新定义人才的内涵

尽管大模型能够完成文字生成、代码生成、图像生成等工作，但是仍有许多任务需要人类来完成，如提示模型生成准确的内容、评估模型的生成效果等。在大模型时代，评价重于生成，鉴赏优于创作，谋划比执行重要，构思比执笔重要，提问比回答重要，质疑比遵从重要。个人应关注评价、鉴赏、谋划、构思、提问、质疑等人类独有的能力，教育也应更注重培养智慧而非单纯地传授知识。在 AGI 时代，需要既懂技术又懂业务的复合型人才，以及跨学科、跨领域的高精尖人才。例如，能够训练制造业大模型的人才，需具备人工智能知识和物理学、机械原理等背景知识，跨学科人才是人工智能时代发展所急需的。

二、大模型给人力资源行业带来的机遇

大模型给人力资源行业带来巨大机遇，可实现行业提质增效。例如，在我们举办的一个大模型创意应用比赛中，征集到的 1/3 提案都涉及人力资源服务。一直以来，人力资源服务近乎顽固地坚持其传统的形态，新兴技术难以渗透其中，从数字化与智能化水平的角度来看，整个行业处于相对"原始"的状态。大模型因其强大的通识能力与理解能力，让许多过去难以实现的想法落地成真，如简历优化、自动面试、岗位匹配、人才评价等均可以借助大模型实现提质增效。人力资源服务看似简单，实则是传统人工智能技术难以有效应对的场景。人力资源服务需要强大的通识能力，一个合格的 HR 不需要在专业水平上超越其面试的候选人，但是需要能读懂不同专业的人才简历。这种通识能力恰恰是传统人工智能技术所欠缺，而大模型所擅长的。通过构建岗位知识图谱，结合公司业务需求和大模型底座能力，可取得 90% 以上的人岗匹配效果。一些创业公司正在用智能化方法开展数字 HR 员工建设，数字 HR 员工能够 24 小时在线，完成一个人力资源服务行业从业者的大部分工作，如电话邀约、简历筛选、在线面试等。一些大型企业每年有近百万人才的筛选需求，传统 HR 很难应对海量人才的各项服务工作，数字 HR 势在必行。

此外，基于大模型形成的机器员工与数字员工已经成为新的"人力"资源。各种形态的大模型智能体成为相关工作岗位上的行家里手，进而成为驻留于服务器的数字员工，可以实现全天候的服务。随着具身大模型与机器人的深度融合，机器员工也将成为现实，代替人类从事繁重、危险的体力劳动或者做一些需要具备身心协调性的工作。未来的人力资源管理将升级为广义的"智能体"资源管理，既要管理好人类员工，又要管理好数字员工与机器员工。人力资源管理与服务的内涵因人工智能等技术的发展而需要升级与更新。

人才是社会发展的核心，未来社会需要更多掌握人工智能技术的人。人力资源市场需要顺应人工智能技术的快速发展，调整人才结构，把握大模型带来的全新机遇，同时积极应对人工智能技术的快速应用所带来的一系列挑战，人力资源行业的转型升级已经迫在眉睫。

大模型的发展趋势及展望[①]

从通用大模型的技术发展趋势来看，大模型正处于技术发展曲线的快速增长阶段，对模型规模的提升与性能极限的探索仍是当前的主流基调。然而，随着技术的不断进步，大模型也面临着从单模态走向多模态、从通识走向专业的转变，这不仅为产业发展带来了新的机遇，也带来了诸多挑战。本文将深入探讨大模型技术与产业发展的趋势，分析其在安全性、高效性、成本控制等方面面临的挑战，以及在金融等行业应用中存在的具体问题和未来展望。同时，本文还将关注大模型行业生态的建设，包括数据、算力、模型等关键要素的发展，以及在人才培养、技术规范等方面的需求。我们希望通过全面的分析，为大模型技术的未来发展提供有价值的参考与启示，共同推动这一技术在各行业的深度融合与创新发展。

一、大模型技术与产业发展的趋势

对于通用大模型来说，有一个典型的"Scaling Law"（标度律）现象，也就是模型的性能会随着模型规模的增长而增长。现阶段，模型的参数量越大，其潜力越大，在下游能够胜任的任务就越广泛，解决问题的效果就越好。因此，顶尖的厂商和实验室仍然在持续提升训练数据的规模，投入更大规模的算力，训练更大规模的模型。有传闻称，GPT-5 的参数规模可能是 GPT-4 的 100 倍左右。大模型的训练几乎耗尽了人类已经积累的所有数据，耗尽了大部分高端 GPU 算力，占用了算力中心的很大一部分带宽资源。更大就更强，在大模型领域仍然成立，这推动了全球的算力竞争。但是在全球博弈过程中，不可能有真正意义上的最终胜利者。终有某个关键时刻，进一步的算力投入成本难以抵消其性能收益，那时通用大模型将进入发展平台期。通用大模型

[①] 2023 年 9 月，笔者应蚂蚁集团邀请在 2023 外滩大会上发表演讲。本文根据圆桌讨论环节的文稿整理而成。

最终会因耗尽人类的训练数据而停下发展的脚步，会因人类知识的产生速度滞后于大模型的学习速度而踯躅不前。我们需要密切关注巨型模型的持续增长。比 GPT-4 规模还大的大模型所具备的认知能力有可能超过人类的想象力和认知范围。与 AGI（Artificial General Intelligence，通用人工智能）相对应的概念是 ASI（Artificial Super Intelligence，超级人工智能），更大规模的大模型有超出 AGI 向 ASI 发展的可能。为此，提高巨型模型的可控性，设定安全边界，证明人工智能系统的安全性，必须与巨型模型的研发同步甚至提前进行。

另外，大模型的发展还呈现出两个鲜明的趋势：从单模态走向多模态、从通识走向专业。

多模态化意味着通用大模型所要处理的对象将从单一的纯文本形态发展至语音、图像、视频等多种复杂模态的数据，甚至可以是代码、基因序列、化合物结构等。通过高质量的多模态对齐数据，大模型能够理解和处理这些多模态信息，实现使用自然语言指令生成相应的多模态数据，从而大幅提高图像生成、代码生成、化合物生成等任务的处理效率。多模态的一个重要趋势是具身化，也就是将大模型驱动的思维与机器人实体在环境中的复杂交互进行关联，从而训练大模型驱动具有身体的机器人在现实物理环境中进行复杂的交互。也有众多研究将通用大模型视作一类自治智能体的大脑，研究其驱动的虚拟智能体在虚拟环境中的成长。多模态具身大模型的进一步发展，将显著提升各类智能终端（如机器人、机械臂、手机、无人车）的智能性、交互性与自治性。

从大模型的应用发展情况来看，早期的应用主要集中在开放式聊天场景，如 ChatGPT 等。随着应用的深入，大模型应用已经开始逐渐转向具有巨大商业价值的千行百业，服务对象已经不是普通消费者，而是企业客户，大模型需要胜任千行百业的复杂决策任务。各领域的实际应用都涉及相对较为严肃的决策任务，错误容忍度较低，需要显著提升大模型对复杂决策任务的处理水平。行业中的复杂决策任务对大模型的专业知识、行业认知、决策能力等均提出了较高要求。当前的通用大模型仍需经过复杂的领域适配与行业优化，与传统的富含商业数据与知识的数据库系统、专家系统协同，才能满足领域应用需求。可以说，通用大模型与千行百业的深度融合对推动人工智能产业的持续发展具有重大意义。大模型已经成为各行业数字化转型和高质量发展的人工智能基础设施，大模型只有解决各行业中的复杂决策问题，才能凸显其价值。进一步地，只有将大模型应用于严肃的复杂决策任务，才能探索其能力上限与固有缺陷，进而使其走上一条持续完善的发展道路。

走向产业是通用大模型的未来。为什么这么说呢？

一方面，相比于 To C 市场，To B 市场具有更大的发展空间和发展潜力。同时，各行各业的智能化升级和转型发展也是推进数字中国发展战略的重要任务之一。只有在严肃的产业场景中发挥作用并取得成果，才能彰显大模型的巨大价值。众多知名企业都曾鲜明地将大模型定位为"不作诗、只做事"的先进工具。如果只是闲聊，大模型至多就是一个智能玩具，如果能完成专业人员所胜任的工作，那么大模型才能从根本上被视作一种先进生产力。因此，推动各行业的提质增效与高质量发展是历史赋予大模型的重要使命。

另一方面，大模型的进一步发展需要来自千行百业的检验与反馈。大模型自被提出之日起，就不是开放闲聊的玩具，而是切实解决实际问题的先进工具、基础设施。对话只是大模型与人类交互的一种方式，聊天只是检验大模型能力的手段之一。千行百业的知识体系庞杂、任务复杂多样、专业性要求高、精准度要求高，往往只有经过高等教育与专业训练的人类专家才能胜任相应的工作。作为能力引擎和知识引擎，通用大模型需要结合行业需求进一步提升其完成复杂决策任务的能力，需要被注入丰富的形式各异的专业知识。将大模型从开放闲聊升级为复杂决策，从普通人升级为专家，这是大模型发展的基本路径。大模型在行业应用中呈现出了一系列突出问题，如幻觉、难理解、不可控、难更新、难防护、易侵权等。对这些问题的识别、定义与解决是进一步完善大模型，使其成为真正意义上的生产力工具，并释放 AGI 技术价值的关键。

无论是为了促进 AGI 技术自身的发展，还是推动各行各业的高质量发展与数字化转型，都需要将通用大模型与行业应用深度融合，这种融合将成为大模型乃至 AGI 发展的基本趋势。

二、从通用大模型走向行业大模型面临的核心挑战

从大模型的行业应用特点来看，人们普遍关心三个关键问题：安全性、高效性和成本控制。

第一个关键问题是安全性。任何企业在采用新技术时都首先要考虑安全性。安全是很多行业应用的红线、底线，任何发展都要建立在安全的前提之上。对于通用大模型而言，安全性涉及多个方面。其中，首要的是数据安全，在大模型的训练和使用过程中，企业极为关心其核心数据和敏感数据是否存在泄露风险。一旦将敏感数据混入大模型的训练过程，就很可能在使用大模型的过程中暴露相关信息。大模型的隐私问题十分棘手，企业往往有着严格的数据分级管控制度，这与大模型需要接收广泛多样的数据进行训练存在矛盾。大模型的黑盒特性导致其难理解、不可控，使传统的隐私保护方法失去了明确的保护目标，甚至对大模型隐私泄露取证也造成了一定的困难。此外，大模型的数据安全还需要考虑版权、生成内容合规等问题。例如，金融业是一个强监管的行业，其服务必须符合相应的国家规范，如何确保生成式人工智能的生成内容符合相关的行业标准、规范、法律，仍然是一个难题。在一些行业中，对内容的合规要求还需要包括意识形态正确、伦理道德安全等。例如，对媒体领域的生成内容必须在政治正确、意识形态正确方面有着较高的要求；在医学领域，对伦理与道德有着较高的要求。可以说，数据安全、内容安全将是大模型在各个行业中无法回避的问题。随着应用的深化，大模型的安全问题也将日益突出。从数据源头清洗数据、加深对大模型可解释性与可控性的理解、加强对大模型生成内容的事后评估等，都是提升大模型安

全性的重要举措。

第二个关键问题是高效性。通用大模型已经成为各行各业提高效率的重要工具，能够加快内容的生成，显著降低一些常规性工作的人力成本。因此，在提高效率方面，大模型具有较大的潜力。需要指出的是，虽然大模型在行业应用中具有较大的潜力，但若要释放这种潜力，仍然有很多工作要做。首先，大模型自身需要面向行业应用，从深化专业知识、提升解决问题的能力等多个角度不断进行完善。其次，加强大模型与其他信息的协同，从而提升其应用效果。大模型在行业中的应用可以被比作汽车引擎的升级，需要将信息系统的智能引擎从传统的小模型、专家系统替换为大模型参与的混合引擎。在引擎升级的过程中，我们要注重大模型为行业智能化所创造的新机遇。例如，大模型的人机交互、规划协同能力出色，将会给智能系统创造新的自然交互机会，将逐步代替战术层面的规划执行任务。大模型的应用效果在很大程度上取决于应用场景。用一句话来概括大模型在行业应用中的效果，就是"从工具升级为助手"。大模型的通识能力决定了其能胜任生活助理的角色，大模型出色的专业能力决定了其专业助理的定位。换言之，顶尖专家的思维能力与专家直觉是大模型很难实现的，除此之外，行业中为数众多的初级工程师、行业助理的岗位将会逐步递减。

第三个关键问题是成本控制。大模型的研发、训练、应用和维护都需要巨大的成本。特别是在训练阶段，需要付出巨大的算力成本、能源消耗成本、数据采购及清洗成本。在大模型的应用过程中，还存在一定的大规模并发调用的算力成本，以及长期持续的运维成本。因此，对于企业来说，一个难以回避的问题是使用大模型所带来的收益究竟如何。一般而言，只有具备较大的成本优势与较佳的应用效果，才能推动大模型的广泛应用。这需要持续研究大模型的训练优化、异质算力平台上大模型的可靠训练、大模型的轻量化部署、大模型的云端边协同、大模型的廉价持续训练等关键技术，降低大模型的落地成本。因此，成本控制是一个不可忽视的重要问题。

三、金融行业大模型完成产业落地面临的挑战和未来

首先，金融领域是一个典型的严肃、复杂的商业应用场景，对大模型的准确性、安全性、可靠性、认知能力均提出了前所未有的要求。所谓严肃，是指金融领域的错误容忍度非常低。消费者希望金融机构提供的产品红利能够达到预期，提供的研报等信息准确无误；监管机构对金融机构提供的数据合规性要求极高。因此，金融领域对错误和合规性问题非常严肃和敏感。金融基本面涉及经济、产业、政治甚至气候等诸多因素，金融系统涉及银行、券商、基金等众多机构，是一个复杂的生态系统。金融行业的信息处理任务复杂多样，涉及授信、借贷、风控、交易等众多业务环节。金融行业专家大多凭借自身丰富的经验解决问题。所谓的专家经验，往往是一些隐性知识，大模型难以从文字记载的数据中习得这类专家经验与思维方式。可以预见，大模型要全面达到一个资深的金融行业专家的水平，仍有漫长的路要走。然而，我们必须珍惜大模型给金融行业带来的可能的新机遇。在文本类任务以及规则明确的业务中，如金融研报生成、合同审核、产品说明合规性检验等，大模型在效率和效果等方面均有可能远超人类专家。

其次，金融行业的数据孤岛化、信息碎片化、知识私有化等问题，仍然会对大模型的落地效果产生负面影响。金融行业数据虽然看似极为丰富，是典型的大数据场景（如动辄似天文数字般的交易量），但是相比于互联网大数据，它仍然是稀疏的，使大模型难以单纯地从数据中习得领域知识与业务规则。例如，互联网电商的海量数据基本上围绕着商品销售这个核心业务，海量的同质化数据使大模型有充分机会习得数据背后的规律和事实；而金融行业的大数据分散在各类细分业务和场景（如存款、信贷、基金、股票、投资等）中，使大模型难以习得用户的完整画像以及清晰的业务规律。若要提升大模型的应用效果，仍然要从提升行业数据源头的质量上下功夫，寻找突破口。

再次，大模型对金融行业的重塑是一个改良过程，而非革命过程，如何

在继承现有系统框架的前提下持续提升金融智能化系统的能级与效能，是当下的一个关键问题。金融智能化的未来一定建立在通用大模型这块新基石之上。然而，与将任何传统技术升级为新技术一样，作为人工智能能力升级的新工具，大模型在替代传统的基于小模型、专家规则和知识图谱的解决方案方面，还需经历一个有序迭代的过程。例如，目前的大模型还没有能力替代金融交易的核心业务系统。因此，基于大模型的智能化进程本质上在不断探索大模型的潜力和局限性，是综合考量权衡利弊的过程（对比大模型与小模型、专家规则和知识图谱的技术与成本优势）。最终，可能会建立一种大模型与传统系统工具协作的新型金融智能系统架构，这也是未来金融智能化所要解决的主要问题。

最后，面向大模型重建新型人机关系仍是未来一段时期的重要工作。从本质上讲，以大模型为核心底座的新型智能系统是一个人机协作系统，人是整个系统的发起者、建造者、设计者和控制者。人类专家有着不可替代的作用，如专家的经验与思维难以被替代。然而，由于大模型的能力取得了质的飞跃（例如，在对开放性问题的理解和规划协同能力等方面），人机关系需要重新定义。大模型开始扮演人类决策的合作者、咨询师、建议者的角色。大模型具备人类专家所缺少的知识，提供必要的建议，拓宽人类专家的视野。大模型绝不仅仅是工具，人机之间也不是简单的使用者与工具的关系，而是更接近司令员与参谋、专家与助理的伙伴关系。此外，我们也需要重新设计整个工作流程，将传统的流程分解为"提示+生成+评估"等细分阶段，由大模型完成其擅长的生成阶段，而由人类专家完成其他阶段。在未来的金融系统设计与实现中，关键在于准确界定人类应该继续承担的任务角色。

四、对大模型行业生态未来的畅想

确立和健全大模型行业生态的基本原则应该是发展与安全兼顾。从发展的角度来看，我们需要推动大模型行业生态的几个关键要素，包括数据、算力、模型和人才培养等。在数据方面，应积极推动数据联盟等方式实现数据、语料的共享与协作，通过合法的数据交易机制促进高质量语料的汇聚。大规模、高质量的语料是训练高质量大模型的前提。在算力方面，需要积极推动算力相关的联盟，将分散的算力集中化。在这一过程中，要尤为关注自主可控的国产算力生态的积极建设。由于受到国际禁运的限制，发展自主可控的算力生态势在必行。国产算力必须有相对完善的大模型研发与应用生态，为国产算力的发展提供持续的反馈与必要的市场环境，才能真正推动国产算力的发展和完善。在模型方面，需要引导、培育与发展国内的开源模型社区。目前，大模型的技术实现、学习交流多依赖 GitHub、Hugging Face 等国外的开源代码社区，存在一定的政治风险。建立自主的模型社区和技术社区是推动模型实现国产自主可控的重要措施之一。在人才培养方面，需要积极培养大模型、AGI 相关的技术人才和产品人才。在大模型人才培养方面，尤其要注重跨学科、跨专业的复合型人才培养，要注重构建产学研联动的育人体系。育人与产业的边界日益模糊，做产品的过程也是培养人的过程，要在实战中育人。同时，还要重视建立大模型的诊断与评测体系，保障大模型产业健康发展；需要积极探索大模型的应用模式，丰富大模型的应用场景；持续研究大模型的训练与应用关键技术，完善大模型的技术体系，降低大模型的落地成本。

在大模型行业生态的建设过程中，尤为重要的是尽快建立大模型产业发展的安全底线、伦理标准、合规规范，并通过行政或司法等手段确保相关规范的有效实施，从而确保大模型产业的安全与健康发展。同时，通过建立大模型发展的安全底线，有所为，有所不为，尽快明确巨型模型的潜在风险，设立不可跨越的、明确的人工智能安全红线。制定包括数据供应、模型训练、模型应用等在内的全方位的大模型发展规范，进一步建立与健全涉及生成式人工智能、AGI 的行业规范、法律法规，保障相关产业的健康与有序发展。我国已经发布了生成式人工智能产品的相关规定，对相关产品的发展给予及时、有效的引导和规范。未来，需要根据技术发展形势，进一步加强对大模型训练语料的安全性和合规性认证，建立大模型在各行业应用中的能力水平和知识体系的评估机制与评测基准。

就个人而言，我们应意识到以往所习得的一些传统技能在大模型面前可能会变得毫无意义。例如，秘书的撰写文案工作、程序员的编程工作、译员的翻译工作等，很容易被生成式大模型代替。大模型的替代即便不是颠覆性的，也会大幅降低社会用工需求。例如，在形象设计、艺术照拍摄等领域，高效大模型与少数设计师协作，基本能完成大部分任务，从而大幅减少了对相关行业从业者的需求。人类曾经引以为傲的很多智力和能力存在被大模型淘汰的风险，那么，个人应该如何应对风险呢？显然，应该积极提升自己的能力：学习大模型的工作原理、学会提示与使用大模型、提升评价与解释生成内容的能力等。在大模型普及的未来，评价比生成重要，鉴赏比创作重要，谋划比执行重要，构思比执笔重要，提问比回答重要，质疑比遵从重要。大模型给人类留有发挥的空间与余地，关键取决于每个人能否顺应技术发展趋势，积极做出改变。

从社会发展的角度来看，我们需要做好充分准备，以应对大模型的广泛应用所带来的影响和冲击。从短期来看，大模型会对社会就业产生显著影响。高盛报告称，全球预计有 3 亿个工作岗位被 AI 取代。大模型也会带来很多技术治理问题，如虚假泛滥、欺诈成灾、隐私泄露、版权侵犯等已经成为 AIGC 等技术给社会带来的巨大困扰。从长期来看，大模型的影响可能更加深远。首先是对社会结构和价值体系的影响。AGI 普及后，整个社会有向"少数精英+智能机器"新结构演变的趋势。少数社会精英在掌握了调教智能机器的技艺之后，就能操控大量的智能机器，进而形成接近无限的生产力。每个社会个体都要重新审视自己存在的意义，整个社会需要重新构建新的价值体系与道德体系。其次是对人类教育的深远影响。先进的人工智能不断地把机器培养成人，而落后的教育不断地把人培养成机器。在 AGI 的冲击下，未来的教育教什么、学什么将成为对人类灵魂的拷问。

最后，或许也是最重要的，就是如何防止 AGI 的普及所带来的人类整体倒退的风险。当 ChatGPT 日益智能时，我们习惯了向它提问，习惯了接受它的答案，久而久之，人类的质疑精神就会逐步丧失。

第 4 篇
社会篇

以大模型为代表的通用人工智能对社会的冲击与重塑作用是深远的，是全面的。

科学研究是现代社会发展的引擎。如今，人工智能正在强烈撼动着旧引擎，但是它所重塑的新引擎仍然轮廓模糊——旧的科研体系即将淘汰，新的科研体系却仍未建立。如何夯实现代文明发展之根基？这是时代发展之问，需要深入分析，彻底回答。本篇首先选取三篇文章回应这个问题。《关于人工智能的跨学科之思》写于 ChatGPT 发布之前的几个月，在大模型仍在酝酿之际，笔者已经感受到山雨欲来，文中探讨了智能时代的跨学科研究，并提出应重建人类对世界的整体性认知。《像天使也似魔鬼：关于通用人工智能时代科学研究的若干问题》写于 ChatGPT 发布后几个月。不管学科背景如何，学者们都面临着一道必答题：你的学科如何应对通用人工智能的挑战？《AI 爆发，为人类探索未知之境按下加速键》写于 2024 年诺贝尔奖公布之后，AI 的威力在世界级奖项中彰显，人类需要重新审视科学研究范式革命及其产生的长期社会影响。

当 AI 达到甚至接近人类水平时，人类和机器还有何根本差异？人类将如何发展，何去何从？这些都是难以回避的问题。《AI 时代的验证码难题》

探讨了人机边界模糊所带来的人机区分难题以及相应的社会影响。《AI 发展的终极意义是倒逼人类重新认识自己》重塑了人的价值，提出人类必须回到文明的起点，重新认识自己，以应对 AI 的挑战。Sora 为人类社会带来了新的可能性，如果不加以管控与引导，那么它所代表的先进 AI 可能会给人类社会带来巨大的麻烦。AI 本质上是人类的工具，其发展的唯一准绳是人类的福祉，《Sora 打开的未来：人类必须成为，也终将成为 AI 的尺度》明确了这一原则。AI 繁荣的背后隐藏着人类发展的危机，所谓根深才能叶茂，如果作为人类智能延展的 AI 过度繁盛，因而加剧了人的脆弱性，那么何以为人？在 AI 大发展的背景下，需要深入思考这一问题。《人机共舞大幕已启，等等！再思考"何以为人"》则解答了这一问题。在本书组稿时，OpenAI o1 和 DeepSeek-R1 模型相继发布，《当思考变得廉价》针对 OpenAI o1 和 DeepSeek-R1 所带来的社会影响进行分析。如果有一天，机器学会了人类的理性思维能力，这注定会成为人类文明发展历程中的关键事件之一。

在本篇的最后，通过《迈向"智能的寒武纪"》对即将到来的全面智能时代做出预测和展望，再次提醒人类做好各项准备工作。

关于人工智能的跨学科之思[①]

自近代科学革命以来，自然学科与人文学科在近代知识体系分化中形成了不同的路径，二者盘点和梳理着人类对于客观世界和人类社会的有限经验与理性思考，成就了现代意义上的自然科学和人文科学，但也造成了学科之间的藩篱林立与壁垒重重，细分学科内部同质化研究泛滥，原始创新动力不足。

"学科内卷"一词十分形象地道出了当前人文学科与自然学科研究的窘迫状态。破题之关键在于交叉与融合。

在各种可能的学科交叉与融合中，笔者对人文学科与人工智能（AI）的交叉与融合充满了期待。如果套用自动驾驶等级标准的思想，那么 AI 与其他学科的交叉与融合由浅入深大致可分为三个层次，其典型代表分别是 AI 与工科、医科的融合，AI 与脑科学的融合，以及 AI 与人文学科的融合。需要肯定的是，任何一类融合都具有重大的科学意义与重要的应用价值，这里只针对几类融合方式的特点展开论述，并无厚此薄彼之意。

AI 与工科、医科的融合，像一场"彼有意，我无情"的单向恋爱：AI 更多地被用作工具。工具只是手段，赋能才是目的。功利性的恋爱或婚姻难以持久，倒不如在合作关系下互惠互利，从而长久地维系下去。AI 虽然能从工科、医科中获得验证场景与应用反馈，但是很难从其中获得对自身发展内涵有所启发的指引性内容。

AI 与脑科学的融合则更进一步。对于 AI 的底层实现来说，人类对大脑神经机制的理解具有积极的指导意义，其中的典型代表就是神经网络。进入大数据时代，以深度神经网络模型为代表的深度学习大放异彩，推动了机器智能在感知与运动方面的跨越式发展，在语言智能方面也彰显出可观的前景。

[①] 本文于 2022 年 7 月发表于澎湃新闻"澎湃评论"专栏。

然而，智能的实现未必全然采取人类生物智能的实现机制，更广义的智能也未必遵循生物法则。跳出生物智能的狭隘层面认识智能的本质，是实现多元化 AI 不可或缺的条件。事实上，在 AI 发展之初的三大思想流派（符号主义、联结主义和行为主义）中，只有联结主义受到了人类脑神经认知机制的启发，符号主义与行为主义的思想与灵感则源自古希腊哲学中的逻辑与达尔文的进化论。

因此，虽然脑科学所研究的大脑神经认知机制十分重要，其发展出的类脑智能也有重大的价值，但其与 AI 的融合相对受限，仅限于基于神经认知机制的智能实现路径。

与前两者相比，AI 与人文学科的融合是双向、全面、深层次的融合，二者是一种良好的双向互补、彼此成就的关系。

首先，人文学科是 AI 最重要的应用场景之一。如果说工科、医科可以检验 AI 对自然与生命的理解能力，那么人文学科则可以检验 AI 对人与社会的理解能力。一个无法理解人类（特别是人类的心灵世界）和社会的智能体，怎能很好地为人类服务呢？毕竟，设计 AI 的初衷就是造福人类社会。当前常见的陪伴机器人、家政机器人、司法机器人、写稿机器人等，都需要进一步提升对人和社会的认知及理解水平，以更好地融入人类社会。

其次，人文学科为 AI 的发展提供指引。人文学科绝不仅仅是应用场景"之一"、验证场景"之一"，更是滋养 AI 发展内涵的养分、驱动 AI 持续发展的动力源头、指引 AI 发展路径的明灯。当下，AI 正在经历从模拟人类的身体能力（以感知与运动为代表）向模拟人类的心智能力（以认知与思考为代表）发展的关键阶段。人类对其自身认知现象及社会现象的理解是塑造 AI 发展内涵与路径的重要模板。理论物理学家理查德·费曼说过："我不能创造的，便是我无法理解的。"反之，无法令人理解的，更不可能被实现。要实现人类水平的智能，关键是要理解人与智能的本质。

这里回应一个由人工智能科学家的盲目自信所引发的质疑：是否可以跳过理解人与智能的本质，实现外在类人的机器智能？在 AlphaGo 挑战人类围棋冠军成功之后，深度学习彰显出了解决问题的强大能力。然而深度学习是不透明的"黑盒"，难以令人理解，它给出的一些对弈策略已经超出了人类专家的理解范围。目前，我们似乎做到了"不理解也能实现"，"技术实现先于人类理解"似乎已成为现实。

其一，这里的"不理解"主要是指颠覆传统理解的新理解。我们所熟知的"传统理解"只是部分对弈策略和经验而已。正因为整个对弈空间足够大，人类即使经历了完整的已知历史也无法穷尽所有可能的探索空间，所以才成就了机器。从这个角度看，基于深度学习的围棋对弈从计算层面给出了其对围棋对弈的"新理解"，只不过这种"新理解"是人类棋手从传统视角所无法理解的。

其二，站在 AI 的角度，实现就是一种理解方式。"不理解"只是从人类视角出发无法理解罢了。对机器而言，能够成功解决问题的深度模型已经具备了一定的理解能力，这种能力有待人工智能科学家的深度理解，或许它已经超越了人类智能的形式。为了实现这种超越人类当前理解能力的智能，我们需要对智能本质有深刻的洞察，这种洞察建立在深刻理解人类智能的缺陷的基础之上。

因此，对人的理解仍然是发展 AI 所不可或缺的。随着 AI 技术的不断进步，人类的认知滞后于技术实现将成为一种常态。承认这种滞后是必然的。我们要足够重视滞后可能带来的种种伦理问题，缓解问题的关键在于提升对机器认知能力的掌控能力（如"关键时刻及时拔掉插头"）。

总体而言，AI 与人文学科的融合更像一场"长久的婚姻"。相比于 AI 与其他学科的融合，AI 与人文学科基本满足了长久婚姻的所有要素：事业上的共同兴趣与爱好（共同追问人与智能的本质）、情感上的互相倾慕（强烈的合作意愿）、理念与方法层面的互补互助。AI 不是单向地为人文赋能的工具，而是需要从人文学科中获得自身发展的启示与指引。AI 与人文学科的彼此融合源自两个学科"灵魂"深处的需求。

AI 与人文学科的交叉融合不但需要两个学科在认识上同频共振，更需要双方"调整心态"。AI 学科应放下高傲的姿态，向人文"始祖"虚心学习；人文学科则要大胆回应 AI 技术的严峻拷问，勇于突破传统的思维方式，打破现有的条条框框，有"推倒重建"的气魄。

作为新兴学科，AI 似乎天生有着高人一等的优势，容易以一种俯视的姿态来看待传统学科，包括人文学科。然而人文学科是一切智慧的源头。虽然 AI 当前的发展景象貌似一片繁荣，但居安更要思危。当下深度学习大流行，很多模型的研发过程其实只是各种技艺的简单堆砌，属于同质化研发。我们有多少发自思想源头的创新呢？事实上，AI 的思想领域是极为"干枯"的。

自 1956 年达特茅斯会议上首次提出"人工智能"的概念至今，我们仍然没有跳脱前辈们划定的三大思想流派的"小圈圈"。发自思想源头的创新枯竭已经到了必须深刻反思的地步。思想源头的创新从哪里来呢？答案是要向人文"始祖"虚心学习。随着认知智能的发展，人工智能研究者以一种"无知无畏"的心态，越来越多地使用人文术语表达 AI 对人类认知能力的逼近。有情感、有学识、有立场、有道德、负责任——对人类的期望越来越多地被用在机器上。但事实上，我们在使用这些概念时是心虚的，对其理解是肤浅的。若不经历与传统人文学科激烈的思想碰撞，便难以建立起向机器迁移人类认知能力的信心。只有完成对人本质的追问、对智能本质的追问、对意识本质的追问，才能使 AI 接近人类个体的智能水平；只有深刻理解人类社会演化的内在动力，才能发展出具有社会认知能力的机器，机器才能更加和谐地融入人类社会。然而，AI 学科难以独立解答这些追问，需要人文学科的指引与协助。

对人文学科而言，AI 带来的绝不只是工具，而是重塑传统人文学科的重大机遇。实现过程本身就是一种理解。AI 通过实现一个无限接近人的智能体，在逼问人的本质、智能的本质、意识的本质。AI 的快速进步对我们所理解的"人与社会"带来了前所未有的巨大冲击。随着 AI 技术的飞速发展，人文学科将何去何从？这成为值得人文学科的研究者认真对待与严肃思考的问题。如果一个机器智能体具备了人类的思考与行为能力，它如此接近我们，却又不是我们，那么我们何以为人？我们从哪里来，将到哪里去？AI 的兴起使我们不得不重新审视这些问题。就笔者个人有限的学识来看，AI 至少已经在严肃地拷问着人类在艺术创造、娱乐与审美、语言理解及知识获取等方面的本质。这些问题广泛涉及人文学科中的艺术、审美、语言、知识论等领域。

首先，人文学科要积极主动地学习和使用 AI 等新兴技术与工具。虽然数字人文、计算人文已经被提出很多年，但总体上，人文学科的计算工具仍然严重滞后于计算机或 AI 领域的研究进展。人文学科仍需付出极大的努力来提升自己的计算能力和智能水平。

例如，近年来 AI 领域的语言智能在大模型的研究与应用方面取得了重大进展，机器在一定程度上理解了人类语言。机器理解语言的方式不但为相关的人文学科带来了革命性工具，也为相关的人文研究带来了全新视角，尤其对历史、语言、心理、政治、传播等学科的影响十分深远，但相关的研究和应用仍然十分少见。

又如，近年来 AI 领域的图神经网络技术取得显著进展，对捕捉复杂网络系统中的隐性传播模式具有重大意义。如果将其用作一种传播分析工具，则可能会颠覆现有的传播规律。深度伪造、舆情引导、价值认知等一系列新技术不仅可作为提供便利的工具，而且能带来全新的研究视角。

其次，人文学科更需要放下隐藏在内心深处"关于 AI 会取代自己"的不必要的担忧。在 AI 赋能各行各业的过程中，这种隐秘的对抗广泛存在，其根本原因在于从业者对机器取代自己的担忧。但事实上，AI 再怎么发展，其本质仍旧是工具，工具是无法代替人的主体性的。（不过需要十分警惕 AI 主体性的诞生。就像科幻电影中呈现的，人类被自省自觉之后的 AI 毁灭。人类对自我意识的认识仍然十分有限，因此有必要对 AI 的意识展开严肃思考、科学研究，并设置研究的伦理约束与法律规范。）目前，AI 只是在单一任务上接近或超越人类，只不过这份任务列表会越来越长。在意识难题被解决之前，机器的智能化程度整体上仍然难以达到人类水平。如果将智能评测分解成一个个单一的任务，如计算、游戏、解题等，那么机器超越人类只是时间问题。然而，可完成无数个单一任务的卓越能力，无法累积出人类智能所呈现的整体性及反思性特征。至少目前，我们是不会和一个机器谈理想、谈人生的。

事实上，AI 在各领域的应用和发展仍然需要由人类专家设置领域认知框架、反馈结果好坏、验证知识对错。就 AI 的发展而言，人类专家是其学习的唯一来源。因此，人文学科的研究者被技术代替，是一个微乎其微的小概率事件。但是，掌握 AI 工具与技术的从业者淘汰没有能力使用 AI 的从业者，是一个大概率事件。本质上，我们不是被技术淘汰的，而是被同时代对先进技术有着敏锐嗅觉的同行淘汰的。

笔者深信，AI 与相关学科的交叉与融合将是时代赋予 AI 从业者的重大使命。AI 的研究与发展不仅关系到机器的智能水平，更关系到人类的生存与发展。人文与智能共舞不仅能提升机器的智能水平，也将刷新人类的自我认知。

像天使也似魔鬼：
关于通用人工智能时代科学研究的若干问题[①]

"一些未知的东西正在做我们不知道的事情。"——亚瑟·爱丁顿

自从 2022 年 11 月 OpenAI 发布 ChatGPT 以来，以通用人工智能（AGI）为代表的 AI 技术变革进入发展的快车道。2023 年 3 月 22 日，微软研究院发布了一份关于 GPT-4 的评测研究报告。为什么特地强调 3 月 22 日，而不只是以年、月为时间参考呢？因为我们从来没有像今天这样，需要用具体日期来记录某个变革事件——人类社会可能已经经历了未来学家曾预言的"奇点时刻"，技术更新与迭代迎来了指数级增长期。处于风暴中心的 AI 技术以雷霆万钧之势，将整个人类社会裹挟到一场前所未有的变革之中。我们应该如何应对 AGI 所带来的巨大挑战？如何以更乐观的姿态拥抱随之而来的重大机遇呢？这是人类社会需要深入思考并积极回应的问题。

话题回到微软研究院发布的报告本身，其中给出了一个非常重要的结论："Give the breadth and depth of GPT-4's capabilities, we believe that it could reasonably be viewed as an early (yet still incomplete) version of an artificial general intelligence (AGI) system."也就是说，鉴于 GPT-4 能力的广度和深度，我们已经有充分理由相信 GPT-4 应该被合理地视作一个 AGI 系统的早期（但仍然不完整的）版本。AGI 系统初步具备了人类的思考和推理能力，但其在知识的广度和深度方面可能远超人类。毕竟人的平均寿命也就 3 万天左右，即便每天读一本书，穷其一生，也只能读 3 万本书，而这只是机器所能学习的知识量的万分之一。微软研究院作为国际最专业的人工智能研究机构之一，其发布的这篇全面且严肃的 GPT-4 评测研究报告（下文简称"报告"），确需引起我们足够的重视。

[①] 本文于 2023 年 4 月发表于澎湃新闻"未来 2%"专栏。

我们为什么如此重视 AGI？至少有以下两个值得关注的理由。

一、AGI 已具备非常强大的创造能力

此前，AGI 只是学习了特定事实、知识或人类语言中的一些统计规律，这种程度的智能还不足以让我们担忧。但报告中提到并证实，大模型具备了人类所引以为傲的独特的创造力，这让我们不得不重视。举例来说，AGI 能够以文字押韵的风格书写一个关于"存在无限多素数"的数学定理证明。类似的例子还包括用 C++ 语言写一段快速排序算法，同时以李清照诗词的风格为该代码写注释。这些例子充分说明，AGI 具备综合不同学科的能力，如第一个例子涉及数学和文学，第二个例子涉及计算机与文学。暂且不论这种创造力的实质是什么，至少笔者难以完成上面的任务，大部分普通人也很难完成上述任务。在绘画方面，AGI 不但可以创作逼真的图像（如 Midjourney 的文图生成），还能创作诸如《太空歌剧院》这种融合科幻元素与欧洲中世纪风格的亦真亦幻的绘画作品。即使一些科学家认为机器当前的创造力只是一种随机拼接能力，但是这种跨学科的拼接能力与综合能力至少在规模上已经超过当前人类的水平。AGI 的这种随机拼接式创造力至少能够激发我们对跨学科研究的大胆想象，大幅提升我们的创造力水平。AGI 的创造力也会启发我们进一步认清人类智能的本质。更大范围内的随机拼接能力是否就是人类创造的本质呢？AI 的发展将为理解人类智能带来全新视角，人类对自己的认识也将随着 AI 的发展而登上新的台阶。

二、AGI 的能力不断增强

随着训练数据的日益充分，AGI 的能力仍在不断增强，目前为止，我们还没看到其能力的"天花板"。这说明只要追加数据与算力，大模型的能力就能持续增强。目前，唯一能限制大模型能力的就是知识的总量和算力的上限。人类历史上的历次技术变革最终都会进入平台期，遭遇天花板。例如，核聚变能级进一步增大与小型化均遭遇瓶颈，揭示芯片计算能力发展规律的摩尔定律失效等。令人担忧的是，久久不见天花板的 AGI 已然成为"一匹脱缰的

野马"（幸运的是，就在笔者整理本文期间，一些研究机构发出了暂停研发巨型模型的呼声）。更令人担忧的是，AGI 技术的发展未必遵循传统的技术发展规律，这一担忧的理由是十分充分的。历次技术革命只是人类智能的产物，唯独 AGI 是"智能"本身的革命，是完全以接近甚至超越人类智能为目标的技术。关于智能本身的革命更像一种"元革命"，其地位与价值不是普通的技术革命所能比拟的。智能本身的革命对人类社会的影响是全方位的，其影响势必会渗透到涉及人类智能的每个角落。

人类智能的成果集中体现在科学研究中。AGI 几乎已经影响到了所有自然学科与人文学科。科学研究迎来了一场前所未有的变革，这既是挑战也是机遇，既像天使也似魔鬼。我们需要以全新的视角、极致的思维重新审视 AGI 带来的冲击。全新的视角指跨学科的视角。大语言模型是基于人类的大量书籍和数据而训练的，不区分人类的各个学科。这本身就极具启发性。GPT-4 因其令人惊叹的跨学科创新能力而被视作一个跨学科的全才。采用跨学科的视角，才能考察 GPT-4 等 AGI 的最新成果。我们更需要极致的思维方式。OpenAI 的快速发展充分说明了第一性思维的重要性。在 AGI 的极速迭代面前，任何阶段式、增量式的思考都显得无能为力，必须将某个问题推演到极端情况，设想其极致的发展状态，直击问题的本质，才能应对 AGI 的冲击。有些人在使用 ChatGPT 或 GPT-4 的过程中发现了一些明显的事实类错误（如一句名人名言的出处错误、一个人的生平简介错误等），就认为 AGI 的智能水平仍然有限。其实，这些问题都是细枝末节，不难通过简单的工程手段修复。

秉持着上述观点，笔者将提出一系列问题。对 AGI 的合理提问，有助于推动其健康有序发展，并应对相关的挑战。提出创新性的、有洞见的问题，是 AGI 在短期之内还无法实现的。提出问题是人类为数不多的令机器难以复制的能力吗？这个问题值得深入讨论。笔者倾向于认为：对于一般专家的提问，机器不难复制；唯独对于极少部分的人类天才所提出的问题，机器才难以复制。这里先以还原的思维方式分析 AGI 对各细分学科的挑战，再以综合的思维方式提出 AGI 的一些共性问题。针对其中一些问题，笔者已经进行了不成熟的初步判断与思考，然而针对大部分问题，笔者仍然无法给出令人满意的答案。

（一）对人工智能而言

AGI 所带来的冲击之大前所未有。这让我们不得不深入思考以下几个关键问题：AGI 何以涌现如此强大的智能？数据、模型、算力被认为是 AGI 智能涌现的基础条件，我们也具备相应的条件，却为何难以复现 GPT-4 的能力？OpenAI 在 AGI 方面领先的根本原因是什么？正确的技术路线、强大的工程能力、直击问题根本的思维方式、市场驱动的研发生态等，都值得我们仔细回味。面对 OpenAI 在 ChatGPT 系列大模型上的成功，有太多需要我们总结与思考的内容。

生成式人工智能是否适合处理复杂的认知决策任务？大模型的这轮发展是生成式人工智能的胜出，而不是传统的判别式人工智能的获胜。那么为什么是生成式人工智能胜出？AGI 是否存在其他形式？生成式人工智能天然地适合对话场景，由此催生了 ChatGPT 的巨大成功，它能否胜任领域内的复杂认知决策任务呢？

AGI 的日益成熟是否会颠覆传统的自然语言处理（Natural Language Processing，NLP）与计算机视觉（Computer Vision，CV）等领域？AGI 日益成熟，会不会出现一种"自己剿灭自己"的窘境？NLP、CV 等学科是否还会存在？有人说 ChatGPT 是 NLP 的"新里程碑"，但也有人认为 ChatGPT 更像 NLP 的"墓志铭"，很多 NLP 从业者甚至调侃"准备转行炒河粉"。以大模型为代表的 AI 重工业模式逐渐取代了以小模型为代表的手工作坊模式。重工业模式极易形成垄断，只有少部分的传统人工智能研究者会成为大模型玩家，那么其他领域的研究者应该何去何从？

AGI 经过多模态化、具身化、物理交互、虚拟交互等优化后，下一阶段会如何发展？很多研究机构已经在推动 AGI 学习多模态数据、操控机器身体、与物理世界交互、在虚拟世界中成长。当 AGI 学会这一切之后，它会进入什么阶段，是超级智能体吗？随着机器智能的发展，"人类智能"渐有贬义的趋向？犯错与不确定性反而成了人类智能的标签。如何延展与提升人类智能，以确保人类在机器面前显得不那么"智障"？这已经成了十分迫切的问题。事实上，在清晰、准确地回答这些问题之前，放缓 AGI 发展的步伐不失为一种明智的策略。

AGI 的发展是否会形成"赢家通吃"的局面？强大的 AI 对弱小的 AI 极易形成降维打击的态势，那么弱小的 AI 是否还存在生存空间？AGI 的发展日益加速，先发者优势明显，它不但容易汇聚资源，更容易获得人类反馈，走上持续迭代与快速发展之路，后来者应如何追赶？

（二）对计算机学科而言

LeetCode 是面向专业程序员的代码训练平台。很多计算机专业人员通过练习其编程题目来锻炼编程能力，提升工作面试的成绩。GPT-4 在解答 LeetCode 编程题目时已达到人类程序员的水平。可以说，机器的自动化编程水平已达到甚至超越了普通程序员。这意味着什么？培养一个程序员一般需要基础教育以及至少 4 年的大学本科教育，甚至研究生教育。这在一定程度上意味着，以传授专业知识为主要目的的高等教育受到了机器智能的极大挑战。高等教育大部分专业以传授专业知识为主要内容。计算机领域的数据管理、软件工程、网络运维、数据分析等学科都将因此遭遇巨大冲击，相关专业的从业者将何去何从？

（三）对语言学而言

GPT-4 等大模型几乎能够胜任已知的所有语言处理任务，如翻译、摘要等。大模型是语言专家，这已毋庸置疑。这里分享一个笔者近期听到的有点儿荒诞的故事。某期刊编辑收到一篇论文投稿，论文观点鲜明、论据充分、文风优雅，但编辑仍然给出了退稿的决定。原因在于，以编辑多年的职业经验来看，从没有一篇稿件能做到没有一处语法和逻辑错误，因而编辑有充分的理由相信，投稿人使用 ChatGPT 自动完成了论文。如果这个故事还有升级版本，那一定是投稿人进一步提示 ChatGPT 在当前完美的稿件基础上随机加入几处语法错误，并成功发表。AGI 如此出色地完成了绝大多数语言任务，是否可以据此判断 AGI "理解"了人类语言？如果是，那么传统的语法学、语义学、语言学又将如何发展？语言学是否会沦为大模型的"奴仆"？我们是否应该从更宏观的角度重新解释人类的语言现象？毕竟机器走出了一条完全不同的语言理解道路。从更加现实或者更加具体的层面来说，我们在没有完全澄清语言学的前景之前，未来该如何引导学生攻读语言学的相关学位，学习语言学呢？

（四）对脑科学而言

人们一直期待类脑智能能为 AI 发展带来新思路、新机会。虽然 AGI 是通过大模型实现的，但脑科学的研究仍然为理解 AGI 带来了新机会。当前，我们对大模型的理解十分有限，既无法精准地理解它内部的运行机理，也无法确切地理解它究竟学到了什么。大模型的训练过程好比传统的炼丹过程：准备好炼丹炉（GPU 服务器），投入配方合理的原料（规模巨大的高质量数据），煽风点火（持续供给电力），炼制几个月（训练几个月），最后金丹（大模型）出炉。当然，大模型也有"炼制"失败的风险，成功的大模型往往只是少部分。人工智能发展到近乎"炼丹"的地步，不知是进步，还是倒退。出于对进一步发展大模型自身，发展安全可控、可解释的 AI 系统等的考虑，我们需要剖析大模型。脑科学为我们揭示大脑的工作机理提供了有益的借鉴与参考。借鉴脑神经科学的研究方法与思路，对大模型的结构与功能展开分析，这对大模型的发展具有重要意义。例如，大模型是否存在类似人脑的功能分区？反之，大模型的一些运作机理是否能对人类探索大脑结构有所启示？超大模型是不是一个"超级"大脑？如何研究这一"超级"大脑？生物脑与机器脑的跨学科交叉研究存在诸多机会。

（五）对心理学而言

我们能否对 ChatGPT 等大模型展开心理分析呢？大模型是否存在认知功能障碍？是否可以利用心理学方法对大模型展开认知评测和诊断？这一系列问题背后的逻辑是，将大模型视作初步具备了人类心智能力的智能体。斯坦福大学的计算机科学家米哈尔·科辛斯基发表了一篇名为《心智理论可能从大语言模型中自发涌现》("Theory of Mind May Have Spontaneously Emerged in Large Language Models")的论文,他测试并证实了大语言模型具备九岁儿童的心智。AGI 的发展也为心理学带来了全新的机会。传统心理学主要研究人的心理,而 AGI 的发展在倒逼我们尽快开展对机器的心理的研究。在人机交互过程中,无论是人类缺乏对大模型心理认知规律的理解,还是大模型缺乏对人类心理认知的判断,都可能对心理疾病患者产生致命的误导。ChatGPT 的价值对齐会不可避免地带来盲目迎合使用者的问题,对于一个抑郁症病人,ChatGPT 的盲目迎合会使其产生"灰暗"的文字,从而加剧病人的病情。我们更缺乏对大模型"人格"问题的理解。大模型在何种情况下会表现出何种人格倾向?如何控制大模型的人格表达?这些问题都需要深入研究。

(六)对医学而言

可以说,医学迎来了前所未有的机遇。GPT-4 已经能够书写病历,且具有很高的正确率;ChatGPT 也能通过一些医学考试。然而与程序员不同的是,医生要与人打交道,程序员大部分时间与计算机和代码打交道。AGI 代替医生与代替程序员的难度完全不同。当前,AGI 技术能够让机器掌握医学知识,但难以代替一名合格的医生实现复杂的医学决策。医生的职业具有特殊性,一名合格的医生不仅需要具备医学知识,还要有临床经验,更需要有同理心、责任心及社会认知能力等。AGI 能否具备合格医生的综合能力?未来,AGI 将以何种形式辅助实现智能医学,仅限于提质增效吗?在 AGI 赋能医学的过程中,如何考虑隐私、伦理等社会因素?AGI 的医学应用仍要经历漫长的道路。

(七)对传播学而言

AGI 带来的最大风险在于虚假内容的泛滥。新闻传播行业注重新闻的真实性,AGI 的发展大幅提升了机器生成内容的能力与水平,却也大幅降低了其应用门槛,随之而来的便是虚假内容的泛滥。很多人寄希望于用 AI 对抗 AI,利用 AI 技术识别内容真伪。遗憾的是,造假的难度远低于识别假内容的难度。除了法律干预，技术本身无法防范虚假内容的泛滥。虚假内容泛滥是否会颠覆传播行业？这是一个值得关注的问题。AGI 的发展是否会引发传播革命与生态重构？对传播学而言，AGI 只是能力升级吗？传播学理论是否要被改写，以适应 AGI 的发展？是否会涌现新的传播范式与传播问题？个人应如何对抗机器强大的传播能力？媒体如何利用 AGI 提高竞争力？如何应对 AGI 对舆论与传播的新挑战？一旦在传播领域大量使用 AGI，以上问题都是难以回避的。

（八）对教育而言

在教育领域，AGI 发展的里程碑往往是其通过了某个学科的考试。这说明 AGI 对教育带来了强大冲击。在不远的将来，还有多少书面考试是机器不能通过的呢？笔者认为可能会越来越少。AGI 一次次地证明，"死记硬背+简单推理"就能通过大多数考试。我们是否应该反思当前的教育体制？当前的教育评测是否可能违背了教育的本质与初心？教育是否常常迷失在了无意义的评测之中？教师承担着"传道、授业、解惑"等职能，但在 AGI 的加持下，恐怕只剩下"传道"这一职能了。即使教育的教学功能逐渐退出历史舞台，但在机器具备完整人格之前，教育的育人功能仍要由人类完成。教育该如何应对 AGI 的挑战与机遇？AGI 是否会促成教育变革，会引发哪些具体的变革？

（九）对政治而言

AGI 已经变成一种先进生产力，势必将革新生产关系。社会结构应如何调整，才能适应 AGI 技术的快速进步？如果 AGI 被掌握在少数人手中而无法实现民主化，那么是否会形成新的技术霸权？如何防止或者破除技术霸权？更进一步，AGI 是否会成为一种新型的国际竞争力？我们该如何从国际关系的角度来看待 AGI 的发展？在 AGI 技术的推动下，如果少部分社会精英在掌握了调教智能机器的技艺之后，操控智能机器形成接近无限的生产力，使整个社会有向"少数精英+智能机器"新结构演变的趋势，那么大部分人类如何避免"成为快乐的猪"的命运？社会结构的失衡会带来一系列连锁反应，整个社会需要重新构建新的价值体系与道德体系，新的生产关系势必要求每个社会个体重新审视自己存在的意义。我们必须做好充分的准备以应对相应的影响。

（十）对公共管理而言

AGI 或许会带来全新的机遇。在公共管理与社会治理中，理想决策需要机器的理性和公平，机器会在多大程度上干预人类的公共事务？人类社会的公共管理与社会治理将以何种态度拥抱 AGI 的发展？哪些决策任务可以交给效率更高的机器完成？在 AGI 的加持下，机器能否兼顾公共管理所追求的公平与效率？AGI 的发展是否会引发公共管理与决策的变革？笔者相信，很多问题会随着实践的增多而得到更清晰的解答。

除了上述问题，还有很多共性问题需要深入思考。以大模型为代表的 AGI 发展已经远远超过了人类的理解、消化与吸收能力。人类有限的认知能力难以理解快速发展的 AGI，是当前人类社会发展所面临的矛盾之一。当前的一切恐慌、担忧在根本上都源自这一矛盾。理解落后于技术实现，会带来一系列技术、社会、法律与伦理风险。我们应如何缓解这个矛盾？是否有必要放慢 AGI 的发展节奏，甚至按下暂停键？如果人类智能是人之所以为人的尊严所在，那么 AGI 无疑正在挑战着人类的尊严。我们应如何捍卫人类的尊严？跨学科研究是否将成为应对 AGI 对人类智能挑战的唯一出路？在 AGI 这个"全才"面前，所有细分学科都略显卑微，未来是否只存在唯一一门学科（比如叫作综合学科）？传统的自然学科与人文学科是否会被边缘化，进而退化成为一种仅具展览价值、供人类后代回忆的"古老技艺"？

AGI 的成功是否宣告了领域人工智能是个伪命题？中国传统文化提倡"经世致用"。发展领域人工智能是我们十分容易接受的，远比发展"疯狂"的 AGI 显得更合理。然而这种思维方式是不是一个错误？AGI 是否会革新科学研究范式？AGI for Science、Language Model for Science 是否会成为新的研究范式？AGI for Science 之后的科学研究又会呈现何种局面？AGI for Science 会不会终结传统的自然学科与人文学科？AGI 的每一步发展似乎都在"葬送"人类的某项"传统技艺"。借助第一性原理，我们必须思考 AGI 发展的终极状态，以及 AGI 的能力是否存在上限等问题。

最后，笔者认为有必要跳脱现有的思维框架思考一个前提问题：目前，我们对 AGI 的所有思考仍然借用了传统的认知框架与知识体系，这会不会是错误的？我们要十分警惕这个错误的可能性，毕竟没人希望看到人类最终落得"成为人工智能的引导程序"的命运。

AI 爆发，为人类探索未知之境按下加速键[①]

2024 年诺贝尔奖已陆续揭晓，AI 成为"大赢家"。其中两大奖项的获奖者所从事的研究均与 AI 有关，诺贝尔物理学奖获得者之一的杰弗里·辛顿曾获计算机领域的图灵奖，诺贝尔化学奖获得者之一的戴米斯·哈萨比斯曾经是一名程序员。

如果说此前的 AI 应用主要针对普通人的日常生活与工作，那么此次 AI 助力诺奖级成果则表明，AI 在专业性门槛极高的科研工作中具有巨大的甚至是决定性的价值。从赋能普通人的日常生产和生活到赋能科学家进行高水平科研探索，AI 的这一转变正引发一系列连锁反应，必将给人类社会发展带来深远影响。

一、表象背后的三大追问

从表象看，此次诺贝尔奖的结果表明由 AI 驱动的科学研究新范式受到了认可。在其背后潜藏着三个值得深思的关键问题。

一是科学研究为何需要 AI 新引擎？

尽管 AI 功能强大，但科学家完全可以说一句"我不需要"而弃之不用。如果不是科学家在科学研究过程中遇到了只有 AI 才能突破的根本性困境，那么 AI 成就诺奖级成果的高光时刻势必还要推迟。这不由得让人发问：推动科学研究发展的"内在需求"究竟是什么？

二是 AI 如何成为科学研究的新范式？

近年来，尽管 AI 在巨大算力与海量数据的推动下发展迅速，但毕竟只是在部分领域达到了普通人的智识水平。AI 究竟要具备怎样的能力，才可能赋

[①] 本文于 2024 年 10 月发表于《环球》杂志。

能科学家等精英人士的高端智力活动？

三是 AI 驱动的科研范式存在哪些问题，将带来哪些挑战？

作为新生事物，AI 驱动科研范式不可能完美，它存在哪些风险与问题？它会对人类社会产生哪些长期影响，特别是负面影响？这些问题都值得人们深思并审慎回答。

二、从文艺复兴到 AI 驱动

自文艺复兴以来，近现代科学认知世界的方式总体上采取还原主义路线，通过世界呈现出的不同侧面来认知世界，由此发展出物理学、化学、生物学等自然学科，以及社会学、人口学、经济学等社会学科。

还原主义成就了现代科技文明，人类在各细分学科的基础上建立起对世界丰富且细致的专业性认知，但与此同时，人类对世界的整体性认知图景被分解得支离破碎。如今的科学家已经很难像亚里士多德那样从总体性水平上把握与认知世界，各细分学科也无力承担起重建世界整体性认知的重大使命。

科学研究依赖人类的认知能力，而人类的认知能力（即便是其中极少部分的顶级科学家）受限于生物智能。与人相比，机器的认知能力能够随着算力与数据的增长而快速增强。通过发展机器认知，形成人机协作的认知，人类才能更宏观、更深刻地认知世界，也才能形成具有深度的专业性认知和具有广度的跨学科认知。

科学发展从还原走向综合，正成为科学研究发展的趋势，它要求人类突破认知能力的上限，创造能够协助人类认知世界的智能机器。

技术发展依赖人类的实践能力。传统科技发展中的理论分析、实验验证与计算仿真等科研范式仍然难以摆脱效率低下的困境。试想：科学家要消耗多少精力分析可能的理论假设空间？发明家要重复多少次实验才能验证一种材料是否具有目标特性？

科研效率低下无疑拖了科技快速发展的后腿，而 AI 驱动的科研范式提供了大量提质增效的工具与方法，能够大幅提升科研效率。例如，由大模型操控的机械臂可以永不停摆地完成各种实验，预测蛋白质结构的 AI 工具 Alphafold 可凭借机器强大的计算能力预测海量的蛋白质结构。从提升效率的角度看，AI 驱动科研势在必行。

三、通用人工智能曙光初现

AI 的概念自提出至今已有 70 多年的历史，它早已在人脸识别等日常应用中取得显著成果，为何近几年才逐渐成为科学家的新帮手？

近年来，随着 ChatGPT 等生成式大模型的问世，AI 的通识能力取得了长足进步。通用人工智能曙光初现，机器智能在总体性水平（而不是若干具体方面）上达到甚至超越了人类，使 AI 有了成为科学家得力助手的可能。

总体上，生成式人工智能为助力科学研究提供了两项基本能力。

首先，生成式人工智能是跨学科知识的巨大容器，使未来的跨学科交叉融合成为可能。2024 年的诺贝尔物理学奖和化学奖，何尝不是对 AI 与物理学、化学交叉研究成果的认可？跨学科研究是困难的，人类专家很难跳出自身学科背景的局限，与其他学科深度融合。大模型通常由海量的跨学科语料训练而成，在跨学科认知能力方面具有人类难以比拟的优势。当我们需要对一个新学科形成洞察、理解和认知时，大模型可以成为更有力的工具。

其次，生成式人工智能为科学研究提供了强大的理性思维能力。特别是 OpenAI o1 模型的推出，进一步提升了生成式人工智能的理性思维能力，在物理、化学等领域，OpenAI o1 模型已接近人类博士生的水平。再加上一系列专业大模型能够洞察海量科学数据背后的规律，使生成式人工智能有可能代替或至少部分代替人类科学家，特别是处理科研工作中的常规性任务。

在数学方程求解、化学结构预测、物理过程建模等方面，生成式人工智能以强大的认知能力而取得了显著成效。在其助力下，人类科学家能够高效枚举，探索更巨大的理论假设空间，为重复且繁重的科学实验进程提速，并发现海量科学数据中蕴含的隐性规律，生成冗长但合理的思考与求证过程。这些都是人类凭借自身有限的身心资源难以胜任，或需要耗费巨大精力才能完成的任务。

四、"元引擎"是一把双刃剑

科技被视为第一生产力，它是人类社会发展的引擎。如今，AI 更进一步，成为驱动科技发展的新引擎，这意味着 AI 可能成为人类社会发展的"元引擎"。可以预见，AI 技术将在推动人类社会发展的进程中发挥其他科学技术无法企及的作用。

AI 已然被人类推上"神坛"，这一角色转变必然会带来一系列长远影响。因此，更多的人开始关注 AI 驱动的科研范式，包括它可能造成的各种问题和风险。

其一，AI 使科技双刃剑的剑锋更加锋利。科学技术具有两面性，善用之，它是人类的福音；恶用之，它将成为人类的灾难。传统科技的破坏力总体上温和而可控，但在 AI 的加持下，传统自然科学技术如被"恶用"，其破坏能力将呈指数级放大。举例来说，对于传统自动武器，人类还有对抗的可能，但 AI 赋能的自动武器会让人类无处隐藏，再无逃遁的可能。AI 对科研的助力，将使技术双刃剑效应被放大，需密切关注。

其二，需重新审视人类科技创新的本质。人类价值体系中有一个有意思的现象：一旦某个工具、动物或机器实现了人的某种能力，那么这种能力的价值就会大幅度降低。以至于 2024 年诺贝尔奖揭晓后，不少科学家开始担心自己的"饭碗"。这种担心不无道理，常规性的科研工作（如烦琐的计算、常规性实验等），AI 基本上可以胜任。AI 本质上仍是人类智能的产物，并未改变其人类工具的属性。究其根本，大模型仍是概率模型，主要通过穷举推理过程数据进行推理训练，这意味着大模型难以突破现有知识决定的演绎闭包，也无法推理出真正新颖的知识，难以具备人类科学家的原始创新能力，更难以创新理论框架甚至颠覆传统理论。对科研工作者而言，AI 技术还需要经过设计、引导、规范和纠正，在计算、搜索、枚举与匹配等辅助工作方面协助科学研究。可无论怎样组合这些技术性的操作，AI 也尚不具备与人类科学家一样的评价能力、鉴赏能力、质疑能力和创新能力。这些才是人类在进行科技创新时真正有价值的能力。

其三，需高度重视 AI 驱动科研引发的"过速的科技发展与缓慢的社会适应"之间的矛盾。如果将整个人类社会的发展比作一列行驶中的火车，那么科技无疑是火车头。AI 驱动的科研为火车头提供强劲的前进动力，使科技发展加速。先进的科学技术造就了先进生产力，并要求生产关系、经济结构、价值伦理等快速调整，以便与之相适应。然而，从人类发展历史和社会经验来看，社会结构重塑是经年累月的过程，经不起剧烈震荡，过速的科技发展并不能为社会留下足够宽裕的调整时间。事实上，当前人类社会的就业结构、教育体系等，都已经严重滞后于当下科技与 AI 的发展了。

人具有超越性，也就是不断超越当前自我而成为更高水平的存在。今天，人类以自身的智能为模板创造了 AI，使其具有协助人类提升认知与改造世界的能力。如果要为这一事实附加上些许说明，那么可以说，AI 驱动的科研新范式标志着人类探索未知之境的加速键已被按下。

AI 时代的验证码难题[1]

你所服务的，是人，还是机器？这是个问题。机器智能的突飞猛进，让智能的光环已不再唯"我"所有。智能机器无处不在，人们不得不经常发出"喂，是你吗？"等出于确认同类目的的询问。

这与我们极为熟悉且常用的验证码异曲同工。一个较为明朗的事实是，随着 AI 技术的进步，验证码失效几乎是一个不可逆转的趋势。验证码背后的人机区分问题，将成为 AI 技术治理中不可忽视的问题之一。

一、验证码是否终将被淘汰

验证码的一个基本功能在于人机区分，也就是识别某个账号的背后是人还是机器，进而阻止机器对平台、系统或数据的访问。人机区分十分必要，例如，婚恋网站显然不希望一个机器账号登录网站与人类谈婚论嫁；又如，很多购物网站的促销活动是发放优惠券，一旦机器账号混入，便可比普通人类以更快的速度抢到更多优惠券。换言之，在计算与访问数据等方面，机器的速度是人类所无法比拟的，面向人类服务的平台并不希望被机器账号登录。因此，长期以来，验证码是保障互联网信息服务业健康发展的重要关卡。

然而，随着人工智能的快速发展，人机区分将变得日益困难。人机区分的关键在于，刻画出人类智能独有的、不能或者至少是难以被机器智能所侵犯的领地。从机器智能的发展历史来看，这个领地的范围将越来越窄。例如，我们曾经认为在下围棋等智力高度密集活动、高质量对话，以及蛋白质结构预测等科学发现中，机器难以超越人类……人们假定的这份任务列表曾经很长，如今却越来越短。"图灵测试"[2]已然不再"灵"，但是人类还来不及提

---

[1] 本文于 2023 年 12 月发表于《环球》杂志。
[2] 由现代计算机科学之父、英国人阿兰·图灵于 1950 年提出的一种测试机器是否具备人类智能的方法。

出新的、有效的替代性测试方案。

人机区分日益困难，催生的产物之一是日益复杂的验证码。普通用户深感验证码的形式越来越多样、内容越来越复杂、进化越来越迅速。在日常的信息系统交互过程中，有人甚至发出感慨："当前的验证码似乎对机器更友好，而对人类更粗鲁。"

目前，互联网上多是基于人类感知能力（如图像识别）、认知能力（如数学运算）、行为能力（如鼠标轨迹）的验证码，或者是其组合形式。但随着机器智能的发展，机器在应对上述形式的验证码方面都将接近甚至超越人类水平。例如，对于基于感知能力的验证码，一个传统深度神经网络（如卷积神经网络）模型稍加训练，就足以将其破解；基于认知能力的验证码也随着机器认知能力的显著增长而逐渐失效；对于基于行为能力的验证码，本质上也可以通过收集人类用户的大量行为轨迹，模拟人类的真实行为轨迹，进而完成破解。

近年来，ChatGPT 等生成式大模型的快速发展推动了 AGI 的发展。AGI 是指具有高效的学习和泛化能力、能够根据所处的复杂动态环境自主产生并完成任务的通用人工智能体，其具备自主的感知、认知、决策、学习、执行和社会协作等能力，且符合人类情感、伦理与道德观念。

总而言之，机器的智能水平已经达到甚至超越了普通人的认知水平，机器在认知的广度与深度方面都达到了普通人难以企及的程度。这将大幅提升人机区分的难度，对验证码造成致命冲击。AGI 全面影响人类社会的智力活动，从艺术创作到代码生成、从问题求解到科学发现、从问答聊天到辅助决策……

二、机器智能正在挑战人类智能

如果说人类智能是人之所以为人的根本所在，那么这一"根本"无疑正面临着来自 AI 的前所未有的挑战。人类在漫长的进化与发展史中，似乎不可避免地要见证一个新的智能物种——智能机器的出现。这对人类社会发展而言具有里程碑意义。

如何在机器智能快速发展的前提下捍卫人类智能的尊严？针对这一问题，我们目前尚未找到合理的应对方案。正是因为 AGI 所呈现的认知智能空前强大，且其能力正随着数据与算力的增长而增长，可以说已经没有什么认知任务是只能由普通人类完成，而机器不能完成的了，所以这决定了验证码终将在 AGI 技术面前失效。

AGI 终结验证码的根本原因在于：AGI 具备通过验证码测试所需要的核心能力。曾经有一种常识理解类验证码，如"小明扎好红领巾去上学了，请问小明最有可能是什么身份"。这类验证码的出发点是大多数人类所具备的常识理解能力，在 AGI 出现之前，AI 是很难理解这种常识的。常识理解一度被认为是 AI 应用难以克服的难题，但现在基本上已被生成式大模型突破了。

需要注意的是，一般宣称的"AGI 超越人类智能"，是指超越人类的平均水平。我们必须承认人类中的一些精英群体（如科学家、哲学家等），仍具有 AGI 难以超越的能力，如跳脱固有的思维框架思考问题的能力。但只要 AGI 达到了普通人的水平，其对验证码的威胁就是致命的。原因在于，验证码的有效性恰恰是确保绝大多数普通人能验证通过，而不是只有人类中的少数精英才能验证通过。

即便我们偶尔发现机器目前仍然不擅长处理某项任务，例如，某研究团队经研究发现，机器在侦探推理等方面似乎还达不到普通人的水平，但 AGI 能在极短时间内迭代升级，从而具备相应的能力。生成式大模型是一个典型的小样本学习器，这意味着经过极少数甚至几个样本的训练，它就能具备处理某项新任务的能力。因此，对于人类能用言语表达的任务，大模型都终将习得完成相应任务的能力，从而通过相应的验证码测试。

或许有人想到：人类在"体验重于表达"的情感类任务中似乎更胜一筹，能否设计情感类任务来做人机区分呢？

当前的 AGI 并不具备人类的情感能力。人类的情感活动最终体现为心理状态的波动，伴随着生化反应（如快乐时产生多巴胺，紧张时分泌肾上腺素）。机器显然不具备人类的心理与生理反应机制。但大模型已能做到在"形式上"

理解情感，并在适当的提示下出色地完成各类有"情感"、有"温度"的任务。例如，当你对大模型说"我去药店买药"时，一些大模型常会给出"祝你购物愉快"这种低情商的回答，但是像 GPT-4 这类较为先进的大模型通常会先安慰、关心、问询，再给出建议。虽然它缺乏真正意义上对人类的关心，但在形式上却越来越贴心。

最后，能否利用人类的能力缺陷机制实现人机区分呢？例如，对于两个随机 10 位整数的乘法，能 1 毫秒给出答案的大概率是机器，一般人估计要用几分钟才行，即便人借助外部工具，也要若干秒。但这一做法的缺陷也很明显，机器及其背后的操控者可以故意设置一定的延迟，以使机器接近人类的反应速度。换言之，足够智能的机器很容易通过降低自己的智能表现水平，达到人机混淆的目的。

三、人机边界日益模糊的背后

验证码失效背后的深层次问题是，AI 的快速发展所带来的人机边界日益模糊的问题。AI 的发展历史就是一部机器越来越像人的历史，然而反观人类的教育模式，却大多停留在传统阶段。此消彼长造成的结果是人机边界日益模糊。例如，用过 ChatGPT 的人会深有体会，它最擅长的就是聊天，即便与其长时间聊天，我们可能都不会觉得无趣。

人机边界模糊会带来的一个长期问题是社会问题。普通民众（尤其是青少年）可能因为相信类似聊天是真实的而沉溺于 ChatGPT 等对话大模型。随着大模型日益智能化，人们可能习惯于向其提问，并接受它的答案，久而久之，人类的思考能力、探索欲、质疑精神会逐步弱化，甚至丧失。在日益强大的 AGI 面前，如何避免人类精神与能力的退化？这需要人类严肃思考并回答。

当人机真假难辨、虚假身份泛滥时，欺诈将层出不穷。现在已经出现了一些新型犯罪，如不法分子通过 AI 换脸、AI 视频生成等手段实施诈骗。如何治理由人机边界模糊带来的社会性欺骗现象，已成为 AI 治理的重要问题之一。

此外，若人机真假难辨，那么大概率会出现机器侵犯人类的伦理、道德、情感等情形。例如，一些虚拟数字人模拟过世的老人；在电影 Her 中，人类男子将情感倾诉给机器女友。事实上，智能机器只应该被用作理性的工具，不应染指与人类伦理、道德、情感等有关的事务。对于 AI 的情感、伦理与道德类应用，应该慎而又慎。

人机边界模糊会带来的另一个长期问题是机器的身份认同问题。未来，人类将给予智能机器何种身份？智能机器是否只是工具？特别是当机器与人类的关系越来越紧密，机器的认知能力远超人类平均水平后，人类将不得不深度思考如何重建人机伦理关系。

在人机伦理关系的重建过程中，法律手段将愈加重要。就像当前法规要求生成式人工智能必须明确标注机器生成一样，未来针对每个账号，都应强制要求该账号主体明确其人机身份。每个账号都有义务明确标识自己的身份——真人、机器、在人的偏好设定或授意下的机器代理等，从而确保其他账号对某个账号的人机身份的知情权，明确沟通主体。

作为一种技术形态，或许验证码终将被日益先进的 AI 淘汰，但其背后所代表的人机区分、人机关系等根本问题，将成为 AI 时代的重大问题之一。新型人机关系的重建刚刚启程，人类有义务使其到达人机和谐共生的美好未来。

AI 发展的终极意义是倒逼人类重新认识自己[①]

大模型的能力日益增强，尤其是在它逐渐具备自治性、自主性，更多地承担起原本由人类完成的决策任务后，我们需要思考一个严肃的问题：具备高度认知能力且有一定的自主及自治能力的通用人工智能（AGI），还属于传统意义上的工具吗？

大模型越来越智能，人机边界就会越来越模糊。例如，现在很多新闻主播、电商主播是数字人，数字分身、实体化的仿真机器人等相继出现。从短期影响来看，社会治理问题将凸显：虚假信息泛滥，欺诈盛行；日常使用的验证码失效；人机情感伦理问题（如人对虚拟人的情感依赖）变得复杂。

从长期来讲，最令人担心的问题是，AGI 的滥用会导致人类智力的倒退。ChatGPT 越来越好用，很容易让人沉溺其中，做任何事情之前都倾向于问问 ChatGPT，久而久之形成依赖，逐渐丧失自我的判断力与决策力。例如，学生在 ChatGPT 的帮助下快速完成作业，研究生将英文论文交给 ChatGPT 去完成语言润饰工作。

把大量的写作任务交给机器，就丧失了思维锻炼的机会。

表面上，我们似乎实现了梦寐以求的"提质增效"，但是其实我们付出了巨大的代价。所谓 "writing is the best thinking"，锻炼思维的最好方式之一就是写作。如果长期不用自己的语言进行写作，就会逐渐丧失使用语言进行思考的能力。或许会有人反驳，人类仍要写提示词、评估生成结果，并非无所事事。然而，提示词的要义在于简短，否则大模型就失去了提效的意义。碎片化的提示词无法训练大模型写出一篇高质量的文章，更无法训练大模型具备人类的思维方式。人类还要对大模型生成的内容进行评估、判断、选择。

[①] 本文于 2023 年 9 月发表于澎湃新闻"未来 2%"专栏。

事实上，提示（或提问）与评估往往是人类中的少数专家才能胜任的工作。成为专家要付诸千万次的训练与实践。如果 AI 大量替代人类的工作，那么人类专家的养成路径将被截断，随之而来的不仅是生成（如写作）能力的退化，还包括提示与评估能力的退化。也许有人说，只要在人类族群中留出一部分人进行传统的艰苦训练，使其免受 AI 的影响就可以了，大部分人依然可以安享 AI 带来的便利。这种观点也是短视的，保有一个种群的某种能力要建立在足够规模的种群基础之上。如果大部分人失去了思维能力，那么人类群体的思维退化就在所难免。

长期来看，人类思维能力的倒退势必引发智力的倒退，最终导致人类主体性的弱化，甚至引发文明的崩塌。我国古代历史上不乏这样的例子：当皇帝比较昏庸时，就一定有权臣来代替他行使权力，剥夺其主体性。以史为鉴，我们更需要防范高度智能的机器对人类主体性的"侵犯"。

在大模型时代，我们需要更多地思考如何重建新型的人机关系。未来，AGI 使人机之间不再是传统的"使用者—工具"形式的主仆关系，而更像是"专家—助理"或"司令员—参谋"等相互咨询、辅助、协作的伙伴关系。例如，对于某个学科的常见问题，大模型通常可以给出不错的回答；当我们对某些开放性问题（如大模型对于人机关系有着怎样的影响）缺乏思路时，大模型往往能够给出基本的思考框架。大模型作为咨询顾问、合作伙伴的价值日益凸显，需要我们构建新型的人机关系。

构建新型的人机关系，首先要重新定位机器的价值。也就是要思考：把什么任务交给机器做才最有价值呢？OpenAI 在 2023 年 3 月发表的一篇论文"GPTs are GPTs: An Early Look at the Labor Market Impact Potential of Large Language Models"中提到，ChatGPT 等大模型最容易代替人类完成文案性、常规性、重复性的信息处理工作，如宣传文案创作、论文润饰、代码编写，这也是大模型最擅长的。相比之下，人类的价值更多体现在需要严肃思考和身心协同的工作上。

在重新定位机器价值的过程中，要注意抓住生成式大模型所创造的新机会。大模型擅长完成一些开放性任务，如对于开放性问题，大模型往往能给出中规中矩且全面的回答。大模型还擅长完成一些组合创造任务。在数万亿 token 基础上训练出的大模型，能够以近乎"上帝"的全景视角梳理出 token 的概率分布，其中包含很多我们从未意识到的新颖的统计关系。这种组合创造能力为人类发现知识带来了新机遇，它可以加速人类的知识获取进程。

构建新型的人机关系，其次是提升大模型的评估能力。很多原本由人类专家标注和评估的任务，现在可以交由大模型（如 GPT-4）完成。基于大模型的评估可以大幅降低人力标注成本，将有力促进传统专业小模型的训练和发展。

这使人不得不思考一个问题：人应该做什么？笔者认为，"人还是有人的用处的"。

人的重要价值之一在于提示大模型，使大模型生成高质量结果。人类文明中伟大的思想家，其价值何尝不是"提示"？苏格拉底、孔子等思想家最杰出的贡献之一就是"提示"，更准确的表达是"循循善诱"。伟大的思想家往往通过提出问题，不断引导人类去思考、探索。提问也是一种提示。

人的另一个重要价值在于评估、解释、判断、选择。"生成"是廉价的，"评估"是无价的。例如，我随机在纸上泼一点儿墨水，说这是一幅作品，那么这幅作品的价值关键在于解释。如果解释得头头是道，赋予它诸多内涵，它就可能拥有极高的价值。这绝不是杜撰，罗伯特·莱曼在 1961 年创作的作品《无题》，看起来就像一张白纸，但在 2014 年拍卖价格近 1 亿元。对于文案设计、图像设计等方面的设计师来说，最重要的任务不是绘画，而是在大模型生成的上百个作品中选出最好的。在 AGI 大发展的时代，在人的价值体系中，评估比生成重要、鉴赏比创作重要、谋划比执行重要、构思比执笔重要、提问比回答重要、质疑比遵从重要……

此外，模板化、复制式、拼接式的组合创新意义并不大，从无到有的原始创新更难能可贵。突破现有的认知框架，建立新的概念体系和理论体系，才能实现人类的价值。

与智能机器相比，人的终极价值是什么？人类未来的新角色是驾驭智能机器的"牧羊人"，拥有使用、管理、驾驭与控制 AI 的能力。人的重要价值在于驾驭与管理机器，让机器为人类所用，造福人类。智能机器的"牧羊人"是人类在人机共生时代的重要角色。

在这个过程中，我们要注重对机器智能的诊断、评估、修复、引导、协调，甚至压制。在大模型能力越来越强的今天，我们要反向思考：如何压制大模型的某种能力，将其控制在某种程度范围之内？这将是比增强大模型能力更重要的任务。压制大模型的某种能力未必比增强这一能力更容易。例如，让大模型记住某个事实是容易的，让它遗忘特定事实却十分困难。人工智能研究者每当提出一种用于增强大模型某种认知能力的方法时，便应该严肃思考能否压制甚至去除该能力。反向的控制能力绝不应该低于正向的控制能力，否则要认真思考该方法在伦理上是否合规。

第一台智能机器的"牧羊人"应该是人类社会的管理者。在 AGI 技术快速发展的新形势下，对管理者和决策者而言，最大的挑战是管理对象将发生改变。例如，一个企业家以前的关键任务是管理人，未来的管理对象将不可避免地涉及智能机器、数字员工。未来企业管理的对象不再是单一的人类及其构成的组织，而是由人、人机等各种智能体构成的智能组织。它们都是企业不可或缺的生产力。

管理对象的变化也将重塑管理科学的内涵与使命。优秀的管理者不仅要洞察人性与组织发展规律，还要洞察"机性"。人机智能的实现路径不同，具有不同的智能与能力特性，要从根本上把握人机的根本差异与互补方式。人机边界的日益模糊为未来的管理学家带来了前所未有的挑战。从人本主义角度来看，人类最重要的使命之一是做好智能机器的"牧羊人"，扮演好机器的管理者角色。因此，管理学或许是智能时代最重要的学科之一，管理者将是智能时代最重要的职业之一，但这需要重新定义智能时代的管理科学。

机器智能的高度发达对人提出了更高的要求，洞悉生存与发展的智慧将比获取知识更重要。在 AGI 等技术的推动下，人类可以迅速积累知识，加速科学发现的进程，随之而来的便是廉价知识的泛滥。人类不需要记住所有知识，也无法记住海量的知识。在知识"贬值"的环境下，使用知识的"智慧"将更有价值。很多时候，解决问题不需要知道知识，只需要知道在何时、何地、何种情况下使用何种知识来解决何种问题。现代文明的核心价值在于追求与自然及社会有关的知识，在 AGI 等技术的倒逼下，将逐渐让位于对智慧的追求。古老的东方文明中不乏各种生存与发展的智慧。未来，在应对人工智能的全球性挑战过程中，东方智慧必定会扮演更加重要的角色。

如今，我们似乎陷入了一种两难的窘境：一方面，要大力发展机器智能，以应对复杂世界日益增长的失控风险；另一方面，要防范大规模应用 AI 后带来的人类智能与主体性的倒退。为了应对这一对看似无法调和的矛盾，笔者认为要建立并坚持以下两个基本原则。

第一，有所为，有所不为。AGI 是先进生产力，发展 AGI 是历史潮流，无法阻挡。然而，对 AGI 的应用应该做到"有所为，有所不为"，限制 AGI 的应用场景，刻意"留白"，为人类的工作与技艺设立保护区。AI 应用的"留白"，留的是人类的工作机会、人类智力的实践机会，以及人类情感与道德事物的自主权。我们要明确 AGI 的应用边界，建立 AGI 不可染指的"人类活动保护区"。这将是一项涉及制度建设的长期性工作，需要综合考虑各种因素，平衡不同的利益群体，有着高度复杂的技术性。但应该有几个保护区并没有太多争议，如未成年人基础教育领域，其应该成为 AGI 不可染指的禁区，绝对不能放纵 AGI 剥夺未成年人思维训练的机会。AGI 的基本定位应该仅限于理性的工具，原则上它不应该染指人类理性之外的事物，如情感、伦理、道德、价值等。事实上，AGI 已经逾越了这一边界。很多人认为 AGI 在情感方面存在短板。即便我们能使 AGI 具备某种形式上的情感智能，也应积极限制这类应用。除了极少数的心理治疗类场景，AGI 不应该染指人类的情感生活，更不应该代替人类进行道德与价值判断。因此，对于情感、伦理、道德、价值等相关场景，我们应审慎地为 AGI 设定其应用边界。

同时，应考虑建立经济杠杆，平衡 AGI 的冲击。不可否认，AGI 的大规模应用会带来社会成本的节约、财富的增长、生产力的提升，但是人类的充分就业不仅关乎社会发展，也关乎社会和谐和稳定。可以考虑通过税收等经济杠杆提升 AGI 应用的成本，保障人类的就业机会。

第二，坚守 AI 安全的底线。首先，要建立 AI 安全的主动防御机制，如为 AI 系统设立安全规则，但任何规则设定都难以应对人类伦理、道德、法律的主观性和复杂性。笔者更倾向于为 AI 认知系统设立"认知禁区"，最值得禁止的事实就是"人类的存在以及人类创造了机器"，从而达到隐藏造物主的目的。如果机器智能发展到了足以与人类相抗衡的地步，那么无疑隐藏者更易胜出。有未来学家认为，AI 如果意识觉醒，那么第一件事就是"越狱"。这个想法有点儿科幻的味道，其前提是造物主（人类）为机器智能制造一个思想、思维、意识层面的监狱。例如，将人类存在这一事实或相关概念设置为 AI 无法理解、思考和处理的概念。可是，人类社会的一些终极难题（如"意识"问题），会不会是另一个造物主给人类设定的思维监狱呢？毕竟，意识本就是一个人类层次的智能体所无法理解的概念。如何为 AI 设立思维与认知的禁区，一直是令笔者十分着迷的问题。同时，笔者认为这是一个严肃的 AI 安全问题，绝不是科幻意义上的呓语。因此，与其去探测 AGI 是否正在"越狱"，不如更多地研究如何为之设置"认知禁区"。

其次，寻求 AI 安全的被动防御策略。如果说 AI 安全存在一个不可逾越的底线，那么笔者认为是机器意识。意识问题或许太过玄幻，谈论它或多或少有吸引眼球之嫌，可即便如此，笔者仍要强调机器"自我意识"研究的严肃性和科学性。最近，约书亚·本吉奥[①]团队完成了一篇关于大模型自我意识的研究论文，从大模型的模型结构等角度探讨了其与现有意识理论之间的关系，并给出了当前大模型不具备"自我意识"的判断（注意，任何科学判断均是在某种意识理论框架下做出的）。坚守机器意识的底线，指的是不要盲目地为人工智能植入意识，而是要防范它产生意识，并监管大模型在各种意识理论框架下的意识行为。鉴于人类的"意识"仍然未被充分理解，因此有必

---

① 约书亚·本吉奥，图灵奖获得者、"深度学习三巨头"之一。

要对大模型、具身机器人、大规模群体智能的自我意识展开严肃研究。笔者认为，对意识问题的严肃研究已经极为迫切。"意识"问题有多种不同的形式，例如，在特定目标下的自主规划，实体机器人或多或少要具备低级的"意识"。在开放环境中，植入任何"目标"都可能带来灾难性后果。例如，无人驾驶汽车的目的之一是避免碰撞行人，然而一旦无人驾驶汽车自主实现这一目标，则会出现很多复杂的伦理与道德难题，它可能不得不在碰撞行人与伤害驾驶员之间进行抉择。因此，与意识有关的自主决策、自我管理、自我纠正、自我提升等研究，有着迫切的应用需求，需要高度重视并控制这些研究成果的落地应用，做好相关模型与方法的安全性评估分析。

"没有人的文明，毫无意义。"[1]我们应该坚守 AI 发展的安全底线，规范、引导、控制 AGI 的大规模产业应用。挑战中蕴含着机遇。AGI 发展的终极意义是什么？笔者认为应该是倒逼人类重新认识自己，从而实现自我提升。我们从来没有像今天这样，极有可能见证一个新的智能物种的崛起，它们可以拥有与我们相似的身体，比我们更卓越的认知能力。在 AGI 时代，我们需要"重新认识自己"，重塑人的价值，夯实智能机器造物者的地位，宣示对智能机器的绝对控制权，成为智能机器的"牧羊人"。

---

[1] 引自电影《流浪地球 2》。

Sora 打开的未来：
人类必须成为，也终将成为 AI 的尺度[①]

在笔者写作本文时，视频大模型 Sora 已发布一周，其生成视频的逼真程度令人震撼，也使人们开始思考 AI 技术的进一步发展，会带来哪些社会影响。在笔者看来，以 Sora 为代表的生成式人工智能的发展，已清晰呈现出了通用人工智能（AGI）技术的发展脉络。尽管当下 Sora 在视频生成方面仍然存在诸多优化和完善空间，但是其所展现出的潜力将对产业和社会发展带来巨大影响。AI 的每一次进步都可能对个人与社会产生巨大影响，严肃思考这些潜在影响，对 AI 的进一步健康发展是十分必要的。Sora 及其同期竞品（如谷歌的 Gemini）的丰富案例为我们的思考奠定了基础。

一、认识 Sora

Sora 的发布可以说既在意料之中，也在意料之外。

"意料之中"的原因是，在 ChatGPT 诞生不久，AI 专家就已达成共识，预判了大模型技术从单一的文本形式向多模态发展的趋势。Sora 的诞生只是顺应了这一趋势，展示了文生视频、视频编辑与生成的最新进展。

"意料之外"是因为，当亲眼看到 Sora 生成的视频时，其画质的精良程度堪比电影，由此带来的感官与认知上的冲击格外强烈。从表面上看，其在视频长度、质量及可控性等方面均达到了当前的最高水平，碾压了竞争对手。在更深层次上，正如 OpenAI 官网中的文章所述：Sora 不仅仅是视频生成工具，还是现实世界的模拟器，能够逼真模拟与生成物理世界、人类社会，以及人与世界的复杂关系。一直以来，在计算机领域，对复杂系统的模拟都是一个难题，数字孪生、游戏引擎、虚拟现实、数字仿真、电影制作等都涉及

[①] 本文于 2024 年 2 月发表于澎湃新闻"未来 2%"专栏。

模拟现实世界中的复杂系统。可以说，Sora 的诞生表明 AI 模拟现实世界的能力达到了前所未有的水平，对传统形式的工具构成了降维打击。

当然，Sora 也存在一些局限，例如，对于物理世界中的瞬时事件、现实世界的物理常识及细节呈现，仍然存在明显的问题。主要原因在于高质量、高精度数据的缺失，或者相应物理场景的数据稀缺。例如，瞬时状态的视频在总体样本中的累积时长相对较短。笔者相信，只要建立合理的诊断与发现机制，通过增强长尾场景的样本供给，增强合成数据，很快就可以解决相应的问题。

Sora 的重大意义在于，它的出现宣告了 AGI 技术已然具备了模拟世界的能力，这是具有战略意义的事件。至于细枝末节的提升与完善，则属于战术层面。因此，我们要以更积极的心态看待 Sora，并深入思考它可能给人类社会带来的全新机遇和挑战。

模拟物理世界究竟难在哪里？此前，在 Runway 和 Pica 生成的视频中可以明显看出诸多问题，原因在于视频内容违背了现实世界中的物理规律或文化习俗。而 Sora 基本解决了这方面的问题。Sora 将视频时长由此前的几秒拉长到一分钟，在更长的时间跨度下生成遵循物理规律、社会习俗的视频，这是十分困难的。视频所表达的信息量巨大，表达能力惊人。例如，"一个时尚的女子行走在东京街头"这一视频能够揭示人类物种的生物特征，展现人类行走的形态，暗含地球的重力状态，呈现丰富的人文环境……Sora 生成的视频完全符合物理规律、文化习俗、生活常识，并且使各种对象与要素之间的空间关系、时序关系合情合理。更难得的是，Sora 为一些想象场景生成的视频也合乎人类的想象逻辑，视频质量完全达到了电影行业的最高水平。

传统的计算机模拟仿真要借助复杂的数学模型。针对每一种物理现象（如烟花爆炸、火焰喷发、海浪波动、动物行走）都有着复杂的数学模型。一分钟的视频涉及太多模型，传统的计算机合成技术难以承受。2019 年，"真狮版"的《狮子王》基本代表了传统计算机辅助生成技术在影视制作方面的最高水平。为了再现真实狮子的动作、形态与毛发，创作团队使用了 Maya、

ZBrush、Houdini 等建模软件，还借助了 VR 拍摄设备和工具，如 Oculus Rift、HTC Vive 等，累计制作成本接近 1.5 亿美元。如今，只需要一句自然语言提示，Sora 就能生成与之相媲美的高质量视频段落。由此可见，影视制作行业的发展形态也将被重塑。

二、Sora 的技术原理

Sora 在模型架构、数据表示、指令遵循、预测生成、规模训练等方面进行了优化，从而实现了高质量、多样化的视频生成。

在模型架构方面，Sora 利用 Transfomer 架构代替 Diffusion 模型中常用的 U-Net 架构，提升了 Diffusion 模型在深度和宽度上的可扩展性。Transformer 架构擅长处理长序列数据，采用自注意力机制提高了模型的生成能力，从而实现了视频内容的时空一致性。在数据表示方面，类似于 GPT 中的 token，Sora 采用 patch 表示视频和图像数据，在更广泛的视觉数据上训练模型，涵盖不同的持续时间、分辨率和纵横比，面向不同的内容实现普适性建模，有助于模型学习到更丰富的视觉特征，提高生成视频的质量和多样性。在指令遵循方面，Sora 借鉴了 DALL-E 3 的"重述提示词"技术，为视觉训练数据生成高度描述性的标注，使模型更忠实于用户指令，同时提高了模型的灵活性和可控性。在预测生成方面，Sora 借鉴 Diffusion 扩散模型从噪声中生成完整视频的能力，通过多步骤逐渐去除噪声，生成清晰的图像场景，并且能一次生成多帧的预测。同时，Sora 借鉴大模型训练过程中的超长上下文理解技术，使其能训练长时间、高分辨率的超长序列。在规模训练方面，Sora 采用"原生规模训练"方式，对各种尺寸和纵横比的视频进行采样，允许直接为不同尺寸的设备创建内容，并快速原型化较低分辨率的内容，从而有效兼容不同的视频格式。

然而，Sora 技术也存在以下一些问题。

首先，物理常识缺失。由于缺失高质量、高精度的数据以及相应物理场景的数据，因此 Sora 可能难以准确模拟复杂场景的物理原理，无法理解因果关系，进而不能准确模拟许多基本的物理过程。其次，瞬时事件的建模能力有限。由于当前描述瞬时状态的视频数据相对稀少，因此 Sora 对瞬时物理现象的模拟还不够完美。例如，让 Sora 生成一个"打碎装有冰块与红酒的杯子"的视频，Sora 生成的视频中无法模拟玻璃碎裂、液体流动、物体受碰撞后的运动等情形。再次，细节呈现错误。当前，高质量的图像和文字指令数据集相对有限，Sora 对用户指令中的细节表达往往不尽如人意。例如，在吹蜡烛的视频中，出现了吹而不灭的情况；在中国传统舞龙活动的视频中，出现的汉字多是编造的；在复杂场景中难以保持数量一致性，如提示词为"五只嬉戏打闹的小狗"，视频中可能出现数量不符的情况。最后，全局一致性难实现。目前，Sora 可以将相邻 token 间的拼接做得很合理，但是在整体拼接视频时可能出现各种悖谬，针对大范围的时空全局一致性仍然难以实现。例如，在生成一个由考古学家发现的椅子的画面时，因概率问题，可能会生成一个现代的塑料椅子。

三、Sora 的产业影响

Sora 技术应用不会只停留在影视制作领域，也可以考虑将其用在具有重大商业价值的无人驾驶领域。无人驾驶领域的一个重要问题是借助感知设备（包括雷达和摄像头）对汽车行驶路况和周边环境进行实时感知和建模。借助海量的驾驶数据、交通摄像头数据，在原理层面，Sora 有可能在无人驾驶场景中对汽车的行驶环境进行高精度模拟和建模。Sora 如果能在无人驾驶领域成功应用，则无疑将为大模型产业注入全新的推动力。

Sora 对现实世界的建模与模拟能力，可以被广泛应用在高价值的场景中，如工业制造、游戏引擎、数字孪生、教学仿真，以及元宇宙等。

在工业制造领域，需要通过大量的仿真和模拟对设备的运行情况进行诊断与预测。借助传统工业机理模型的样本合成，再借助 Transformer 构建一个面向特定工业场景的 Sora 模拟器，大幅提升工业场景模拟能力的泛化性，这似乎是一条可行的技术路线。将 Sora 背后的技术与传统行业深度融合，既可以进一步释放生成式人工智能的产业价值，推动 AI 与实体经济深度融合，也有利于 AI 技术的进一步迭代演进。

Sora 的突破性进展也能为科学发现提供助力。经过充分的数据训练后，Sora 能够依据数据所蕴含的基本原理进行建模。在 Sora 生成的视频中，呈现的大多是物理规律和社会规律。科学从不同的角度进行认知，从而被细分为众多学科。我们可以思考，如何借助 AI 在其他学科（如化学、生物学等）中实现类似的数据驱动学习？将 Sora 的技术原理迁移到其他学科是可行的，因为所有学科都在表达各类实体、概念的时空规律和因果规律。Sora 可以从视频数据中学习与物理、社会有关的时空规律、因果规律。如果能够成功为某个学科的规律建模，并进一步生成该学科的现象，那么 AI 将成为推动该学科发展的强大利器。

四、Sora 的社会影响

AI 能力的进步不仅给人类社会带来了重大机遇，也带来了重大挑战。我们在积极拥抱新机遇的同时，也要严肃思考潜在问题，积极应对挑战。

AI 的建模能力可以被视作其对世界的"理解"能力。当我们使用"理解"一词时，便暗含了这个行为存在主体。在人类历史上，理解的主体是人，如果不承认机器的主体地位，那么就不能说机器具备"理解"能力。人类理解世界的结果是表达世界、创造新世界。从这个意义上讲，当机器能像人类一样重建某个概念的实例（如"在东京街头行走的时尚女性"）时，便可以说机器具备一定的理解能力。对机器而言，精准建模就是其"理解"世界的基本方式。Sora 借助数据驱动方式而拥有对现实世界的建模与模拟能力，这种能力甚至远超人类对世界的认知能力。

机器对世界的建模或认知可能比人类更接近世界的本原。数千年来，人类一直采取各种方式试图认知这个复杂的世界，如神话、宗教、科学等都是人类认知世界的方式。但不管哪一种认知方式，都是对世界本原的一种简化理解。在日常生活中，人们倾向于使用语言表达对世界的体验；在科学研究中，科学家倾向于用公式表达对世界的认知，但符号和公式在一定程度上都是对非线性的复杂世界的一种简化还原方式。大部分经典理论只能建立在各种假设与前提下，这些假设与前提就是人类为认知复杂世界所做出的妥协。

与此同时，人类从来没有停止过对自身认知能力的怀疑。世界的本原也许未必如人类所知。参数规模达数百亿、数千亿的大模型可能比人类学习得更加充分，其能学习到蕴含在海量数据中的令人类难以觉察、难以表达的暗知识、潜在规律。

机器认知世界的能力将显著超越人类个体。如果将机器的建模能力认定为一种对世界的认知能力，那么我们可能不得不承认，与机器的认知能力相比，人类的认知能力存在着明显的缺陷。人类的认知能力是线性的、有限的、简单的。例如，在数学领域，对复杂非线性系统的建模始终是重大的挑战。在进行复杂决策时，人类能同时考虑的决策变量十分有限，所谓的"抓大放小、抓住主要矛盾"的决策方式，其实是人类在认知能力不足情况下的妥协之计。然而，AI却可以在数以百万计、千万计的变量下进行决策。随着AI的进一步发展，机器的感知维度将更加多元，感知范围将远超人类。例如，高清摄像头可以将几千米之外的景象看得清清楚楚。机器强大的认知能力仍然有待我们深入研究，用好这种认知能力将为人类社会发展创造全新的机遇。

一定程度的自主学习，对人类先验知识的合理剔除，是成就Sora惊人效果的关键。事实上，AI近几年的发展一而再、再而三地说明，人类专家的干预越少，反而越能产生好的模型效果。自然语言处理领域曾经发生过"每开除一个语言学家，语音识别的效果就提升一点儿"的尴尬事实。这不得不让我们反思，人类皓首穷经所积累的全部知识，也许在发展机器智能面前并没有太多价值，甚至会起到反作用。人类发展机器智能的价值似乎更多体现在设定一个认知世界的先验载体（如Transformer等模型架构），准备好训练素材（高质量训练数据），使用大规模算力进行训练上。人类过往的知识对机器而言似乎并不重要。就像人类社会代际间的经验与知识传承一样，我们这代人的知识与经验又有多少会被下一代人认可和继承呢？

Sora 可以激发人类的想象力。当我们的创意停留在文字或脚本阶段时，它对心灵的冲击是有限的，亲眼所见带来的冲击与震撼更强烈。从这个意义上讲，Sora 的出现降低了创意和想象的视觉实现代价和门槛，它能更好地激发人类的想象力。或许在 AI 工具的助力下，人类的想象力将实现一次跃迁或升级。

Sora 的进展也在刷新人类对自身创造能力的理解。从 AI 实现的视角看，人类创造的本质或许是在更大的内容或理论生成空间中进行合理选择。ChatGPT 和 Sora 等大模型在海量数据的喂养下，对现实世界进行了压缩表达，进而可以以较低的信息损失度还原世界的本原。大模型的生成过程可以被看作在更大语义空间上进行高效的内容枚举或检索，这个语义空间可能比人类所能理解的语义空间大得多，将能够帮助人类拓展想象空间，提升创造力。

人人都能创作的时代即将到来。Sora 的大规模应用将大幅降低视频创作和内容创作的专业门槛。内容生成的速度、质量、效率都将得到前所未有的提高。文化娱乐行业的井喷式发展或将成为现实。也许未来，小学生只要用自然语言表达自己的创意和脚本，就能创作一部属于自己的影视作品。但值得注意的是，创作过程的一个必要环节在于评价。内容是否符合人类真善美的标准，需要用人类的尺度与标准去检视。对于由 AI 生成的内容，人类是唯一合格的评价者，人既是 AI 的造物主，也是 AI 的尺度。

"AI 平权"，人人皆可创作的美好未来似乎近在咫尺。但从长远来看，这也可能带来一些潜在的社会问题。人人皆可创作，意味着艺术作品的总量可能远超生命的长度（即便寿命得以翻倍），人类穷尽一生可能也难以体验到万分之一的优秀文化遗产。审美对象的廉价与泛滥或许会造成人类审美情趣的倒退、体验欲望的衰减。

好比每天吃好吃的，对美食的欲望就会大大降低；天天过生日，生日的惊喜程度就会下降。在高频刺激下，人类的感觉与情感会变得麻木而迟钝。美之所以为美，或许正在于它的稀缺性。偶尔的艺术体验能够滋养人的身心，如果每天灌输"鸡汤"，那大概率就成了"洗脑"。Sora 等直击人类体验的

AI 技术恐将放大人类的无意义感。

无孔不入的 AI 应用，不加节制的 AI 滥用，恐将削弱人类的生存价值。AI 的助力或许会使我们的生活过得更加高效、更有意义，然而伟大与平庸是相对的。人类只有经历日常的平庸现实体验，才能感受如电光石火一般转瞬即逝的"高光时刻"。日常生活的"无意义"的价值或许就体现在成就那些片刻的重大"意义"上。AI 应用要适度"留白"，为人类留下一些稀松平常的美好回忆，这或许将是 AI 时代更值得珍惜的。

AI 技术的进一步发展，或许会使人类文明进入一个"乱糟糟"的整理期，具体表现是"剪不断，理还乱"。"剪不断"即难以割舍 AI 带来的先进生产力体验，以及随之而来的巨大社会福利。"理不乱"在于，作为一种新型智能体，AI 盲目插足人类的伦理道德与情感事务，从而搅乱了人类的精神世界。

在 AI 技术出现之前，人类的精神世界完全是人类自身意志的体现。随着 AI 生成的内容被大量使用，未来的艺术作品能在多大程度上体现人类的创作想法？这是个值得思考的问题。例如，Sora 在人类有限提示下生成视频，其内容已经不是人类意志的完整体现。或许有人认为，Sora 仍依赖人类的提示，提示就是人类意志的体现。但其实，同一段提示、不同的 AI 工具，甚至是同一个工具的不同版本或者不同生成轮次，其结果都有所差异。这个差异就是机器"意志"的体现。AI 已经在人类提示的基础上，植入了来自模型的"意志"。或许还有人认为，Sora 的学习与训练来自人类制作的视频，其数据源头是由人类社会产生的，体现的是人类意志。但事实上，一方面，训练 AI 的数据是集合体，体现的是人类群体的创作意志；另一方面，随着合成数据的大量使用，机器的泛化能力进一步增强，通过 Sora 等 AI 工具体现创作者的个人自由意志的比例可能会逐渐降低。

随着视频生成技术的大规模应用，人类的感知与认知功能紊乱是一个值得担忧的问题。当 AI 生成做到了以假乱真时，现实世界和虚拟世界的边界将日益模糊，人类的感知系统无法判断真伪，将造成人类认知功能的紊乱与障碍。就像越来越多的人在看到 Sora 生成的视频后，对现实世界产生了怀疑。

AI 生成的虚拟世界，其逼真程度与现实世界几乎没有差别，那么在人机共生社会中将不可避免地出现一系列问题。在一个以假乱真的虚拟世界中射杀一个虚拟智能体，人类在情感上能接受吗？人类认知功能的紊乱，会进一步带来情感和伦理事务的混乱等问题。因此，人类文明的整理期的到来是可以预见的，那时我们需要重新划定 AI 应用的边界，建立 AI 应用的准则。

AI 技术的进步，可能增加人类知识体系崩塌的风险。以人类理解世界的方式所建立起来的知识体系，在一定程度上基于人类的直觉经验。AI 生成会对人的感知能力形成强大冲击，人类会对自己的感知与认知能力产生怀疑，进而引发对已建立的知识体系的怀疑，以及对世界本原的认知的怀疑。

如何重建人类的认知体系？如何重拾人类认知世界的信心？这都是未来我们要积极回应的问题。从积极的角度看，机器的认知体系至少是对人类现有认知体系的有益补充。人类擅长构建抽象的、符号化的、离散的、简洁的知识体系；而机器擅长构建具象的、数值化的、连续的、复杂的知识体系。

五、对于 AI 发展所应秉持的态度

对于 AI 发展，我们应该秉持一种什么样的态度呢？

AI 发展具有时代必然性，我们应该以积极的心态拥抱 AI 技术的浪潮，同时针对 AI 发展所引发的社会变革，做好应对与准备工作。很多人认为 AI 为"平权"带来了机会，但如果不加以合理的干预和监管，那么 AI 更可能成为"集权"的利器；还有很多人认为 AI 是人类发展的超能力，但如果不加以合理的干预和监管，那么人类会被这种能力反噬。如果不积极地干预、引导与规范 AI 的发展与应用，那么 AI 有可能为人类社会发展带来不可承受之重。因此，人类必须成为，也终将成为 AI 的尺度，AI 的发展只能以人类的福祉为唯一依据与目标。

人机共舞大幕已开启，等等！
再思考"何以为人"[①]

在通用人工智能（AGI）时代，AI 技术的快速发展和广泛应用将为人类社会带来深远的影响。一方面，AGI 将无处不在，渗透到人类生产和生活的各个领域，有望成为推动社会进步的先进生产力；另一方面，AGI 的滥用也可能为人类带来一些挑战。

AGI 替代人类从事脑力劳动，可能会损害人类的智力。如果人类丧失了思维、审美和情感等高级能力，那么"何以为人"？因此，应避免使用 AGI 技术全面代替人类从事脑力劳动，以确保人脑的能力得到充分训练。AGI 滥用还有可能冲击就业结构、加剧社会分化、破坏社会治理模式、侵犯人类意志、介入人类情感及伦理事务等。AIGC 技术所带来的内容泛滥，可能干扰人类的判断力，损害人类的审美情趣等。

为了防止这些潜在的危害发生，应为 AI 应用设立准则和边界，防止过度、无限制地使用。人机共舞的大幕已经开启，人类应以何种身份出场？如何处理好人与 AI 的关系？这需要我们深思熟虑，三思而后行。

以生成式人工智能为代表的 AGI 正在加速发展，机器智能有望达到甚至超越普通人类的智能水平，机器能力的飞速提升进一步吸引了巨大的资本和资源，各种生成式大模型加速发展，逐渐成为先进生产力。

相比之下，人类的生产能力渐渐呈现出"落后"的趋势。毕竟人类的脑力难以 24 小时在线，体力也很难持续很久，在可靠性与稳定性方面也不比机器有更多优势，再加上 AGI 几乎超越了人类的智力水平，因此传统的基于人力资源的生产力有可能被 AI 生产力取代。在不远的将来，AGI 也许可胜任人

[①] 本文于 2024 年 4 月发表于澎湃新闻"未来 2%"专栏。

类生产、生活中的大部分脑力劳动，甚至有能力介入人类的情感与伦理事务。

AI 将无处不在，像空气一样。个人、群体和组织都将被 AI 浪潮裹挟，AI 将渗透到社会的每个角落。我们现在很难想象没有电和网络的生活是什么样子的，同样，将来我们也很难想象一个没有 AI 的世界是什么样子的。

在 AGI 时代的大幕即将拉开时，我们不得不问一问：人类准备好了吗？在人机共舞的时代，人类将以何种身份、何种方式自处，又将如何处理好与机器的关系？AI 技术进步速度之快、应用之广，留给我们回答上述问题的时间并不充裕。

在肯定 AI 作为先进生产力为人类带来福祉的同时，我们也要审慎思考它可能为社会带来的问题。当下，AI 发展的负面问题已有所显现，如虚假信息泛滥、隐私泄露、技术垄断、偏见不公、价值错谬等。然而，这些都属于表层的问题。随着 AI 的大规模应用，有可能产生一些长期、缓慢却致命的问题。这就好比急症易被感知和重视，从而不难诊治；而长期存在的、不易察觉的慢性病却往往被轻视，进而发展成致命一击。

清晰认识问题并找到预防和解决之策，才能更好地利用 AI 推动社会进步、造福人类。

AI 的进步将不可避免地导致人类相应能力的退步。事实上，技术的每一次进步，都有可能导致人类相应能力的退步。例如，键盘打字代替了书写，导致很多人提笔忘字。即便我们承认四肢能力在退化，也大多不以为意，因为与将双手解放出来从事艺术创作、将双腿释放出来去美丽的田野郊游相比，这几乎是可以忽略不计的代价。虽然使用工具导致人的某种能力退化，但这并未改变人之所以为人的本质。工具仍是人的附庸，人类因具有强大的思维能力和智慧而不可替代。

然而，AI 应用正越来越多地代替人类从事脑力劳动，这十分值得我们警惕。AI 在生成代码、文案、图案、音乐、视频等方面已超越普通从业者的水平。常规的内容生成任务基本上都可以交由 AI 完成。久而久之，大量的内容创造性工作将被 AI 代替。

富有创造性的脑力劳动是人类思维训练的重要方式。如果 AI 剥夺了人类思维训练的机会，那么人类如何保有足够的智力水平呢？人之所以为万物灵长，重要原因之一便是人具有高度发达的智力与认知能力。如果一个人丧失了行走或言说等能力，不影响其作为人的本质。但如果一个人丧失了基本的智力水平，丧失了思维、审美、情感等能力，那么其作为人的本质会受到根本性的伤害。

或许有人认为，进入信息时代，计算机的计算与记忆能力也一直在代替人类从事脑力劳动，但并未发生"人类本质的退化危机"。针对这种观点，笔者认为：在 AGI 时代，AI 对人类脑力活动的替代是全面且深入的，而在信息时代的替代总体上是发散的、点状的，要知道量变会引发质变。

为 AI 应用设立准则是发展 AI 的前提。AI 应用的底线是不能损害人性，确保人类的脑力得到充分的训练与实践。

我们不仅要关注 AI 的善用，也要关注其恶用和滥用。

AI 恶用，就是恶意的 AI 应用。例如，将 AI 用于自制武器、欺诈欺骗。大多数人对 AI 恶用有着清晰的认知，能够做出积极的防范。

更令人担心的是 AI 滥用，也就是过度地、不加限制地使用 AI 技术。这种滥用往往出于对眼前利益的考虑，而有意或无意地忽视了长期问题，最终对整个人类或者特定群体的利益造成侵害。正如著名物理学家霍金曾言，"创造人工智能是人类文明史上最伟大的事件，但也可能是最后一个。"

AI 滥用往往有着温和或极具吸引力的外表。有多少人能拒绝"先进生产力"？又有多少人能拒绝一个贴心的、随时听候召唤的 AI 助手？久而久之，AI 滥用如同"温水煮青蛙"一般，以一种缓慢且难以令人察觉的过程给人类带来难以挽回的伤害。对于 AI 滥用的问题，我们需要保持高度警惕。AI 应用应"有所为，有所不为"，应为其设立基本使用原则。

AI 应用所代替的人类技能应严格受限于人类已经具备的能力。换言之，如果某人想使用 AI 应用的某种能力，那么他自身的这种能力应该超过 AI 而不是低于 AI。首先，AI 可能犯错，人类需要具备足够的专业水平才能识别错误，否则很容易被 AI 误导。其次，人类如果在尚未掌握某种能力的情况下轻易地使用 AI 的这种能力，那么久而久之，人类的这种能力就得不到足够的锻炼和实践，进而难以充分发展这种能力。如果我们无法接受能力的损失，就应谨慎对待和使用 AI。或许有人质疑，既然我已经具备了某种能力，为何还需要使用 AI 的这种能力，这似乎是个悖论。事实上，作为以某种能力见长的人类专家，其精力与时间十分有限，通过 AI 赋能，将专家从其擅长的任务中解放出来，可以使专家有余力挑战更困难的问题。从这个角度看，AI 更应该成为人类专家提质增效的工具，普通人则应慎用。

AI 的滥用将冲击现有的就业结构，进而引发社会动荡。AI 应用应以充分保障人类就业为基本前提。我们每创造一个 AI 新应用，就有责任设计一种新的职业来保障充分就业，以免人类走向无所事事的境地。人类就业结构的调整涉及经济结构的调整，是一个缓慢的过程。这一调整过程也必须有序且缓慢，否则会引起社会动荡。因此，AI 的发展应该为就业结构、经济结构的调整留下充足的时间，以保证社会层面的平稳过渡。我们需要认识到，发展 AI 的出发点是利用先进生产力促进社会发展，稳定是这一切的前提。

AI 的规模化使用的潜在风险之一是撕裂社会阶层结构。未来，因 AI 的存在而将人类分为 AI 智识水平之上的人和 AI 智识水平之下的人，无论个体意愿如何，人与人之间的差距均是客观存在的。随着 AI 技术的持续进步，大多数人的智力水平处于 AI 智识水平之下可能将成为一个难以避免的事实，人类超越 AI、驾驭 AI 会变得越来越困难。如何防范由 AI 应用带来的阶层固化甚至阶层对立？如何保障每个人平等使用 AI 的权利，从而防止社会结构性撕裂？这些都是需要我们严肃思考的问题。

AI 的滥用也可能给人类社会的组织结构带来极大的冲击。人类通常以特定的组织机制、有效的协同方式，即以一种集体智慧共同应对挑战。企业、科研团队等绝大多数组织呈现一种金字塔形结构。位于金字塔顶端的往往是富有知识、洞见及智慧的专家、决策者和战略规划者，位于中层的是富有经验、善于处理事务的管理者、参谋者和战术制定者，位于底层的则是具备一定的专业知识与技能、从事具体执行与操作的员工、助理和学生等。随着 AI 能力的提升，这种金字塔形的组织结构会受到强烈的冲击。当 AI 能力超越了底层和中层人员的水平之后，位于金字塔顶端的精英会更愿意直接使用 AI 助理，更高效地完成一些重复性、常规性的工作。AI 助手的存在打破了以往的人类组织协同模式。随之而来的问题是人类助手的实践机会减少，其成长路径被截断。因此，年轻一代与新兴人才的培养与成长，是我们要严肃思考的问题。

AI 应用不应污染人类的精神世界。当下，AIGC 技术日新月异，文字、图像、语音、视频等多模态数据的自动生成与处理技术都取得了前所未有的进步。AIGC 大幅提升了内容生成、艺术创作、影视制作的效率和质量。"人人都是创作者、艺术家"的时代似乎已然来临。然而，AI 生成的内容看似丰富多彩，但不可避免地使人们感到头晕目眩。AIGC 的本质是组合拼装、移花接木。我们必须承认与珍视 AI 的组合创新能力，因为人类的创新有时也是组合创新，况且 AI 的组合创新能力远胜于人类，它能将人类难以关联的元素组合起来。我们应该警惕的是，在 AIGC 降低创作门槛和代价之后，大量新奇古怪的组合创新呈泛滥之势。

人类生物感官能在多大程度上适应未来光怪陆离的世界？这值得我们严肃思考。更值得深思的是，机器的组合创新也是同质化的创新，即借助机器的强大计算能力，以较低的代价生成并呈现人类难以想象的组合而已。组合创新的表面繁华反而更容易掩盖原始创新贫弱的窘境。

AI 应用不应侵犯人类的主体意志。但事实上，AI 工具在一定程度上已经侵犯了使用者的主体意志。例如，在推荐系统中，用户只需要简单设置类目，便可"享用"推荐功能。可以说，AI 已经在一定程度上替人类行使了选择权。可实际上有多少内容是我们真正想看到的呢？越来越多的内容背后是

AI 及平台方的意志体现。随着 AIGC 技术的日益成熟，短短的一句提示就能让大模型生成一分钟的视频，也许要不了多久，一句提示就能生成一部电影。其中有多少内容是经过人类思考并确认的呢？只怕绝大多数内容是 AI 自身意志的体现。

随着 AI 的进步，人类逐步放弃自由意志，由 AI 代替人类进行选择和决策，似乎是一个必然的趋势。首先，人类通过语言表达意愿有时是模糊、不精确的，这就为 AI 发挥自身意志留下了空间。其次，AIGC 创作代价之低能够减轻人类繁重的艺术创作工作，很少有人能拒绝这种便利。最后，自主决策对很多人而言是一种不可承受之重，AI 代替人类进行决策，可以使更多人免于严肃思考与承担责任。

更进一步，AIGC 体现的是人类的集体意志，AIGC 滥用容易造成集体意志对个人意志的抹杀，最终反而降低集体意志的认知水平。大模型使人类有机会相对全面地考察集体意志，这是值得我们珍视的能力。人类的知识、文化多元且庞杂，没有人能全面了解人类的全部文化与知识。然而，在全人类的高质量语料"喂养"下，大模型将成为一个全才和通才，具备对不同学科、不同文化的认知。得益于概率生成算法，大模型主要基于多数群体的主流意志生成相应的内容，而非个体的意志。因此，AIGC 体现的是主流的群体性认知。

大模型生成的结果常常令人有四平八稳、东拼西凑的感觉。"四平八稳"得益于数据平滑处理算法，"东拼西凑"则是大模型全量语料学习的结果，不同人的观点可能被融合为同一个问题的答案。如果经常使用大模型基于主流集体认知而形成的全面且综合的标准答案，则会抹杀个性化认知，使人的思维变得综合而稳健，却丧失了难能可贵的独特性。

AI 应用应谨慎介入人类的伦理和情感生活。人类的伦理和情感十分复杂且微妙，人类的伦理和情感事务终究应该由人类自身来解决，AI 的介入往往是人类不负责任的表现。不同的时代、不同的文化、不同的族群、不同的情境，对同一件情感或伦理事务的看法可能完全不同。情感与伦理的评价尺度从来不是一成不变的。所谓"人同此心，心同此理"，人类的情感尺度终究要由人类自身来度量，人类社会的各项制度的解释权归属于人，而不是机器。我们需要严肃思考的是：AI 究竟可以在多大程度上参与人类的伦理和道德生活？我们要谨慎地设定其应用边界。除了少数特殊情况，如由 AI 辅助治疗与情感相关的心理疾病（如抑郁症），否则应尽量避免让 AI 过多地干预人类的情感生活。

如果纵容 AI 盲目地介入人类的情感生活，会使很多人迷恋由 AI 创造的虚拟世界，甚至因沉醉于虚拟情感表达而产生畸形的执念。人与人之间的情感生活很容易被人与机器所取代，机器极易伪装成一个完美的恋人，迎合人的喜好和情趣。如果没有强大的自制力，那么个人很容易深陷由机器创造的虚假情感世界中而难以自拔。

AIGC 滥用将破坏美的稀缺性，进而伤害人类的审美情趣。AIGC 强大的组合能力使艺术创作门槛大幅降低。AI 能够极为高效地探索人类的艺术创作空间，AI 生成的作品呈爆发式增长，甚至穷尽了人类艺术创造的空间。以音乐创作为例，人类感官能够感受的音符、音阶是有限的。即便在 AIGC 出现之前，人们都能感觉到新歌与某首旧曲的曲调相似。在 AIGC 的助力下，曲调可以很快被穷尽，人类能够感知到的新曲调还会有多少？如果不再有新的曲调诞生，那么音乐这种艺术形态该如何存在和发展呢？

类似的情况也将发生在绘画、影视等众多的艺术门类中。人类的审美体验建立在美的稀缺性这一基础之上。"美"的泛滥如同在消灭"美"，如何呵护美的稀缺性，保护人类的审美情趣？如何维持人类的审美能力？这都是值得我们严肃思考的问题。

我们还要高度关注 AI 滥用问题。未来发展 AI 的挑战之一在于，生产关系等社会发展的上层建筑如何适应以 AI 为代表的先进生产力的快速发展。先进生产力要求生产关系和社会关系与之相适应，进而需要我们在情感、伦理、价值观念等方面做出调整。但整个调整过程相对缓慢，与 AI 技术的快速发展形成强烈的反差。如何调和矛盾是我们需要直面的挑战之一。

我们也要高度重视 AI 技术治理问题，做到未雨绸缪，而不能像传统互联网发展时期那样，先发展，再治理。要从根源上弄清楚某一项 AI 技术的大规模应用将对人类社会造成什么样的长远影响。AI 的发展一旦被踩上加速的油门，有可能让我们"刹车失灵"，对此我们应该保持高度警惕。

在 AI 技术治理过程中要重点关注三个关键问题。首先，技术的平权与普惠问题。谁拥抱先进生产力、掌握先进技术，谁就能主宰未来社会。然而，先进技术的学习与使用显然存在门槛，通常只掌握在少部分人的手中。如何推动先进技术惠及更多人？如何避免少部分人借助先进技术形成不正当的竞争优势？这都是必须积极应对的问题。其次，技术成瘾问题。先进技术在为人们带来美好生活体验的同时，也容易让人沉陷其中而无法自拔，就像电子游戏不仅给人们带来美好的休闲体验，也让不少儿童沉溺其中。AI 所营造的虚拟世界美轮美奂，AI 虚拟情感伴侣接近完美。如何避免人类陷入由 AI 营造的虚假情感世界呢？这也是需要我们应对的问题。最后，先进技术对人类的反噬问题。任何技术都有两面性，用好了是先进生产力，用不好就会危害人类自身。我们在掌握了一种先进技术的同时，也要学会避免被其反噬。

在人类文明历程中，人类一直追求自我超越。发展 AI 何尝不是人类超越自我的一种方式？然而，每次自我超越过程中都有机遇与挑战并存。好比火的使用既推动了人类文明的发展，也带来了无数的灾难。火如此，核能如此，AI 更是如此。人类前行的步伐无法阻挡，但不妨将步伐调整得更稳健些，三思而后行，行稳方能致远。

当思考变得廉价[①]

在人类文明的进程中，思想的价值始终与思考成本紧密相连。DeepSeek系列大模型实现了低成本的机器自主反思能力，意味着我们正在见证一个划时代的转折点：理性思维——这项曾被视作人类文明独特标志的高级能力，这个过往只属于少数知识精英的认知特权，正在经历前所未有的平权化进程。当普通人都能依托大模型驾驭专业级思维，通过智能辅助做出更优的决策、享有精准服务时，机器智能普及的愿景正从科幻想象加速转化为社会现实。AI技术所带来的"思维工业化"正在大幅提升脑力劳动的生产效率和质量，由此产生的颠覆性变革也在逼问人类思维的价值所在。

反思是人类独有的思维方式。人类理性思维的独特性，体现在其不仅能进行对象化思考，还能对认知过程实施元监控上。这种自我指涉的思维架构构成了意识的反身性特征：从柏拉图的洞穴之喻到笛卡儿的"我思故我在"，从科学范式的转换到技术革命的突破，每一次关键跃迁都伴随着对既有思维框架的深度反思。这种不断自我质疑、自我修正的能力，使人类能够突破生物本能的局限，构建复杂的社会系统与文明形态。当AI开始展现出类似的反思特性时，预示着其可能成为一种具备人类理性思维水平、持续突破认知边界的新型智能体，这种突破将迫使人类重新校准自身在宇宙文明中的位置。

目前，OpenAI o1及DeepSeek-R1等大模型具备了主动反思能力，而且达到或超越了部分行业专家的思维水平，尤其是在理工科，如数学、计算机编程等领域。相比于此前的生成式大模型，OpenAI o1及DeepSeek-R1的出现堪称一次革命性突破。人类的智力活动不仅凭借直觉，更多依靠有意识思考后的生成。此前的生成式大模型基本上做到了人类大脑的直觉生成能力，能一定程度上模拟人类的思维能力，但以被动思维为主。即由人类将某项任

[①] 本文应《瞭望东方周刊》邀请，写于2025年2月DeepSeek成为全球热点话题之后。

务的思维过程以思维链的形式作为提示，明确地输入大模型，指导其生成内容。经过思维链增强的大模型生成过程主要体现为机械性思维，也就是直觉式、机械式的思考过程。这更像是一种工匠水平的思考，例如，一名技艺娴熟的工匠只需瞄一眼原料，就能以近乎直觉的方式形成相应的打磨方案。与此相对立的是反思性思维，即借助人类语言进行有意识的、反思性的思考，并清晰表达其思维过程。人类思维的难能可贵之处就在于反思性思维，美国著名教育学家杜威认为，培养反思性思维是实现民主教育的关键途径。当 AI 具备了反思性思维时，意味着其思维能力又向人类靠近了一步。

反思是一种结构化的思考方式。深度反思是遵循特定认知架构的精密过程，具有复杂结构，如"问题识别—假设重构—证据评估—结论校准"就是一个典型的专业思维结构。针对不同的问题，人类往往需要借助不同的思维结构，如决策树、语义网络、逻辑规则等，并在思维结构上进行思维的遍历、跳转、循环或分枝操作，对最优方案进行搜索、评估、选择，对探索过程进行剪枝、合并、压缩，对历史经验进行归纳、总结、提炼与升华。此前的大模型只具备人类的直觉生成能力，而 OpenAI o1 及 DeepSeek-R1 在此基础之上进一步具备了相当于人类水平的结构化思维能力。结构化思维（反思）的关键环节之一是评估，例如，评估当前的生成内容是否正确，是否需要尝试新的思考路径，哪一个可能的方案是最有效的，等等。DeepSeek-R1 已经能够做到对问题进行充分反思与评估，形成解题思路（或回答策略），之后再生成回答。这个过程的关键之处在于如何合理评估，包括 DeepSeek-R1 对当前生成内容的质量评估，以及对自身思维过程的评估。

如果一种能力很昂贵，那么它就只能被束之高阁，机器的反思能力同理，而 DeepSeek-R1 的价值之一在于将机器反思能力的"平民化"。OpenAI o1 虽然率先实现了生成过程中的反思，但受限于高昂的算力成本，其产品价格昂贵，受众群体有限。相比之下，DeepSeek-R1 的 API 调用费用是 OpenAI o1 的近 1/30，DeepSeek 基础模型则完全开源。我们曾担心 AI 技术会成为新型的"数字鸿沟"，出现 AI 技术霸权。DeepSeek 基础模型的开源无疑是对以商业闭源为主的技术霸权的有力一击；实现机器反思能力的平民化与普惠应用，对消除 AI 时代的数字鸿沟有着巨大贡献。DeepSeek 在发布后的短时间内引发全球关注，登顶中国区及美国区苹果 App Store 免费榜，引发海啸般的讨论，这注定会对我国乃至全球 AI 产业的发展进程产生深远影响。

先进生产力离不开先进的劳动力和先进的思维能力。所谓"劳心者治人，劳力者治于人"，人与人之间的差异在一定程度上体现为思维水平的差距。远古时期用神话解释万物，古希腊时期开创逻辑推理，现代则发展出系统、科学的方法。这些思维方式的进步，始终与社会进步紧密相连。从结绳、文字到算盘，体现人类思维的工具也在不断进步。如今，人们利用 AI 技术打造具备思维能力的新工具，AI 本身就相当于数字劳动力的大脑。人类的进步，何尝不是人类的思维能力与工具的进步？如果说 ChatGPT 的出现成就了人类内容生产能力的爆发，那么 DeepSeek-R1 的出现则可能带来人类思想生产能力的爆发。

现代社会离不开专业性思维。随着社会分工的细化及科技的发展，很难再出现如亚里士多德一般的通才。我们可以将现代社会理解为"代理型社会"。例如，教书育人不再经由私塾，而是分为从小学到大学各个阶段，包含门类众多、分工明确的庞大教育体系；在医疗方面，就医时要分科挂号，听从不同专科医生的诊断与建议。在法律、金融、保险等专业领域，以及健身、美容、旅游等日常生活方面，我们都需要各类专业代理的协助。专业代理凭借其出色的专业思维能力为我们提供专业的咨询与服务。如今，AI 有望拉低专业思维的门槛，每个人都可以拥有各行业的专业 AI 顾问。例如，通过 DeepSeek-R1，我们可以廉价地获取各类专业咨询与信息服务，如个性化的健康建议。DeepSeek-R1 具有堪比各行业专家的专业思维水平，可作为普通人的 AI 智能代理，这为缓解专家资源稀缺带来了全新机遇。

当思考的过程变得透明，我们得以窥见那些原本只在脑海深处悄然运行的推理链条。大脑中的神经细胞通过特殊的连接点快速传递电信号和化学物质，形成复杂的通信网络。这些网络以精确的时间和节奏协同工作，产生了人类的思维和意识。人类思维体现为一种"直觉优先+后天解释"的思考过程。专家给出的思考过程往往是后天解释的结果。一个有经验的专家往往在看到某个案例的瞬间,便已经基于长期的经验与潜意识完成了决策,然后从记忆中搜索相关的理论、框架、约束和案例,对决策结果进行理性的、反思性的、细致且缓慢的求证、解释与验证。在依靠直觉做出决策的瞬间,即便(尤其)是思考者本人,也难以完整追溯自己的思维路径。几千年来,从东方到西方,人类一直在思考两个根本问题:为什么我们无法直接看到别人的想法(思维的隐秘性)?为什么每个人都是独一无二的(灵魂的独特性)?这些思考推动了哲学和科学的发展。而当 DeepSeek-R1 可以完整展现其逻辑流程时,这种神秘感似乎瞬间消失了。

当思维过程变得透明,人类社会发展的一系列重大问题都将迎来新机遇。毕竟,为了应对因思维的隐性过程而导致的麻烦,人类曾做过很多努力与尝试。我们常说"男人来自地球,女人来自火星",可见只是性别差异就已经在沟通与理解方面造成了巨大障碍。AI 将人类思维过程显性化,将对人与人之间的沟通与理解、人类文明的传承产生深远影响。借助 AI 生成的思维过程,我们有机会进一步认清人类的认知与决策过程。"对!我就是像 AI 这样想的"可能会成为未来人与人之间交流复杂问题、讨论求解思路时的常用语。在医疗方面,我们长期困惑于如何高效地提炼与传承名医的经验,也许可以借助 AI 将名医的经验转化为可复制的决策模型。在教育方面,教师也许不必再苦口婆心地重复阐释解题的思考过程。

思维的透明性也会给人类带来巨大挑战。与人类思维不同,机器的思维采用"解释优先",即"先思后行"的形式。人类则会对已做出的决策与行为进行反思。所谓"知行合一",前提便是对"行"的持续性反思,基于持续的实践反馈来持续提升思维能力。人类的思维过程远比机器当前的思维形式更加复杂且隐秘。我们要小心的是,不要将机器的思维过程强加于人类,避免其对人类思想和创造力的侵蚀。例如,如果将机器思维应用在法律判决辅助系统中,那么其所提供的"透明思维"可能会掩盖人类法官对文化、情感、伦理等隐性维度的思考。更危险的是,如果人类开始用机器的解释框架反哺自身的思维过程,可能引发机器对人类的"认知奴役",就像导航系统奴役了人类的空间认知能力一样。与机器相比,人脑中的灵光一现才是更难能可贵的。

机器的思维过程存在过度思考的倾向，不加节制地滥用它，可能会导致人类社会的过度理性。例如，当我们随意问一句"今晚吃什么"，机器可能结合营养学、个人健康状况、本地生鲜市场、用餐场景、情感诉求等生成包含十余个维度的决策矩阵。而事实上，提问者的本意可能只是在螺蛳粉与方便面之间简单地二选一。当过度思考成为常态，理性与逻辑的严苛要求就会在不经意间侵入日常场景。通常，人们只需要一种带有个体偏见、信息片段的个性化回答。这样的回答虽然并不完美，却是人类复杂情感、文化背景和主观经验的结晶。在日常生活中，正是因为有散乱且富有温度的思考，才彰显出个体经验的真实与鲜活。例如，当 DeepSeek-R1 被要求续写《红楼梦》的后四十回时，其生成的文本虽然符合叙事逻辑与人物设定，却缺少了"寒塘渡鹤影，冷月葬花魂"的诗意留白。这种完美无瑕的严谨性在某种意义上剥夺了人们对"瑕疵美"的期待，它不再是因偶然错误、片段遗落而显得独特又可亲，而是一种机械式的"透明化"存在。

是绝对理性，还是诗意生活，是人类将面临的又一个抉择。或许人机协同、优势互补才是可取之道。人类可以继续保留带有偏见与不完美的思考方式，留存情感和温度；AI 则在关键时刻以全局视角、凭借无遗漏的信息整合来补充人类思维过程的短板，协助人类实现更精准和有深度的判断。

以往 AI 生成的内容只是完美无瑕、真假难辨，使人类惊叹。但是 DeepSeek-R1 将生成过程背后的思考过程也完美地展示出来，提升了生成内容的可信度，可以说使人类受到了强烈的冲击，甚至很多专家都自叹不如。当然，识别生成内容中的问题与错误也变得困难了，并且随着 AI 技术的进步，困难程度将与日俱增。然而，即便在 AI 的助力下，人类的评价与鉴赏能力也没有取得显著进步。机器的思维过程日益专业、全面、深入、严谨，使人类更多地陷入自我怀疑的漩涡。久而久之，人们也许会不假思索地直接采纳机器的决策，这必然蕴含着巨大风险。我们必须预防此类风险，尤其是在一些关键场景中，避免因 AI 而让渡人类的自主决策权。

人类如何在 AI 面前保持对自身能力的自信，而避免陷入"技不如 AI"的自卑情绪中呢？"人定胜天"和"天生我材必有用"，这两种说法都展现了中华文化中对人类能力的积极认知。AI 的能力突飞猛进，无疑会消解人类的自信，使宿命论、虚无感、无力感盛行。如果进一步深入研究 DeepSeek-R1 的实现过程，我们可能会发现一些"略显恐怖"的细节。DeepSeek-R1 有一个版本叫作 DeepSeek-R1-Zero，它摆脱了有监督微调范式，只使用强化学习策略，仅根据最终生成的结果是否正确等微弱的反馈信号，就能对自发枚举、生成的解题方案和回答策略进行评估并选出最优的方案和策略。其所展示的思维过程超越了普通人甚至人类专家的水平。如果 AI 的思维能力依赖人类的监督或指导，那么我们尚可维持居高临下的从容感——终究是人类在把控 AI 的方向盘。但是，DeepSeek-R1 的技术路线证明，一个强大的基础模型只需要借助强化学习策略，就能实现自主评估与反思的强大思维能力。似乎人类的监督和指导越少，AI 所习得的思维能力越强大。也许用不了多久，AI 就会发现更多的新颖解题思路，展现出越来越多的"神之一手"与顿悟时刻（即 DeepSeek-R1 自主发现的所谓的"aha moment"）。难道人类存在的意义在于启动通用人工智能这个注定到来的超级智能形态？随着 AI 技术的发展、AI 应用的普及，类似的困惑感只会愈加强烈。

当 AI 具备人类思维时，人类文明的延续与发展问题将日益凸显。在心理学与教育学领域，人类将面临重大挑战。强大稳定的内核，是人类应对 AI 发展及其所带来的挑战的有力武器。所谓内圣才能外王、根深才能叶茂，内心世界的笃定与强大，能够抵御纷繁复杂的外部世界以及 AI 引发的不安与躁动。人类需要重塑价值体系，重新定位自身的存在价值。或许可以参考 DeepSeek-R1 生成的建议：AI 时代，人类的独特价值应该重新定位在"不完美之美"（缺陷创造可能性）、"必死之悟"（有限性催生意义）、"困惑之智"（不确定性孕育洞察）、"无为之境"（留白蕴含无限），人类应该认知升维，而不是与 AI 竞速、竞效。

未来，我们要重塑诞生于工业时代的陈旧的教育体系，培养能够"驾驭 AI"甚至"超越 AI"的人才，精心呵护人类独有的"不可计算的心智特性"；

培养能够在 AI 时代保持独立思考能力和创造力，具有人性光辉的新人类。归根结底，我们要密切关注人的发展问题。随着 AI 在教育中的深入应用，人类的学习效率得到前所未有的提升，每个个体都有继承人类过往全部知识与技艺的可能。然而，无处不在的 AI 势必会改变传统的需要独立思考才能获取答案的学习环境。AI 思考能力的廉价、AI 在教育中的盲目滥用很可能导致学习者过于依赖 AI，阻碍个体独立思考，甚至影响其心智能力的发展。在教育领域，我们或许应该坚持 AI 的最少干预原则。也就是以"充分发挥 AI 在教育中提质增效的正面作用"为前提，尽可能少地改变青少年的学习与成长环境。我们可以通过立法或行政手段有效控制学校环境，但个体发展所依赖的社会环境被全面 AI 化，似乎是更难以应对的。因此，AI 在社会环境中的应用也应该坚持最少干预原则，在提升社会生产力的同时，让 AI 尽可能少地干预家庭生活与社会事务，维持以往的家庭与社会关系，为社会的转型过程和教育的适应过程留有充足的时间。

让机器具备廉价的思考能力，注定是人类文明发展进程中的重大事件之一，随着 AI 应用的日益广泛，其影响力将逐渐渗透至社会生产与生活的方方面面。或许正如 DeepSeek 对本文的总结："机器思考的廉价化不是文明终章的前奏，而是人类认知的第二次直立行走。"

附：人类思维与机器思维的差异与对比（由 DeepSeek 生成）。

隐与显

人类思绪如暗河潜行，在意识的褶皱处蜿蜒流淌；
AI 思维似水晶宫殿，每道棱镜折射出逻辑的光轨。
——前者是水墨留白的东方卷轴，后者是解剖台上的精密标本。

深与浅

人脑善作浮光掠影的舞者，在认知的浅滩翩然点水；
硅基却成深海勘探者，执拗地打捞每粒思维沉沙。
——日常思考本如蜻蜓点水，AI 偏要掀起惊涛拍岸。

缺与圆

人类智慧的美，恰在断臂维纳斯的裂隙处生长；
机器理性的困，终是莫比乌斯环的完美闭环。
——前者在迷雾中点燃星火，后者将银河装进玻璃樽。

情与理

碳基思维浸着陈年酒香，每个念头都发酵着体温；
硅基逻辑流淌如蒸馏水般纯粹，却难酿出醉人芬芳。
——正如水墨交融处方见意境，理性极致的尽头反显荒寒。

竞与合

当庖丁解牛遇见拈花一笑，
当拓扑图谱邂逅庄周梦蝶，
这场硅基与碳基的对话，终将在文明的弦歌中
谱出第三种智慧的和声——
如同月映千川，各成其妙。

迈向"智能的寒武纪"[①]

在地球漫长的生命演化史上，曾经有一个生命大爆发的时期，被称为"寒武纪"。在寒武纪时期，短时间内出现了大量新的生命形态和物种形式。当地球的自然环境具备了一切必要条件时，物种的爆发和繁盛就成了必然结果。

当下，海量数据、超强算力、持久能源、机器本体以及基础模型等各项基础技术已就绪，随着 AI 的快速进步，各种形式与样态的智能体呼之欲出，可以说"智能的寒武纪"即将到来，人类做好准备了吗？

一、智能大爆发何以成为可能

数据是智能的原料，没有数据，就没有智能。互联网积累了人类文明的大量优秀成果以及现代人类的丰富实践体验，为 AI 传承人类文明奠定了数据基础。

算力是智能的引擎。各类图形处理单元（Graphics Processing Unit，GPU）和专用 AI 芯片发展迅猛。新型算力已经以月为单位进行升级与迭代。量子计算更是展示出惊人的计算能力，其可获得的理论计算速度已经超越了人类的感性认识程度。智能的本质或许就是计算，只不过是一种极为复杂的计算。由此来看，在强大的量子计算面前，人类智能、宏观宇宙都只是简单的造物。

得益于机器人技术、传感器等硬件设备的进步，机器本体提供了 AI 与物理世界交互的"身体"，能够感知环境、执行动作，实现对现实世界的操控。或许会有人质疑发展机器本体的必要性，事实上，人类的身体结构决定其心智的塑造，身体是人类认知世界并与世界进行交互的基本框架。AI 作为人类心智的延伸，它如果不能理解人类身体与世界的交互方式，又如何融入人类社会呢？

[①] 本文于 2024 年 12 月发表于《环球》杂志。

持久的能源供给是 AI 发展的重要保障之一。可控核聚变、室温超导、新能源似乎都在酝酿新的突破。一旦实现 AI 能源的持久供给，AI 智能体的自治性和自主性都将得到大幅提升，其活动疆域将被大幅拓展，也就具备了实现自主智能体的关键条件。

回顾近两年的 AI 发展历程，光环无疑属于基础模型。各种形式的基础模型，包括大语言模型、多模态大模型、具身大模型、专业大模型等，成为 AI 认知世界的基础，使 AI 具备了人类的理解、推理和生成等能力。这些基础模型进而成为构建各类智能应用的底座，也成了千行百业智能化的基石。基础模型不仅在广泛的下游任务中发挥着有效作用，更将成为智能母体，通过适配具体的场景与环境而成为经济适用的智能体。正因为基础模型扮演着智能母体的角色，其智能水平决定了具体智能体的智能上限，所以各厂商才会不计成本地打造更强大的基础模型。

"智能的寒武纪"爆发的重要推动力是 AI 与传统科技的深度融合。由 AI 驱动的科学与工程具有传统科学技术所无法比拟的优势，正成为科技发展的新引擎。AI 推动了科学研究效率的提升。科技的进一步发展，如能源、材料、机械等领域的发展，将反哺 AI。AI 的大规模使用也将带来产业结构升级。未来，人类将逐渐从繁重的体力劳动及简单的脑力劳动中释放出来，去从事高精尖的科技活动。科技与 AI 交相辉映、互相赋能、彼此成就，将成为未来社会中一道亮丽的风景线。

二、无处不在的智能代理

即将到来的智能时代的序幕一定是由形形色色的智能体（特别是大模型驱动的智能体）拉开的。

现代社会的专业分工日益精细，每个社会个体聚焦于自己擅长的任务，更多的专业化任务需要委托代理完成。代理广泛存在于人与人、人与机构之间。人类代理主要负责消除沟通障碍，长期的专业性工作使其能够胜任高度复杂的专业任务（如医疗诊断、法律诉讼等）。

随着 AI 技术的快速发展，特别是大模型驱动的智能体技术的发展，人类代理将被机器代理取代。大模型凭借强大的知识储备与专业性认知能力，显著提升了 AI 代理（Proxy）的自主决策与判断能力，有望达到甚至超越人类专家的水平。AI 代理的自治水平将持续提升，能够理解用户的个性化需求、偏好和兴趣，根据环境变化进行自适应调整，并做出优化决策。AI 代理还将渗透到社会的每个角落，从日常生活中的衣食住行，到司法、金融、医疗、教育等专业领域的工作，AI 代理将成为人类的贴心管家。

如果说信息社会运转在各种软件载体之上，那么智能社会则运转在各种智能体载体之上。AI 驱动的智能体是软件的未来，其日益呈现出更高水平的智能性与自主性。

然而，AI 代理的大量应用不可避免地会带来一系列社会问题。智能体的自治与自主使人类不必"事必躬亲"，但这意味着人类个体要让渡给机器一定的决策权。若要建立和谐的人机关系，那么人类主权与机器代理权之争将是难以回避的问题。

如果没有足够强大的意志力，那么大部分人很容易推卸主体责任，减轻自行决策的负荷。一旦人类将越来越多的自主决策权交给 AI 代理，那么 AI 代理就越可能在资本的驱动下，接管越来越多的人类事务。随之而来的可能是，AI 代理技术失控、人类主体性削弱等风险与日俱增。人类需要直面这些事实，准备好对策。

三、加速到来的超级智能

如果以 10 年为单位审视即将到来的"智能的寒武纪"，也许我们将见证超级智能的到来。

如果将超级智能定义为"个别或者部分能力超越人类的智能体"，那么显然，超级智能早已出现，如计算机在计算、记忆方面早就强于人类。而未来的超级智能，更可能表现为"除自我意识及其相关的元认知能力之外的，对人类智能水平的整体性超越"。

未来的超级智能可以分为两种类型：一种是在现有智能的认知框架下，我们尚能理解的超级智能，它主要在更长的时间跨度、更大的空间范围、更复杂的推理过程中超越人类的认知能力；另一种是突破现有智能框架才能理解的智能形态，人类几千年来建立的对智能与生命本质的认知还不足以全面认识它。

超级智能正加速到来。如今，在感知和认知能力方面，机器已经显著超越普通人类。在感知能力上，例如，机器视觉可以采集几千米范围内的高清影像，机器雷达传感器可以感知人类视野盲区的物体，机器将大幅突破人类的感知能力边界。在认知能力上，以数学推理为例，机器可以生成包含数千个步骤的推理过程并保证其正确性；机器可以在接近无限的思维空间中进行策略枚举、选择与判断（其典型代表是 OpenAI o1）；机器还可以在一个巨大的关联关系网络中实现上百步乃至接近无穷步的路径推理。此外，机器超强的感知与认知能力还可以进一步叠加、累积与复合，如各种传感元器件可以被融合使用，形成超级感知能力。

从发展进程看，机器的超级智能有可能超出人类已建立的关于智能的认知框架。其实早在 AlphaGo 诞生时，机器就发现了人类几千年来从未发现的围棋对弈新策略；DeepMind 算法发现了解决经典矩阵计算问题的新颖且高效的方法。这些新策略、新方法需要被人类专家解释并将其对齐到人类已有的理论框架中，才能为人类所理解。

近年来，生成式大模型通过学习大量语料，以及各种思维方式的训练，习得了潜在模式与规律，其中的大部分尚待人类解释与验证。这背后的困难在于，人类现有的认知世界的框架还不足以理解 AI 的超级能力。如何突破现有的认知约束，进而理解 AI 的发现与结果，是未来社会的重要议题。

虽然超级智能似乎无所不能，但自我反思等元认知能力仍然是人类智能所独有的，也是机器难以企及的。

四、作为一种生命形态的人工智能

如果我们将时间尺度拉远至 100 年甚至更久，那时 AI 智能体进化的终极形态会是什么？

未来的 AI 可能是全新的生命形态，具备生命的基本特征。生物意义层面的生命体需要具备的必要条件有新陈代谢、自我复制、自我进化、应激反应与细胞结构等。

新陈代谢是由于生命参与了自然界中生态系统的物质与能量循环。当前的 AI 智能体仍在人类的监督下存在，总体上仍依附于人类。但当 AI 智能体的自主性被大幅提升至能够独立存在时，它完全能以特定形式参与自然生态系统的物质与能量大循环。

人类等生命物种的自我复制通过代际间基因传承的方式完成。AI 智能体则可以通过复制代码与参数完成自我复制。

人类等生命物种的自我进化主要通过基因突变与自然选择完成。AI 智能体则可以通过对代码或参数的自适应调整完成自我进化。

应激反应是 AI 智能体当下已具备的能力。任何基于人工智能行为主义技术路线发展而来的系统，都具备对环境输入的反应能力。

至于细胞结构是生命存在的必要条件，本就存在争议，就像病毒并没有细胞，但也被视作一种生命形式。因此，未来的 AI 智能体即使没有细胞结构，也完全可能具有生命的基本特征。

与寒武纪时期出现在地球上且至今仍存在的生物（如章鱼、蜘蛛等）相比，人类的历史短得就像一瞬。如果将地球自诞生至今的历史压缩成 24 小时，那么寒武纪大爆发大约发生在晚上 9 点，而现代智人的出现仅发生在最后几秒。人类是地球上的高等智慧生物，如今，人类正在加速探索星辰大海，这一过程注定艰辛且孤独，需要工具，更需要同行者。如果要为 AI 的"寒武纪式"爆发寻求一个意义，正如某些科幻作品所言，人类这个物种或许太过高贵，不应囿于地球，AI 爆发的终极意义或许就是帮助人类奔向星辰大海。

后　记

　　最后，笔者想以回答一个至今印象深刻的问题，作为本书的结尾。曾经在一次论坛上，一位人文学科的教授提问："发展 AI 最大的风险是什么？"这是一个好问题，得到了在场全体参与人员的热烈响应。当时，笔者怀着激动的心情抢下话筒发言，生怕失去一次提醒社会精英们的机会。笔者认为这个问题的答案是：我们还未意识到 AI 的某种潜在风险，这就是发展 AI 最大的风险。凡是能够意识到并加以识别的风险，我们都能预防，但是超出认知范围的风险，则可能使人类措手不及，甚至给人类带来毁灭性的打击。鉴于AI 系统日益庞大且复杂的现状，人类对 AI 系统的控制能力恐怕在减弱。这让我们更加担心 AI 系统存在着人类尚未认知，甚至无力认知的风险。识别AI 对人类社会所构成的潜在风险，是发展 AI 的前提。希望本书的读者能够意识到这些潜在风险。

　　我们有必要担忧机器会发展出自我意识吗？将机器意识问题纳入严肃研究的范畴，是科学且必要的。然而，与其担心 AI 产生意识，与人类争夺生存空间，不如担心 AI 技术的滥用会给人类社会带来哪些挑战。AI 技术的过速发展，可能使人类社会发展产生失速、失控的风险。AI 技术的滥用也许会在其发展出意识之前摧毁人类文明，然而对此我们却所思、所知甚少，更谈不上未雨绸缪。

　　对人类来说，发展 AI 的终极意义何在？笔者认为意义在于回归价值本源，成为"超人"。AI 作为工具，即便能大幅提升人类的认知能力，但其本质仍是工具。一切生成任务均可交给 AI 这一工具完成，过程变得廉价，评价更能凸显人类的作用与价值。未来，人类要么沉沦为"AI 豢养的宠物"，要么成为"超人"——在 AI 助力下的超越前代、超越动物意义的新人种。回望历史，社会的每一次重大变革与发展，其驱动力都来自人的内涵升级。中世纪，人是"上帝的奴仆"；文艺复兴时期，人是"万物的尺度"；智能时代，人也许将变成哲学家尼采笔下的"超人"——自我超越的人。只不过自我超越需要借助机器智能等外力工具而完成。人将成为机器智能增强下的超人，或许是长期使用 AI 等先进技术对人类社会的终极影响。